高职高专计算机任务驱动模式教材

网络安全
实用项目教程
（微课版）

主　编／戴万长　杨　云

副主编／刘莹芳　薛安康

清华大学出版社
北京

内 容 简 介

本书基于"项目导向、任务驱动、工学结合"的项目化教学方式编写而成，体现了"基于工作过程"和"教、学、练、做、用"一体化的教学理念，突出实用性、新颖性、操作性。本书大部分内容按照项目导入→职业能力目标和要求→相关知识→项目实施→拓展提升→习题层次进行组织，注重知识、素质、能力培养。

本书以全国职业院校技能大赛网络信息安全项目为基础，同时融入目前流行的网络安全案例、网络安全软件、网络操作系统等，内容尽量做到较新、较实用，并直接面向就业岗位。本书包括多个项目，其中包括认识网络安全、网络攻击与防护、网络数据库安全、计算机病毒与木马防护、使用 Wireshark 防护网络、数据加密、Windows Server 系统安全、防火墙技术、无线局域网安全和 Internet 安全与应用等内容。

本书可以作为本科及职业院校计算机类和通信类专业的教材，也可作为信息安全专业学生和从事信息安全研究的工程技术人员的参考书。

图书在版编目（CIP）数据

网络安全实用项目教程：微课版 / 戴万长，杨云主编 . —北京：清华大学出版社，2022.7
高职高专计算机任务驱动模式教材
ISBN 978-7-302-60647-5

Ⅰ.①网… Ⅱ.①戴… ②杨… Ⅲ.①计算机网络－安全技术－高等职业教育－教材 Ⅳ.① TP393.08

中国版本图书馆 CIP 数据核字（2022）第 068127 号

责任编辑：张龙卿
封面设计：徐日强
责任校对：刘　静
责任印制：宋　林

出版发行：清华大学出版社
　　　　　网　　址：http://www.tup.com.cn，http://www.wqbook.com
　　　　　地　　址：北京清华大学学研大厦 A 座　　　　邮　　编：100084
　　　　　社 总 机：010-83470000　　　　　　　　　邮　　购：010-62786544
　　　　　投稿与读者服务：010-62776969，c-service@tup.tsinghua.edu.cn
　　　　　质量反馈：010-62772015，zhiliang@tup.tsinghua.edu.cn
　　　　　课件下载：http://www.tup.com.cn，010-83470410
印 装 者：三河市龙大印装有限公司
经　　销：全国新华书店
开　　本：185mm×260mm　　　印　　张：18　　　字　　数：436 千字
版　　次：2022 年 7 月第 1 版　　　　　　　　印　　次：2022 年 7 月第 1 次印刷
定　　价：59.00 元

产品编号：084800-01

前　言

一、编写背景

"没有网络安全就没有国家安全"。近年来，随着网络安全被写入国家安全战略中，对信息安全与管理专业人才的需求量急剧增加。学校急需适合职业教育特点的网络安全课程的实用型教材，减少以往教材中枯燥难懂的理论，取而代之的是对安全建设网络、安全使用网络、安全管理网络等实践操作应用能力的培养与训练。我们基于全国职业院校技能大赛网络信息安全项目，将项目内容分解为多个任务环节，通过任务来帮助读者实现对相关知识点的理解和学习。

二、本书特点

本书是几所高校教师和杭州安恒信息技术股份有限公司合作编写的网络安全项目化教材。本书共有 10 个教学项目，其特色是体现了"教、学、练、做、用"一体化的教学理念和"易教易学"的实践教学方式。同时，本书更新了目前流行的网络安全案例、网络安全软件、网络操作系统等。

本书主要特点如下。

1. 体例上有所创新

本书采用"教、学、练、做、用"一体化的教学理念，创新了编写模式，将"教材—项目案例—任务实践"对接，有机融合项目式教学。本书采用"项目导向、任务驱动、工学结合"的编写方式，通过工程实例的学习，增强读者对知识点和技能点的掌握。

2. 内容上注重实用

每个项目均采用目前流行的任务案例来讲解教学，读者通过对多个浅显易懂任务的操作练习，会更深入地理解信息安全的理论知识，做到即学即用，真正体现了本书内容的实用性。

三、教学大纲

本书参考学时为 68 学时，其中教学环节为 32 学时，实践环节为 36 学时。项目 1 的认识网络安全为"4 学时 +2 学时"；项目 2 的网络攻击与防护为"4 学时 +4 学时"；项目 3 的网络数据库安全为"2 学时 +4 学时"；项目 4 的计算机病毒与木马防护为"4 学时 +4 学时"；项目 5 的使用 Wireshark 防护网络为"4 学时 +4 学时"；项目 6 的数据加密为"4 学时 +4 学时"；项目 7

的 Windows Server 系统安全为"2 学时 +2 学时"；项目 8 的防火墙技术为"4 学时 +4 学时"；项目 9 的无线局域网安全为"2 学时 +4 学时"；项目 10 的 Internet 安全与应用为"2 学时 +4 学时"。

四、其他

本书是由教学名师、教学一线骨干教师和企业工程师共同策划并编写的一本工学结合教材。其中戴万长、杨云担任主编，刘莹芳、薛安康担任副主编，孙大伟、吴敏、马腾参与编写。戴万长编写项目 3 以及项目 8~ 项目 10；杨云编写了大纲以及负责审稿；刘莹芳编写项目 1、项目 2；薛安康编写项目 4、项目 6；孙大伟编写项目 5；吴敏编写项目 7；杭州安恒信息技术股份有限公司马腾负责提供实训平台软件和技术支持。

编　者
2022 年 2 月

目　录

项目1　认识网络安全

1.1　项　目　导　入

近年来，网络越来越深入人心，它是人们学习、工作、生活的便捷工具和丰富资源，但是我们应注意到，网络虽然有强大的功能，可也有易受到攻击、非常脆弱的一面。据美国 FBI 统计，美国每年因网络安全问题所造成的经济损失高达 75 亿美元，而全球平均每20 秒钟就发生一起计算机入侵事件。在我国，每年因网络安全问题也造成了巨大的经济损失，所以网络安全问题是我们绝不能忽视的问题。据国外媒体报道，全球计算机行业协会（CompTIA）近日评出了"全球最急需的 10 项 IT 技术"，结果安全和防火墙技术排名首位。这说明安全方面的问题是全世界都急需解决的重要问题，人们在利用网络的优越性的同时，也不要忽视网络安全问题。

1.2　职业能力目标和要求

在网络高速发展的今天，人们在享受网络便捷所带来益处的同时，网络的安全也日益受到威胁。

网络攻击行为日趋复杂，各种方法相互融合，使网络安全防御变得更加困难。随着智能手机、平板电脑等无线终端的处理能力和功能通用性的提高，其功能越来越接近个人计算机，针对这些无线终端的网络攻击已经开始出现，并将进一步发展。

总之，网络安全问题变得更加错综复杂，影响将不断扩大，很难在短期内得到全面解决。

网络安全问题已经被摆在了非常重要的位置上，如果不加以防护，会严重地影响到网络的应用。学习完本项目，要达到以下职业能力目标和要求。

- 掌握网络安全的概念。
- 了解典型的网络安全事件。
- 了解网络安全的防护体系和安全模型。
- 了解网络安全体系、标准和目标。
- 掌握 Wireshark 的安装与使用。
- 掌握 TCP 和 UDP 的抓包分析。

1.3 相 关 知 识

1.3.1 网络安全的概念

1. 网络安全的重要性

（1）计算机存储和处理会涉及有关国家安全的政治、经济、军事、国防的情况及一些部门、机构、组织的机密信息或是个人的敏感信息、隐私，成为敌对势力、不法分子的攻击目标。

（2）随着计算机系统功能的日益完善和速度的不断提高，系统组成越来越复杂，系统规模越来越大，特别是随着 Internet 的迅速发展，存取控制、逻辑连接数量不断增加，软件规模空前膨胀，任何隐含的缺陷、失误都可能造成巨大的损失。

（3）人们对计算机系统的需求在不断增加，这类需求在许多方面都是不可逆转、不可替代的，而使用计算机系统的场所正在转向工业、农业、野外、天空、海上、宇宙空间、核辐射环境等，这些环境都比机房恶劣，出错率和故障的增加必将导致可靠性和安全性的降低。

（4）随着计算机系统的广泛应用，各类应用人员队伍迅速发展壮大，教育和培训却往往跟不上知识更新的需要，操作人员、编程人员和系统分析人员的失误或缺乏经验都会造成系统的安全功能不足。

（5）计算机网络安全问题涉及许多学科领域，既包括自然科学，又包括社会科学。就计算机系统的应用而言，安全技术涉及计算机技术、通信技术、存取控制技术、校验认证技术、容错技术、加密技术、防病毒技术、抗干扰技术、防泄露技术等，因此是一个非常复杂的综合问题，并且其技术、方法和措施都要随着系统应用环境的变化而不断变化。

（6）从认识论的高度看，人们往往首先关注系统功能，然后才被动地注意到系统应用的安全问题，因此广泛存在着重应用、轻安全、法律意识淡薄的问题。计算机系统的安全是相对不安全而言的，许多危险、隐患和攻击都是隐蔽的、潜在的、难以明确却又广泛存在的，这也使目前不少网络信息系统都存在先天性的安全漏洞和安全威胁，有些甚至产生了非常严重的后果。

2. 网络脆弱的原因

（1）开放的网络环境。Internet 的开放性使网络变成众矢之的，可能会遭受各方面的攻击；Internet 的国际性使网络可能遭受本地用户或远程用户、国外用户或国内用户等的攻击；Internet 的自由性没有给网络的使用者规定任何的条款，导致用户"太自由了"，可以自由地下载、自由地访问、自由地发布；Internet 使用的傻瓜性使任何人都可以方便地访问网络，基本不需要技术，只要会使用鼠标就可以上网冲浪，这也会带来很多的隐患。

（2）协议本身的缺陷。网络应用层服务存在隐患，如 IP 层通信的易欺骗性和针对 ARP 的欺骗性。

（3）操作系统的漏洞。例如，系统模型本身存在缺陷，操作系统存在 Bug，操作系统程序配置不正确。

（4）人为因素。有些人缺乏安全意识，缺少网络应对能力。有相当一部分人认为自己的计算机中没有什么重要的东西，不会被别人攻击，存在侥幸心理，所以不认真对待安全问题，就会造成特别多的隐患。

（5）设备不安全。我们购买的国外的网络产品到底有没有留"后门"，我们根本无法得知，这无疑是最大的安全隐患。

（6）线路不安全。无论是有线介质（如双绞线、光纤），还是无线介质（如微波、红外、卫星、Wi-Fi等），窃听其中一小段线路的信息是可以实现的，没有绝对安全的通信线路。

3. 网络安全的定义

网络安全是指网络系统的硬件、软件及其系统中的数据受到保护，不因偶然的或者恶意的原因而遭受到破坏、更改、泄露，系统能够连续、可靠、正常地运行，网络服务不中断。网络安全包含网络设备安全、网络信息安全、网络软件安全。从广义上说，凡是涉及网络上信息的保密性、完整性、可用性、真实性和可控性的相关技术和理论，都是网络安全的研究领域。网络安全是一门涉及计算机科学、网络技术、通信技术、密码技术、信息安全技术、应用数学、数论、信息论等多种学科的综合性学科。

4. 网络安全的基本要素

（1）机密性（保密性）：确保信息不暴露给未授权的实体或进程，防泄密。

（2）完整性：只有得到允许的人才能修改实体或进程，并且能够判别出实体或进程是否已被修改。完整性鉴别机制保证只有得到允许的人才能修改数据，同时应防篡改。

（3）可用性：得到授权的实体可获得服务，攻击者不能占用所有的资源而阻碍授权者的工作。用访问控制机制来阻止非授权用户进入网络。使静态信息可见，动态信息可操作。另外要防中断。

（4）可鉴别性（可审查性）：对危害国家的信息（包括加密的非法通信活动）的监视审计。控制授权范围内的信息流向及行为方式。使用授权机制来控制信息传播范围、内容，必要时能恢复密钥，实现对网络资源及信息的可控。

（5）不可抵赖性：建立有效的责任机制，防止用户否认其行为，这一点在电子商务中是极其重要的。

1.3.2 典型的网络安全事件

1999年，中国台湾地区大学生陈盈豪制造的CIH病毒在4月26日发作，引起全球震荡，有6000多万台计算机受害。

2002年，黑客用DDoS攻击影响了13个根DNS中的8个，作为整个Internet通信路标的关键系统遭到严重的破坏。

2006年，"熊猫烧香"木马感染了我国数百万台计算机，并波及周边国家。

2007年2月，"熊猫烧香"木马制作者李俊被捕。

2008年，一个全球性的黑客组织利用ATM欺诈程序，在一夜之间从世界49个城市的银行中盗走了900万美元。

2009年，韩国遭受了有史以来最猛烈的一次黑客攻击。韩国总统府、国会、国情院和国防部等国家机关，以及金融界、媒体和防火墙企业网站遭受攻击，造成网站一度无法访问。

2010年，维基解密网站在《纽约时报》《卫报》和《镜报》配合下，在网上公开了多达9.2万份的驻阿美军秘密文件，引起轩然大波。

2011年，堪称中国互联网史上最大的泄密事件发生了。12月中旬，CSDN网站用户数据库被黑客在网上公开，600余万个注册邮箱账户和与之对应的明文密码泄露。2012年1月12日，CSDN泄密的两名嫌疑人已被刑事拘留，其中一名为北京籍黑客，另一名为外地黑客。

2013年6月5日，美国前中情局（CIA）职员爱德华·斯诺顿披露给媒体两份绝密资料。一份资料称美国国家安全局有一项代号为"棱镜"的秘密项目，要求电信巨头威瑞森公司必须每天上交数百万用户的通话记录。另一份资料更加惊人，美国国家安全局和联邦调查局通过进入微软、谷歌、苹果等九大网络巨头的服务器，监控美国公民的电子邮件、聊天记录等秘密资料。

2014年4月8日，"地震级"网络灾难降临。在微软Windows XP操作系统正式停止服务同一天，互联网筑墙被划出一道致命裂口——常用于电商、支付类接口等安全性极高网站的网络安全协议OpenSSL被曝存在高危漏洞，众多使用https的网站均可能受到影响。在"心脏出血"漏洞逐渐修补结束后，由于用户很多软件中也存在该漏洞，黑客攻击目标存在从服务器转向客户端的可能性，下一步有可能出现"血崩"式攻击。

2015年，我国国家旅游局系统漏洞致6套系统沦陷，涉及全国6000万客户，包括超过6万个旅行社账户密码、百万名导游信息；并且攻击者可利用该漏洞进行审核、拒签等操作。

2016年10月22日，美国网络中介服务商遭到大规模的网络攻击，包括Twitter、Spotify、Visa、《华尔街日报》官网等在内的上百家网站。大半个美国的网络瘫痪，来自用户的网页访问请求无法被正确接收和解析，从而导致访问错误，这是迄今为止美国最严重的集体断网事件。

2017年5月12日，WannaCry勒索病毒在全球爆发，以类似于蠕虫病毒的方式传播，攻击主机并加密主机上存储的文件，然后要求以比特币的形式支付赎金。WannaCry爆发后，至少150个国家的30万名用户中招，造成损失达80亿美元。

2018年，某黑客攻击事件的嫌疑人被指控攻击了美国144所大学、其他21个国家的176所大学、47家私营公司，以及联合国、美国联邦能源监管委员会以及夏威夷州和印第安纳州等其他目标。美国司法部表示，黑客窃取了31TB的数据以及预估价值为30亿美元的知识产权信息。在黑客攻击的10万个账户中，他们能够获得大约8000个凭证。

2019年1月，超2亿名中国求职者简历疑遭泄露，数据"裸奔"将近一周。HackenProof的网络安全人员Bob Diachenko在推特上爆料称，一个包含2.02亿名中国求职者简历信息的数据库被泄露，这被称为中国有史以来最大的数据曝光之一。

2020年5月5日，委内瑞拉国家电网干线遭到攻击，造成全国大面积停电。国家电网的765干线遭到攻击，除首都加拉加斯外，全国11个州府均发生停电。

2021年3月2日，微软发布了Microsoft Exchange Server的安全更新公告，其中包含多个Exchange Server严重安全漏洞，危害等级为"高危"。未经身份验证的攻击者能够通过这些漏洞来构造 HTTP 请求，扫描内网并通过 Exchange Server 进行身份验证。

1.3.3　信息安全的发展历程

1. 通信保密阶段

通信保密阶段始于 20 世纪 40 年代，又称通信安全时代，重点是通过密码技术解决通信保密问题，保证数据的保密性和完整性。主要安全威胁是搭线窃听、密码学分析。主要保护措施是加密技术。主要标志是 1949 年 Shannon 发表的《保密通信的信息理论》、1997 年美国国家标准局公布的数据加密标准（DES）、1976 年 Diffie 和 Hellman 在 *New Directions in Cryptography* 一文中提出的公钥密码体制。

2. 计算机安全阶段

计算机安全阶段始于 20 世纪 70 年代，重点是确保计算机系统中硬件、软件及正在处理、存储、传输信息的机密性、完整性和可用性。主要安全威胁扩展到非法访问、恶意代码、脆弱口令等。主要保护措施是安全操作系统设计技术。主要标志是 1985 年美国国防部公布的《可信计算机系统评估准则》（TCSEC，橘皮书），它将操作系统的安全级别分为 4 类和 7 个级别（D、C1、C2、B1、B2、B3、A），后补充红皮书 TNI（1987 年）和紫皮书 TDI（1991 年）等，构成彩虹（rainbow）系列。

3. 信息技术安全阶段

信息技术安全阶段始于 20 世纪 80 年代，重点需要保护信息，确保信息在存储、处理、传输过程中及信息系统不被破坏，确保合法用户的服务和限制非授权用户的服务，以及防范必要的防御攻击。强调信息的保密性、完整性、可控性、可用性等。主要安全威胁发展到网络入侵、病毒破坏、信息对抗的攻击等。主要保护措施包括防火墙、防病毒软件、漏洞扫描、入侵检测、PKI、VPN、安全管理等。主要标志是提出了新的安全评估准则 CC（ISO 15408、GB/T 18336）。

4. 信息保障阶段

信息保障阶段始于 20 世纪 90 年代后期，重点放在保障国家信息基础设施不被破坏，确保信息基础设施在受到攻击的前提下能够最大限度地发挥作用。强调系统的鲁棒性和容灾特性。主要安全威胁发展到有组织地对集团、国家的信息基础设施进行攻击等。主要保护措施是灾备技术、建设面向网络恐怖与网络犯罪的国际法律秩序，以及应对与国际联动的网络安全事件的应急响应技术。主要标志是美国推出的"保护美国计算机空间"（PDD-63）的体系框架。

1.3.4　网络安全所涉及的内容

1. 物理安全

网络的物理安全是整个网络系统安全的前提。在网络工程建设中，由于网络系统属于弱电工程，耐压值很低。因此，在网络工程的设计和施工中，必须优先考虑保护人和网络设备不受电、火灾和雷击的侵害；其次要考虑布线系统与照明电线、动力电线、通信线路、暖气管道及冷热空气管道之间的距离；另外也要考虑布线系统和绝缘线、裸体线以及接地与焊接的安全；还必须建设防雷系统，防雷系统不仅要考虑建筑物防雷，也要考虑计算机及其他弱电耐压设备的防雷。总体来说，物理安全的风险主要有：地震、水灾、火灾等，电源故障，人为操作失误或错误，设备被盗、被毁，电磁干扰，线路截获。不仅要注意这些安全隐患，同时还要尽量避免网络的物理安全风险。

2. 网络安全

网络安全是指网络拓扑结构设计会影响到网络系统的安全性。假如在外网和内部网络进行通信时，内部网络的安全就会受到威胁，同时也会影响在同一网络上的许多其他系统。通过网络传播，还会影响到联上 Internet/Intranet 的其他网络；还可能涉及法律、金融等安全敏感领域。因此，在设计时有必要将公开服务器（Web、DNS、E-mail 等）和外网及内部其他业务网络进行必要的隔离，避免网络结构信息外泄；同时还要对外网的服务请求加以过滤，只允许正常通信的数据包到达相应主机，其他的请求服务在到达主机之前就应该遭到拒绝。

3. 系统安全

系统安全是指整个网络操作系统和网络硬件平台是否可靠且值得信任。恐怕没有绝对安全的操作系统可以选择，无论是 Microsoft 的 Windows 系统，还是其他任何商用的 UNIX 操作系统，其开发厂商必须有其 Back-Door（"后门"）。因此，我们可以得出如下结论：没有安全的操作系统。不同的用户应从不同的方面对其网络做详尽的分析，选择安全性尽可能高的操作系统。因此，不但要选用尽可能可靠的操作系统和硬件平台，并对操作系统进行安全配置；而且必须加强登录过程的认证（特别是在到达服务器主机之前的认证），确保用户的合法性；还应该严格限制登录者的操作权限，将其完成的操作限制在最小的范围内。

4. 应用安全

应用安全涉及很多方面，以 Internet 上应用最为广泛的 E-mail 系统来说，其解决方案有 SendMail、Netscape Messaging Server、SoftwareCom Post.Office、Lotus Notes、Exchange Server、SUN CIMS 等 20 多种。其安全手段涉及 LDAP、DES、RSA 等各种方式。应用系统是不断发展且应用类型是不断增加的。在应用系统的安全性上，主要考虑尽可能建立安全的系统平台，而且通过专业的安全工具不断发现漏洞、修补漏洞，提高系统的安全性。

信息的安全性涉及机密信息泄露、未经授权的访问、破坏信息的完整性和可用性、假冒等。某些网络系统中会涉及很多机密信息，如果一些重要信息遭到窃取或破坏，它的经济、社会和政治影响将是很严重的。因此，必须对使用计算机的用户进行身份认证；必须对重要信息的通信进行授权，传输必须加密。采用多层次的访问控制与权限控制手段，实现对数据的安全保护；采用加密技术，保证网上传输信息（包括管理员口令与账户、上传信息等）的机密性与完整性。

5. 管理安全

管理安全是网络安全中重要的组成部分。责权不明、安全管理制度不健全及缺乏可操作性等都可能引起管理安全的风险。例如，当网络出现攻击行为或网络受到其他一些安全威胁时（如内部人员的违规操作等），无法进行实时的检测、监控、报告与预警；同时，当事故发生后，也无法提供黑客攻击行为的追踪线索及破案依据，即缺乏对网络的可控性与可审查性。这就要求我们必须对站点的访问活动进行多层次的记录，确保能及时发现非法入侵行为。

建立全新的网络安全机制，必须深刻理解网络并能提供直接的解决方案，因此，最可行的做法是将制定健全的管理制度和严格管理相结合。保障网络的安全运行，使其成为一个具有良好的安全性、可扩充性和易管理性的信息网络便成为首要任务。一旦上述的安全隐患成为事实，对整个网络所造成的损失都是难以估计的。因此，网络的安全建设是网络建设过程中重要的一环。

1.3.5 网络安全防护体系

1. 网络安全的威胁

所谓网络安全的威胁，是指某个实体（人、事件、程序等）对某一资源的机密性、完整性、可用性可能造成的危害。这些可能出现的危害，是某些别有用心的人通过采取一定的攻击手段来实现的。

网络安全的主要威胁有非授权访问、冒充合法用户、破坏数据完整性、干扰系统正常运行、利用网络传播病毒、线路窃听等。

2. 网络安全的防护体系

网络安全防护体系是由安全操作系统、应用系统、防火墙、网络监控、安全扫描、通信加密、网络反病毒等多个安全组件共同组成的，每个组件只能完成其中的部分功能。

3. 数据保密

为什么需要做好数据保密工作呢？请看下面的案例。

某网游公司因核心开发人员外泄相关技术及营业秘密而向法院提出诉讼，要求赔偿65亿韩元的损失费。该网游公司很多项目也只能从零开始。

某军工科研所的多份保密资料和文件落入境外情报机关之手。间谍发送伪造的官方邮件并暗藏木马程序，在工作人员单击后就迅速控制了该计算机，盗取了绝密资料。

某央企因机器中病毒，单位办公系统中的红头文件被窃取并发往中国台湾地区的途中被网监部门截获，被国资委多次点名批评。

据专业机构调查，数据泄密造成的经济损失每年可达百亿元，并呈逐年上升的态势。

从上面的案例中不难看出，数据是各行各业的核心，如果各行各业不对数据做保密措施，很容易造成数据外泄，从而造成重大损失，那么如何做好数据保密工作？下面介绍数据信息保密性安全规范。

数据信息保密性安全规范用于保障重要业务数据信息的安全传递与处理应用，确保数据信息能够被安全、方便、透明地使用。为此，业务平台应采用加密等安全措施完成数据信息保密性工作。

- 应采取加密措施实现重要业务数据信息传输的保密性。
- 应采取加密措施实现重要业务数据信息存储的保密性。

加密安全措施主要分为密码安全和密钥安全。

1）密码安全

密码的使用应该遵循以下原则。

• 不能将密码写下来，不能通过电子邮件传输。

• 不能使用默认设置的密码。

• 不能将密码告诉别人。

• 如果系统的密码泄露了，必须立即更改。

• 密码要以加密形式保存，加密算法强度要高，加密算法要不可逆。

• 系统应该强制指定密码的使用策略，包括密码的最短有效期、最长有效期、最短长度、复杂性等。

• 如果需要特殊用户的口令（如 UNIX 下的 Oracle），要禁止通过该用户进行交互式登录。

• 在要求较高的情况下可以使用强度更高的认证机制，如双因素认证。

• 要定时运行密码检查器来检查口令强度，对于保存机密和绝密信息的系统，应该每周检查一次；对于其他系统，应该每月检查一次。

2）密钥安全

密钥管理对于有效使用密码技术至关重要。密钥的丢失和泄露可能会损害数据信息的保密性、重要性和完整性。因此，应采取加密技术等措施来有效保护密钥，以免密钥被非法修改和破坏；还应对生成、存储和归档保存密钥的设备采取物理保护。此外，必须使用经过业务平台部门批准的加密机制进行密钥分发，并记录密钥的分发过程，以便审计跟踪，统一对密钥、证书进行管理。

密钥的管理应该基于以下流程。

① 密钥产生：为不同的密码系统和不同的应用生成密钥。

② 密钥证书：生成并获取密钥证书。

③ 密钥分发：向目标用户分发密钥，包括在收到密钥时如何将之激活。

④ 密钥存储：为当前或近期使用的密钥或备份密钥提供安全存储，包括授权用户如何访问密钥。

⑤ 密钥变更：包括密钥变更时机及变更规则，处置被泄露的密钥。

⑥ 密钥撤销：包括如何收回或者去激活密钥。

⑦ 密钥恢复：作为业务平台连续性管理的一部分，对丢失或破坏的密钥进行恢复。

⑧ 密钥归档：归档密钥，以用于归档或备份数据信息。

⑨ 密钥销毁：密钥销毁将删除该密钥管理下数据信息客体的所有记录，并且无法恢复。因此，在密钥销毁前，应确认不再需要用此密钥保护的数据信息。

4. 访问控制技术

访问控制技术可防止对任何资源进行未授权的访问，从而保证在合法的范围内使用计算机系统。这是指以用户身份及其所归属的某项定义组来限制用户对某些信息项的访问，或限制对某些控制功能使用的一种技术，如 UniNAC 网络准入控制系统的原理就是基于此技术。访问控制技术通常用于系统管理员控制用户对服务器、目录、文件等网络资源的访问。

访问控制是系统保密性、完整性、可用性和合法使用性的重要基础，是网络安全防护和资源保护的关键策略之一，也是主体依据某些控制策略或权限对客体本身或其资源进行的不同授权访问。

访问控制包括以下三个要素。

（1）主体（subject）。主体是指提出访问资源的具体请求方。主体是某一操作动作的发起者，但不一定是动作的执行者，可以是某一用户，也可以是用户启动的进程、服务和设备等。

（2）客体（object）。客体是指被访问资源的实体。所有可以被操作的信息、资源、对象都可以是客体。客体可以是信息、文件、记录等集合体，也可以是网络上硬件设施、无线通信中的终端，甚至可以包含另外一个客体。

（3）控制策略。控制策略是指主体对客体的相关访问规则集合，即属性集合。访问策略体现了一种授权行为，也是客体对主体某些操作行为的默认。

5. 网络监控

网络监控是针对局域网内的计算机进行监视和控制，如美国 Emulex 公司针对内部的计算机互联网活动（上网监控）、非上网相关的内部行为与资产等过程实行的监控管理（内网监控）。互联网的飞速发展使互联网的使用越来越普遍，网络和互联网不仅成为企业内部的沟通桥梁，也是企业和外部进行各类业务往来的重要管道。

6. 病毒防护

病毒防护主要从以下几个方面着手。

（1）进行数据备份，特别是非常重要的数据及文件，避免被病毒入侵后无法恢复。

（2）对于新购置的计算机、硬盘、软件等，先用查毒软件检测后才可使用。

（3）尽量避免在无防毒软件的机器上或公用机器上使用可移动磁盘，以免感染病毒。

（4）对计算机的使用权限进行严格控制，禁止来历不明的人和软件进入系统。

（5）采用一套公认最好的病毒查杀软件，以便在对文件和磁盘操作时进行实时监控，及时控制病毒的入侵，并及时可靠地升级反病毒产品。

1.3.6 网络安全模型

网络安全模型是动态网络安全过程的抽象描述。通过对安全模型的研究，了解安全动态过程的构成因素，是构建合理而实用的安全策略的前提之一。为了达到安全防范的目标，需要合理的网络安全模型来指导网络安全工作的部署和管理。目前，在网络安全领域存在较多的网络安全模型，下面介绍常见的 PDRR 安全模型和 PPDR 安全模型。

1. PDRR 安全模型

PDRR 安全模型是美国国防部提出的常见安全模型，概括了网络安全的整个环节，即防护（protect）、检测（detect）、响应（react）、恢复（restore），这 4 个部分构成了一个动态的信息安全周期，如图 1-1 所示。

2. PPDR 安全模型

PPDR 安全模型是美国国际互联网安全系统公司提出的可适应性网络安全模型，它包括策略（policy）、保护（protection）、检测（detection）、响应（response）4 个部分。

PPDR 安全模型如图 1-2 所示。

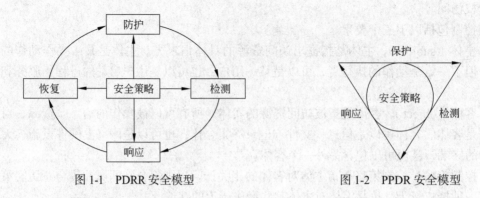

图 1-1　PDRR 安全模型　　　　　　　　图 1-2　PPDR 安全模型

1.3.7　网络安全体系

CNNIC 报告显示，截至 2020 年 12 月，中国网民规模达 9.89 亿人（手机网民规模达 9.86 亿人），互联网普及率达 70.4%。可以说，中国目前已经成为当之无愧的世界第一网络大国。几乎每一天，互联网与移动端的 App 上会出现大量包含着虚假、谩骂、攻击、暴力的信息，甚至还包括一些鼓吹极端主义甚至是恐怖主义的信息，这些都需要相关部门不断地进行打击。

安全是发展的前提，发展是安全的保障，安全和发展要同步推进。值得警醒的是，我国的网络安全现状仍然严峻。公安部发布的信息显示，2020 年全国共破获电信网络诈骗案件 32.2 万起，抓获犯罪嫌疑人 36.1 万名，止付、冻结涉案资金 2720 余亿元。构建一个健全的网络安全体系，需要对网络安全风险进行全面评估，并制定合理的安全策略，采取有效的安全措施，才能从根本上保证网络的安全。

1.3.8　网络安全标准

1. TCSEC

《可信计算机系统评估准则》（TCSEC）由美国国防科学委员会提出，并于 1985 年 12 月由美国国防部公布。它将安全分为 4 个方面，即安全政策、可说明性、安全保障和文档。TCSEC 将以上 4 个方面分为 7 个安全级别，按安全程度从低到高依次是 D、C1、C2、B1、B2、B3、A，如表 1-1 所示。

表 1-1　《可信计算机系统评估准则》

类　别	级　别	名　称	主　要　特　征
D	D	低级保护	保护措施很少，没有安全功能
C	C1	自主安全保护	自主存储控制
	C2	受控存储控制	单独的可查性，安全标识
B	B1	标识的安全保护	强调存取控制，安全标识
	B2	结构化保护	面向安全的体系结构 较好的抗渗透能力
	B3	安全区域	存取监控、高抗渗透能力
A	A	验证设计	形式化的最高级描述、验证和隐秘通道分析

2. 我国的安全标准

2019 年 5 月 13 日，我国的网络安全等级保护制度 2.0（以下简称等保 2.0）正式公开发布，实施时间为 2019 年 12 月 1 日。等保 2.0 覆盖工业控制系统、云计算、大数据、物联网等新技术、新应用，覆盖技术更全面，监管范围更广。

等保简单理解，就是对网络安全的一个整体评估。随着信息技术的发展和网络安全形势的变化，等保 2.0 在 1.0 的基础上更加注重全方位主动防御、动态防御、整体防控和精准防护，实现了对云计算、大数据、物联网、移动互联和工业控制信息系统等保护对象的全覆盖，以及除个人及家庭自建网络之外的领域全覆盖。

我国的安全标准是由公安部主持制定、国家技术标准局发布的国家标准 GB 17895—1999《计算机信息系统安全保护等级划分准则》。该标准将信息系统安全分为 5 个等级，即用户自主保护级、系统审计保护级、安全标记保护级、结构化保护级、访问验证保护级。

1.3.9 网络安全目标

目标的合理设置对网络安全意义重大。如目标过低，则达不到防护的目的；而过高，则要求的人力和物力多，可能导致资源的浪费。网络安全的目标主要表现在以下方面。

1. 可靠性

可靠性是网络安全的基本要求。可靠性主要包括硬件可靠性、软件可靠性、人员可靠性、环境可靠性。

2. 可用性

可用性是网络系统面向用户的安全性能，要求网络信息可被授权实体访问并按要求使用，包括对静态信息的可操作性和动态信息的可见性。

3. 保密性

保密性建立在可靠性和可用性基础上，保证网络信息只能由授权的用户读取。常用的信息保密技术有防侦听、信息加密和物理保密。

4. 完整性

完整性要求网络信息未经授权不能进行修改，网络信息在存储或传输过程中要保持不被偶然或蓄意地删除、修改、伪造等，防止网络信息被破坏和丢失。

1.4 项 目 实 施

任务 1-1　安装 Wireshark

Wireshark（前称 Ethereal）是一个网络封包分析软件。其功能是截取网络封包，并尽可能显示出较为详细的网络封包资料。它使用 WinPCAP 作为接口，直接与网卡进行数据报文交换。

安装 Wireshark 的步骤如下。

（1）从网络中下载 Wireshark 3.4.5 版本。在安装之前，先确定安装环境是否符合要求，如 32 位 Windows 操作系统或 64 位 Windows 操作系统。此处以 64 位 Windows 操作系统为例进行讲解。如图 1-3 所示，下载完成后，开始安装，打开下载完成的可执行文件，如图 1-4 所示。

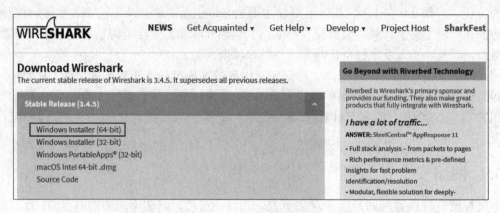

图 1-3　Wireshark 下载界面

图 1-4　Wireshark 安装界面 1

（2）单击 Next 按钮，出现如图 1-5 所示的界面。

（3）单击 Noted 按钮，出现选择安装组件的界面，用户可以根据安装需要进行选择，此处选择默认选项即可，如图 1-6 所示。

（4）单击 Next 按钮，出现选择附加任务选项的安装界面，此处默认选择 Wireshark Start Menu Item、Wireshark Quick Launch Icon、Associate trace file extensions with Wireshark 选项，如图 1-7 所示。

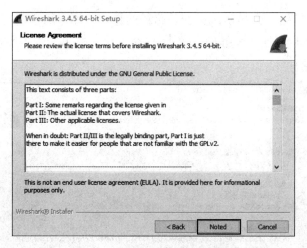

图 1-5　Wireshark 安装界面 2

图 1-6　Wireshark 安装界面 3

图 1-7　Wireshark 安装界面 4

（5）单击 Next 按钮，会显示选择安装路径的界面，用户可以指定其安装路径。单击 Next 按钮，出现 Packet Capture 界面，单击 Next 按钮，弹出如图 1-8 所示的 USB Capture 界面，单击 Install 按钮。

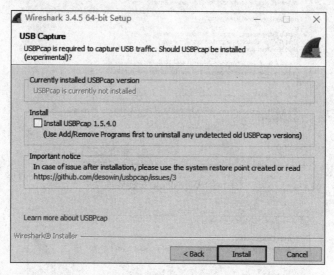

图 1-8　Wireshark 安装界面 5

（6）安装过程中弹出如图 1-9 所示的 License Agreement（许可协议）界面，单击 I Agree 按钮。显示 Npcap 的安装选项窗口，用户可根据需求进行选择，此处选中后两者并单击 Install 按钮开始安装，如图 1-10 所示，Npcap 安装完成后单击 Finish 按钮。

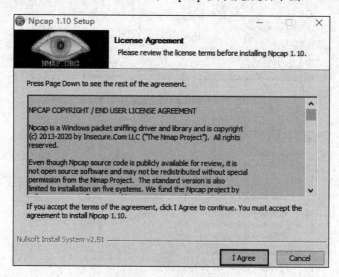

图 1-9　License Agreement 界面

（7）待 Wireshark 安装完成后会显示如图 1-11 所示的界面，单击 Next 按钮，在弹出的界面中单击 Finish 按钮，即可完成 Wireshark 的安装。

（8）安装成功后，在"开始"菜单中找到并打开 Wireshark 软件，进入 Wireshark 环境，如图 1-12 所示。

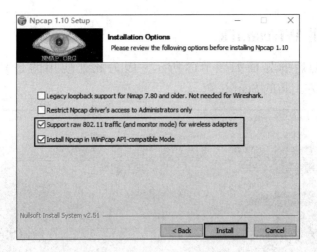

图 1-10　Npcap 安装界面

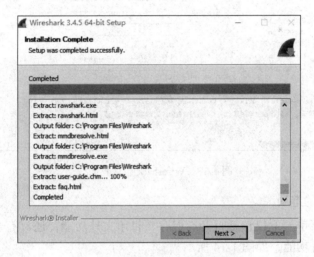

图 1-11　Wireshark 安装完成界面

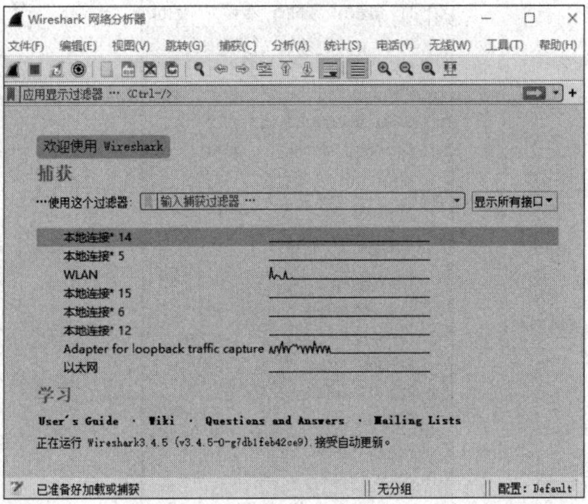

图 1-12　Wireshark 启动界面

任务 1-2 使用 Wireshark

Wireshark 启动后的界面如图 1-13 所示，因为此处使用的是 WLAN，所以选择 WLAN，然后单击左上角的 Start 按钮。

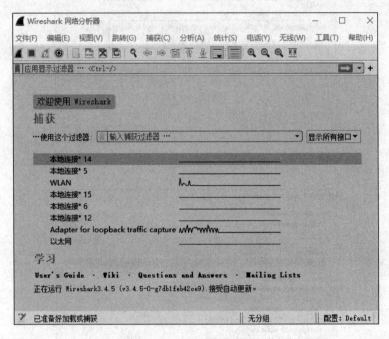

图 1-13 Wireshark 启动界面

1. Wireshark 的选项

（1）"文件"菜单。不仅包括打开、保存、打印文件功能，还具有合并捕捉文件，以及退出 Wireshark 等功能，如图 1-14 所示。

图 1-14 "文件"菜单

"文件"菜单的部分命令如表1-2所示。

表1-2 "文件"菜单的部分命令

选 项	快捷键	描 述
Open	Ctrl+O	显示打开文件对话框,选择并打开相应文件用以浏览
Open Recent		弹出一个子菜单,显示最近打开过的文件以供选择
合并		显示合并捕捉文件的对话框。选择一个文件并和当前打开的文件合并
Close	Ctrl+W	关闭此文件,即关闭当前捕捉文件,如果未保存,系统将提示你是否保存(如果你预设了禁止提示保存,将不会提示)
保存	Crl+S	保存当前捕捉文件,如果你没有设置默认的保存文件名,会出现提示你保存文件的对话框
另存为	Ctrl+Shift+S	让你将当前文件保存为另外一个文件,将会出现一个"另存为"的对话框
文件集合		可列出当前文件、下一文件或上一文件
导出分组解析结果		可以导出纯文本、CSV、PSML XML、PSML XML 等格式的分组解析结果
导出对象		可以导出 DICOM、HTTP 等多种对象
打印	Ctrl+P	打印输出,即打印捕捉包的全部或部分,将会弹出打印对话框
Quit	Ctrl+Q	关闭,即退出 Wireshark,如果未保存文件,Wireshark 会提示是否保存

(2)"编辑"菜单。主要包括查找包,时间参考,标记一个、多个包,设置预设参数等功能,如图1-15所示。

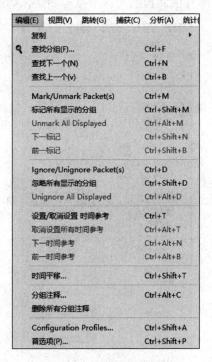

图 1-15 "编辑"菜单

"编辑"菜单的部分命令如表1-3所示。

17

表 1-3 "编辑"菜单的部分命令

选　　项	快　捷　键	描　　述
复制		将详情面板选择的数据作为显示过滤。显示过滤将会复制到剪贴板
查找分组	Ctrl+F	打开一个对话框，通过限制来查找包
查找下一个	Ctrl+N	在使用 Find packet 以后，使用该菜单会查找匹配规则的下一个包
查找上一个	Ctrl+B	查找匹配规则的前一个包
Mark/Unmark Packet	Ctrl+M	标记/不标记当前选择的包
标记所有显示的分组	Ctrl+Shift+M	标记所有包
Unmark All Displayed	Ctrl+Alt+M	取消所有标记
下一标记	Ctrl+Shift+N	查找下一个被标记的包
前一标记	Ctrl+Shift+B	查找前一个被标记的包
设置/取消设置 时间参考	Ctrl+T	以当前包时间作为参考
下一时间参考	Ctrl+Alt+N	找到下一个时间参考包
前一时间参考	Ctrl+Alt+B	找到前一个时间参考包
首选项	Ctrl+Shift+P	打开首选项对话框，个性化设置 Wireshark 的各项参数，设置后的参数将会在下次打开 Wireshark 时发挥作用

（3）"视图"菜单。用于控制捕捉数据的显示方式，包括颜色、字体缩放以及将包显示在分离的窗口，展开或收缩详情面板的树状节点等功能，如图 1-16 所示。

图 1-16　"视图"菜单

"视图"菜单的部分命令如表 1-4 所示。

表 1-4 "视图"菜单的部分命令

选　　项	快捷键	描　　述
主工具栏		显示或隐藏 Main Toolbar（主工具栏）
过滤器工具栏		显示或隐藏 Filter Toolbar（过滤工具栏）
状态栏		显示或隐藏状态栏
分组列表		显示或隐藏 Packet List Pane（包列表面板）
分组详情		显示或隐藏 Packet Details Pane（包详情面板）
分组字节流		显示或隐藏 Packet Bytes Pane（包字节面板）
时间显示格式		Wireshark 将时间戳设置为相应的时间格式
Name Resolution		解析当前选定包、MAC 地址、网络层地址（IP 地址）、传输层地址
缩放		缩小、增大、恢复正常大小字体
展开子树	Shift+Right	展开子分支
展开全部	Ctrl+Right	展开所有分支，该选项会展开你选择的包的所有分支
收起全部	Ctrl+Left	收缩所有包的所有分支
着色分组列表		是否以彩色显示包
着色规则		打开一个对话框，让你可以通过过滤表达来用不同的颜色显示包。这项功能对定位特定类型的包非常有用
在新窗口显示分组		在新窗口显示当前包（新窗口仅包含 View、Byte View 两个面板）
重新加载	Ctrl+R	重新载入当前捕捉文件

（4）"跳转"菜单。主要包括到分组操作等功能，如图 1-17 所示。

图 1-17 "跳转"菜单

"跳转"菜单的部分命令如表 1-5 所示。

表 1-5 "跳转"菜单的部分命令

选　　项	快捷键	描　　述
转至分组	Ctrl+G	打开一个对话框，输入指定的包序号，然后跳转到对应的包
Go to Linked Packet		跳转到当前包的应答包，如果不存在，则该选项为灰色
下一分组	Ctrl+Down	移动到包列表中的后一个包，同上

续表

选　项	快捷键	描　述
前一分组	Ctrl+Up	移动到包列表中的前一个包，即使包列表面板不是当前焦点，也是可用的
首个分组	Ctrl+Home	移动到列表中的第一个包
最新分组	Ctrl+End	移动到列表中的最后一个包
历史中的下一个分组	Alt+Right	跳到下一个最近浏览的包，跟浏览器类似
历史中的上一个分组	Alt+Left	跳到最近浏览的包，类似于浏览器中的页面历史纪录

（5）"捕获"菜单。包括捕获过滤器等功能，如图 1-18 所示。

"捕获"菜单的部分命令如表 1-6 所示。

表 1-6　"捕获"菜单的部分命令

选　项	快捷键	描　述
选项	Ctrl+K	打开设置捕捉选项的对话框并可以在此开始捕捉
开始	Ctrl+E	立即开始捕捉，参数设置都是参照最后一次设置情况
停止	Ctrl+E	停止正在进行的捕捉
重新开始	Ctrl+R	正在进行捕捉时，停止捕捉，并按同样的设置重新开始捕捉。仅在你认为有必要时
捕获过滤器		打开对话框，编辑捕捉过滤设置，可以命名过滤器，保存为其他捕捉时使用

（6）"分析"菜单。对已捕获的网络数据进行分析，包括过滤器相关操作、追踪流等功能，如图 1-19 所示。

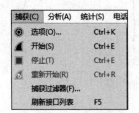

图 1-18　"捕获"菜单　　　　图 1-19　"分析"菜单

"分析"菜单的部分命令如表 1-7 所示。

表 1-7　"分析"菜单的部分命令

选　项	快捷键	描　述
Display Filters …		选择显示过滤器

续表

选 项	快捷键	描 述
作为过滤器应用		将其应用为过滤器
准备过滤器		设计一个过滤器
启用的协议	Ctrl+Shift+E	可以分析的协议列表
解码为…		将网络数据按某协议规则解码
跟踪流		跟踪 TCP、UDP、TLS、HTTP、HTTP/2 Stream、QUIC Stream 通信数据段
专家信息		专家分析信息

（7）"统计"菜单。对已捕获的网络数据进行统计分析，包括已解析的地址、分组长度等功能，如图 1-20 所示。

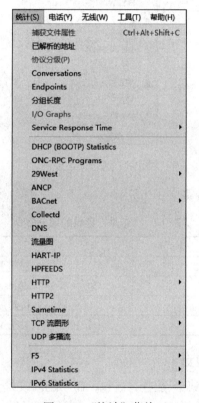

图 1-20 "统计"菜单

"统计"菜单的部分命令如表 1-8 所示。

表 1-8 "统计"菜单的部分命令

选 项	快 捷 键	描 述
Conversations		会话
Endpoints		定义统计分析的结束点
分组长度		数据包的长度
I/O Graphs		输入 / 输出数据流量图

续表

选　项	快　捷　键	描　述
Service Response Time		从客户端发出请求至收到服务器响应的时间间隔
DHCP(BOOTP) Statistics		引导协议和动态主机配置协议的数据
ONC-RPC Programs		专家分析信息
流量图		网络通信流向图
HTTP		超文本传输协议的数据
TCP 流图形		传输控制协议（TCP）数据流波形图

（8）"帮助"菜单。包括 Wireshark 相关的说明文档、捕获示例等功能，如图 1-21 所示。

图 1-21　"帮助"菜单

"帮助"菜单的部分命令如表 1-9 所示。

表 1-9　"帮助"菜单的部分命令

选　项	快　捷　键	描　述
说明文档		使用手册
提问（问答平台）		Wireshark 在线问答
Check for Updates…		检测更新
关于 Wireshark		关于 Wireshark

2. 用 Wireshark 抓取报文

为了安全考虑，Wireshark 只能查看封包，而不能修改封包的内容，或者发送封包。

Wireshark 是捕获机器上的某一块网卡的网络包，当你的机器上有多块网卡的时候，需要选择一个网卡，一般选择有数据传输的。Wireshark 抓取报文步骤如下。

（1）打开 Wireshark 软件，显示如图 1-22 所示的窗口，选择正确的网卡，然后单击工具栏中的"开始"按钮，开始抓包。

（2）Wireshark 过滤器窗口如图 1-23 所示。

Wireshark 主要分为以下几个部分。

①"显示过滤器"区域用于过滤。使用过滤功能是非常重要的。初学者使用 Wireshark 时，将会得到大量的冗余信息，在几千甚至几万条记录中，很难找到自己需要的部分。过

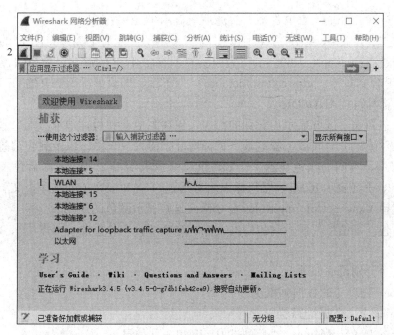

图 1-22 抓包接口选择

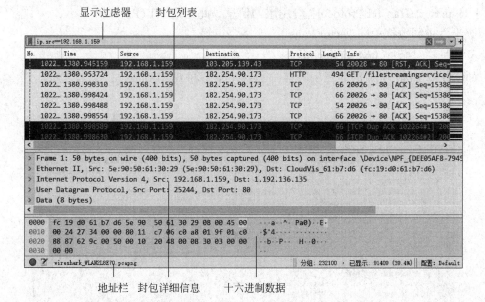

图 1-23 Wireshark 过滤器窗口介绍

滤器会帮助我们在大量的数据中迅速找到我们需要的信息。

过滤器有以下两种。

- 显示过滤器，就是主界面上所标记的，用来在捕获的记录中找到所需要的记录。
- 捕获过滤器，用来过滤捕获的封包，以免捕获太多的记录。可通过选择 Capture →
  Capture Filters 命令进行设置。

过滤表达式的规则如下。

- 协议过滤：如进行 TCP 过滤，过滤后只显示 TCP 数据包。
- IP 过滤：如 ip.src ==192.168.1.159，即只显示源地址为 192.168.1.159 的包。
- 端口过滤：tcp.port ==80，端口为 80，即只显示 TCP 的源端口为 80 的包。
- HTTP 模式过滤：http.request.method== "GET"，即只显示 HTTP 的 GET 方法。
- 逻辑运算符：AND/ OR。

② "封包列表" 区域显示捕获到的封包，包括源地址和目标地址、端口号。封包列表的面板中显示编号、时间戳、源地址、目标地址、协议、长度，以及封包信息。可以看到不同的协议用了不同的颜色显示。比如，默认绿色表示 TCP 报文；深蓝色表示 DNS；浅蓝表示 UDP；粉红表示 ICMP；黑色标识出有问题的 TCP 报文（如乱序报文）等。用户也可以通过选择 View → Coloring Rules 命令修改这些显示颜色的规则。

③ "封包详细信息" 显示封包中的字段。这个部分十分重要，可以用来查看协议中的每一个字段。

各行信息分别说明如下。

- Frame：物理层的数据帧概况。
- Ethernet Ⅱ：数据链路层以太网帧头部信息。
- Internet Protocol Version 4：互联网层 IP 包头部信息。
- Transmission Control Protocol：传输层的数据段头部信息，此处是 TCP。
- Hypertext Transfer Protocol：应用层的信息，此处是 HTTP。

④ 十六进制数据（Dissector Pane）。

⑤ 地址栏，杂项（Miscellanous）。

Wireshark 捕获到的 TCP 包中的每个字段如图 1-24 所示。

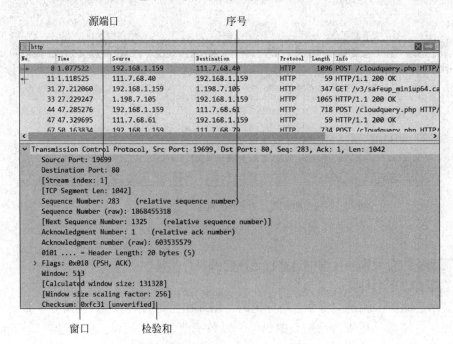

图 1-24　TCP 包中的每个字段

任务 1-3 使用 Wireshark 进行 UDP 的抓包分析

UDP 的全称是用户数据报协议，在网络中它与 TCP 一样用于处理数据包，是一种无连接的协议。在 OSI 模型中，它处于第 4 层——传输层，也就是 IP 层的上一层。UDP 不提供数据包分组、组装和不能对数据包进行排序，也就是说，当报文发送之后，是无法得知其是否安全、完整到达的。UDP 用来支持那些需要在计算机之间传输数据的网络应用。包括网络视频会议系统在内的众多采用客户端 / 服务器模式的网络应用都需要使用 UDP。UDP 从问世至今已经被使用了很多年，虽然其最初的光彩已经被一些类似协议所掩盖，但是即使在今天，UDP 仍然不失为一项非常实用和可行的网络传输层协议。

TCP 与 UDP 的区别如下。

（1）TCP 面向连接，UDP 面向非连接。

（2）TCP 传输速度慢，UDP 传输速度快。

（3）TCP 有丢包重传机制，UDP 没有。

（4）TCP 可保证数据正确性，UDP 可能丢包。

UDP 头部格式如图 1-25 所示。

16-bit 源端口	16-bit 目的端口
16-bit UDP 长度	16-bit UDP 校验和
数　　据	

图 1-25　UDP 头部格式

下面就以具体的抓包实例来分析 UDP。

（1）登录 QQ，选择一个网友，并和对方视频聊天（因为 QQ 视频所使用的是 UDP，所以抓取的包大部分是采用 UDP 的包）。打开 Wireshark 软件，单击工具栏中的"开始"按钮，开始抓包，结果如图 1-26 所示。从图中可以看到，视频聊天过程中用的就是 UDP。

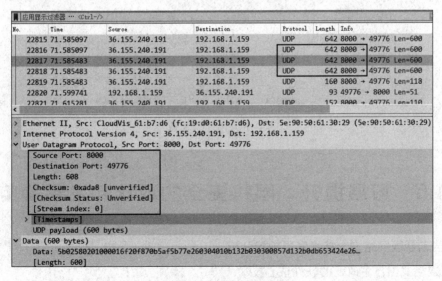

图 1-26　抓取 UDP 包

（2）选择一条 UDP，右击该协议，并在弹出的快捷菜单中选择"追踪流"→"UDP 流"命令，如图 1-27 所示，打开追踪 UDP 流窗口，跟踪整个会话。

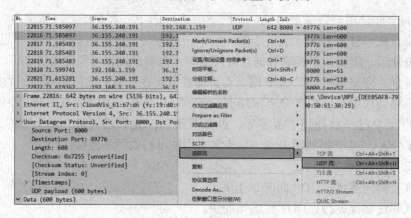

图 1-27　追踪 UDP 流

（3）从追踪 UDP 流中可以看到 QQ 视频聊天内容是加密传送的，如图 1-28 所示。

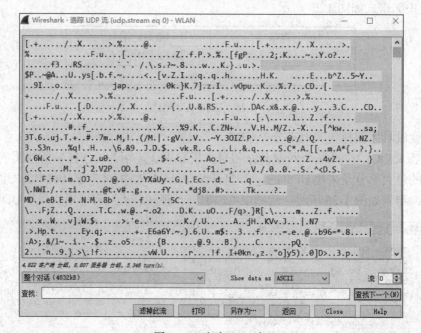

图 1-28　追踪 UDP 流

1.5　拓展提升　网络安全的现状和发展趋势

1. 当前我国网络安全技术发展现状分析

1）缺乏我国自主研发的软件核心技术

大家都知道，网络安全核心技术主要有 3 部分，即 CPU、操作系统、数据库。当前，尽管大部分企业都已经耗费大量的资金维护网络安全。然而,因大多数网络设备与软件都是进口的,并不是我国所自主研发的,所以导致国内网络安全技术跟不上时代发展步伐,如此一来,极易被窃听与攻击。因此,结合目前发展情况来看,我国必须进一步加快对软件核心技术的研发,开发出确保我国网络安全的软件技术。

2)安全技术的防护能力不够

如今,国内各个企事业单位都已经建立专属网站,同时电子商务正处在快速发展中。然而,所应用的系统多数都处于未设防的状态中,极有可能会埋下各种安全隐患。此外,在网络建设过程中,大部分企业未及时采用各种技术和防范对策来确保网络安全性。

3)缺少网络安全的高端技术人才

首先,由于互联网通信成本偏低,所以服务器的种类越来越多,功能更加完善,性能更强。然而,无论是在人才数量上,还是在专业水平上,都没有更好地适应当前网络安全需求。其次,网络管理人员缺少安全管理所需的理由导向意识。他们需要积累足够多的实践经验,以便当网络系统处于崩溃状态时,可以快速提出更有效的解决对策。

2. 网络安全发展的趋势

结合当前国内网络安全发展的主要形势分析,我国必须在信息产业研发上做出巨大努力,缩小和发达国家的差距。同时,应要求网民对网络专业知识有一个全面了解,以便提升网络用户整体素质,使网民对网络安全管理引起足够的重视。

1)将网络安全产业链转变成生态环境

近年来,随着我国计算机技术与行业的发展,产业价值链也发生了巨大的改变,变得更加复杂。与此同时,生态环境变化的速度远远超出预期,这样在今后网络技术发展过程中,要求各个参与方对市场要有较强的适应能力。

2)网络安全技术朝着智能化与自动化方向发展

目前,我国在优化网络安全技术方面需要长期过程,这始终贯穿在网络发展中。而且网络优化手段逐渐由人工化朝着智能化方向快速发展。此外,还可以建立网络优化知识库,进而针对网络运行中的一些质量问题,为网络管理者提供更多切实、可行的解决对策。因此,在今后的几年内,国内网络安全技术将在IMS基础上研制出固定的NGN技术。据预测,此项技术可以为企事业单位发展提供更多业务支持。

3)网络朝着大容量方向发展

近几年,国内互联网业务量逐渐增长,特别是以IP为主的数据业务,对路由器和交换机的处理能力提出较高要求,这主要是为了更好地满足语音、图像等业务需求,所以,要求IP网络必须要有较强包转发与处理能力,因此,今后网络势必会朝着大容量方向发展。在网络发展过程中,要广泛应用硬件交换、分组转发引擎,切实提升系统整体性能。

1.6　习　　题

一、填空题

1. 网络安全的五大要素和技术特征分别是_____、_____、_____、_____、_____。

2. 信息安全的发展历程包括通信保密阶段、计算机安全阶段、_____、_____。

3. 网络安全的主要威胁有_____、_____、_____、_____、_____、_____等。

4. 访问控制的三种模式：_____、_____和_____。

5. 网络安全的目标主要表现在以下方面：_____、_____、_____、_____、_____。

二、选择题

1. 关于计算机网络安全，是指（　　　）。

    A. 网络中设备设置环境的安全　　　　B. 网络使用者的安全

    C. 网络中信息的安全　　　　　　　　D. 网络的财产安全

2. 计算机病毒是计算机系统中一类隐藏在（　　　）上蓄意破坏的捣乱程序。

    A. 内存　　　　　B. 软盘　　　　　C. 存储介质　　　　D. 网络

3. 在以下网络威胁中，不属于信息泄露的是（　　　）。

    A. 数据窃听　　　B. 流量分析　　　C. 拒绝服务攻击　　D. 偷窃用户账户

4. 在网络安全中，在未经许可的情况下，对信息进行删除或修改，这是对（　　　）的攻击。

    A. 可用性　　　　D. 保密性　　　　C. 完整性　　　　D. 真实性

5. 入侵检测系统（IDS）是对（　　　）的合理补充，帮助系统对付网络攻击。

    A. 交换机　　　　D. 路由器　　　　C. 服务器　　　　D. 防火墙

三、简答题

1. 网络攻击和防御分别包括哪些内容？

2. 什么是系统安全？

3. 网络安全威胁的定义是什么？

4. 如何进行病毒防范？

项目2 网络攻击与防护

2.1 项目导入

谈到网络攻击与防御问题，就不得不谈黑客。黑客通常是指对计算机科学、编程和设计方面有高度理解的人，泛指擅长 IT 技术的计算机高手。黑客精通各种编程语言和各类操作系统，伴随计算机和网络的发展而产生和成长，对计算机某一领域有着深入的理解，并且十分热衷于入侵他人计算机，窃取非公开信息。每一个对互联网的知识十分了解的人，都有可能成为黑客。翻开 1998 年日本出版的《新黑客字典》，可以看到上面对黑客的定义是："喜欢探索软件程序奥秘，并从中增长其个人才干的人。"显然，"黑客"一词原来并没有丝毫的贬义成分。直到后来，少数怀有不良的企图，利用非法手段获得的系统访问权去入侵远程机器系统，破坏重要数据，或为了自己的私利而制造麻烦的具有恶意行为的人慢慢玷污了"黑客"的名声，"黑客"才逐渐演变成入侵者、破坏者的代名词。

本项目先阐述目前计算机网络中存在的安全问题及计算机网络安全的重要性，接着分析黑客进行网络攻击的常见方法及攻击的一般过程，最后分析针对这些攻击的特点应采取的防范措施。

2.2 职业能力目标和要求

一方面，"黑客"已成为一个特殊的社会群体，在欧美等国有不少合法的黑客组织，黑客们经常召开黑客技术交流会；另一方面，黑客组织在因特网上利用自己的网站介绍黑客攻击手段，免费提供各种黑客工具软件，出版网上黑客杂志，这使普通人也很容易下载并学会使用一些简单的黑客手段或工具，对网络进行某种程度的攻击，进一步恶化了网络安全环境。学习完本项目，要达到以下职业能力目标和要求。

- 了解黑客的概念。
- 了解常见的网络攻击。
- 掌握网络安全的解决方案。
- 掌握网络信息搜集的方法和技巧。
- 掌握端口扫描的方法。
- 掌握口令破解的一些方法。

2.3 相 关 知 识

2.3.1 黑客概述

1. 黑客的起源

黑客最早始于 20 世纪 50 年代，最早的计算机于 1946 年在宾夕法尼亚大学出现，而最早的黑客出现于麻省理工学院，贝尔实验室也有。最初的黑客一般都是一些高级技术人员，他们热衷于挑战、崇尚自由并主张信息的共享。

自 1994 年以来，因特网在全球的迅猛发展，为人们提供了方便及丰富的信息交流途径。政治、军事、经济、科技、教育、文化等各个方面都越来越网络化，网络逐渐成为人们生活、娱乐的一部分。可以说，信息时代已经到来，信息已成为除物质和能量以外维持人类社会的重要资源，它是人们未来生活中的重要介质。随着计算机的普及和因特网技术的迅速发展，黑客也随之出现了。

黑客伴随着计算机和网络的发展而产生和成长。黑客对计算机有着狂热的兴趣和执着的追求，他们不断地研究计算机和网络知识，发现计算机和网络中存在的漏洞，喜欢挑战高难度的网络系统并从中找到漏洞，然后向管理员提出解决和修补漏洞的方法。

2. 黑客的特点

黑客不干涉政治，不受政治利用，他们的出现推动了计算机和网络的发展与完善。黑客所做的不是恶意破坏，他们是一群纵横驰骋于网络上的"大侠"，追求共享、免费，提倡自由、平等。黑客的存在是由于计算机技术的不健全，从某种意义上来讲，计算机的安全需要更多黑客去维护。

黑客也可以指以下方面。

（1）在信息安全里，"黑客"指研究智取计算机安全系统的人员。利用公共通信网络，如互联网和电话系统，在未经许可的情况下，侵入对方系统的被称为黑帽黑客（black hat hacker，另称 cracker）；调试和分析计算机安全系统的被称为白帽黑客（white hat hacker）。"黑客"一词最早用来称呼研究盗用电话系统的人士。

（2）在业余计算机方面，"黑客"指研究和修改计算机产品的业余爱好者。20 世纪 70 年代，很多黑客聚焦在硬件研究方面；20 世纪八九十年代，很多黑客聚焦在软件更改（如编写游戏模组、攻克软件版权限制）方面。

（3）"黑客"是一种热衷于研究系统和计算机（特别是网络）内部运作的人。

但是到了今天，黑客一词已被用于泛指那些专门利用计算机搞破坏或恶作剧的家伙，对这些人的正确英文叫法是 cracker，也有人翻译成"骇客"或是"入侵者"。正是由于入侵者的出现玷污了黑客的声誉，使人们把黑客和入侵者混为一谈，黑客被人们认为是在网上到处搞破坏的人。

一个人即使从意识和技术水平上已达到黑客的水平，也绝对不会称自己是一名黑客，因为黑客只有公认的，没有自封的，他们重视技术，但更重视思想和品质。

2.3.2 常见的网络攻击

1. 拒绝服务攻击

Internet 最初的设计目标是开放性和灵活性，而不是安全性。目前 Internet 上各种入侵手段和攻击方式大量出现，成为网络安全的主要威胁，拒绝服务（denial of service，DoS）是一种简单但很有效的进攻方式，其基本原理是利用合理的请求占用过多的服务资源，致使服务超载，无法响应其他的请求，从而使合法用户无法得到服务。

这些服务资源包括网络带宽、文件系统空间容量、开放的进程或者向内的连接。这种攻击会导致资源的缺乏，无论计算机的处理速度多快，内存容量多大，互联网的速度多快，都无法避免这种攻击带来的后果。因为任何事物都有一个极限。所以，总能找到一个方法使请求的值大于该极限值，因此就会使所提供的服务资源缺乏，像是无法满足需求。千万不要自认为拥有了足够宽的带宽就会有一个高效率的网站，拒绝服务攻击会使所有的资源变得非常易得。

典型的拒绝服务攻击有以下几种。

1）畸形报文攻击

根据 TCP/IP 的规范，一个包的长度最大为 65536 字节。尽管一个包的长度不能超过 65536 字节，但是一个包分成的多个片段的叠加却能做到。当一个主机收到了长度大于 65536 字节的包时，就是受到了畸形报文攻击，该攻击会造成主机的宕机。

2）SYN 泛洪攻击

SYN 泛洪攻击也是一种常用的拒绝服务攻击。它的工作原理是：正常的一个 TCP 连接需要连接双方进行三个动作，即"三次握手"。其过程如下：请求连接的客户机首先将一个带 SYN 标志位的包发给服务器；服务器收到这个包后产生一个自己的 SYN 标志，并把收到包的 SYN+I 作为 ACK 标志，返回给客户机：客户机收到该包后，再发一个 ACK=SYN+I 的包给服务器。经过这三次握手，连接才正式建立。在服务器向客户机发返回包时，它会等待客户机的 ACK 确认包，这时这个连接被加到未完成连接队列中，直到收到 ACK 应答后或超时才从队列中删除。这个队列是有限的，一些 TCP/IP 堆栈的实现只能等待从有限数量的计算机发来的 ACK 消息，因为它们只有有限的内存缓冲区用于创建连接，如果这些缓冲区内充满了虚假连接的初始信息，该服务器就会对接下来的连接停止响应，直到缓冲区里的连接企图超时。如果客户机伪装大量 SYN 包进行连接请求并且不进行第三次握手，则服务器的未完成连接队列就会被塞满，正常的连接请求就会被拒绝，这样就造成了拒绝服务。

3）缓冲区溢出攻击

缓冲区是程序运行时计算机内存中的一个连续块。大多数情况下，为了不占用太多的内存，在有动态变量的程序运行时才决定给它分配多少内存。如果程序在动态分配缓冲区中放入超长的数据，就会发生缓冲区的溢出。此时，子程序的返回地址就有可能被溢出缓冲区的数据覆盖，如果在溢出的缓存区中写入想执行的代码（SHELL-CODE），并使返回地址指向其起始地址，CPU 就会转而执行 SHELL-CODE，达到运行任意命令从而进行攻击的目的。

2. 程序攻击

1）病毒

（1）病毒的主要特征有以下方面。

隐蔽性：病毒的存在、传染和对数据的破坏过程不易为计算机操作人员发现。

寄生性：计算机病毒通常是依附于其他文件而存在的。

传染性：计算机病毒在一定条件下可以自我复制，能对其他文件或系统进行一系列非法操作，并使其成为一个新的传染源。

触发性：病毒的发作一般都需要一个激发条件，可以是日期、时间、特定程序的运行或程序的运行次数等。

破坏性：病毒在满足触发条件时，会立即对计算机系统的文件、资源等内容进行干扰破坏。

不可预见性：病毒相对于防毒软件永远是超前的，从理论上讲，没有任何杀毒软件能将所有的病毒杀除。

针对性：针对特定的应用程序或操作系统，通过感染数据库服务器进行传播。

（2）病毒采用的触发条件有以下方面。

日期触发：许多病毒采用日期做触发条件。日期触发大体包括特定日期触发、月份触发、前半年/后半年触发等。

时间触发：时间触发包括特定的时间触发、染毒后累计工作时间触发、文件最后写入时间触发等。

键盘触发：有些病毒会监视用户的击键动作，当发现病毒预定的输入时，病毒被激活，进行某些特定操作。键盘触发包括击键次数触发、组合键触发、热启动触发等。

感染触发：许多病毒的感染需要某些条件触发，而且相当数量的病毒又将与感染有关的信息反过来作为破坏行为的触发条件。它包括运行感染文件个数触发、感染序数触发、感染磁盘数触发、感染失败触发等。

启动触发：病毒对机器的启动次数计数，并将此值作为触发条件。

访问磁盘次数触发：病毒对访问磁盘的次数进行计数，以预定次数作为触发条件。

调用中断功能触发：病毒对中断调用次数计数，将预定次数作为触发条件。

CPU型号/主板型号触发：病毒能识别运行环境的CPU型号/主板型号，将预定CPU型号/主板型号作为触发条件，这种病毒的触发方式奇特而罕见。被计算机病毒使用的触发条件是多种多样的，而且往往不只是使用上面所述的某一个条件，而是使用由多个条件组合起来的触发条件。大多数病毒的组合触发条件是基于时间的，再辅以读、写盘操作，按键操作以及其他条件等。

2）蠕虫

（1）蠕虫程序的实体结构。蠕虫程序相对于一般的应用程序，在实体结构方面体现出更多的复杂性，通过对多个蠕虫程序的分析，可以粗略地把蠕虫程序的实体结构分为如下六大部分，具体的蠕虫可能由其中的几部分组成。

① 未编译的源代码：由于有的程序参数必须在编译时确定，所以蠕虫程序可能包含一部分未编译的程序源代码。

②已编译的链接模块：不同的系统（同族）可能需要不同的运行模块，如不同的硬件厂商和不同的系统厂商采用不同的运行库，这在 UNIX 族的系统中非常常见。

③可运行代码：整个蠕虫可能是由多个编译好的程序组成的。

④脚本：利用脚本可以节省大量的代码，充分利用系统 shell 的功能。

⑤受感染系统上的可执行程序：受感染系统上的可执行程序（如文件传输等）可被蠕虫作为自己的组成部分。

⑥信息数据：包括已破解的口令、要攻击的地址列表、蠕虫自身压缩包。

⑦蠕虫程序的功能结构：鉴于所有蠕虫都具有相似的功能结构，下面给出了蠕虫程序的统一功能模型，统一功能模型将蠕虫程序分解为基本功能模块和扩展功能模块。实现了基本功能模块的蠕虫程序就能完成复制传播流程，包含扩展功能模块的蠕虫程序则具有更强的生存能力和破坏能力。其中五个基本功能模块如下。

- 搜索模块：寻找下一台要传染的机器，为提高搜索效率，可以采用一系列的搜索算法。
- 攻击模块：在被感染的机器上建立传输通道（传染途径），为减少第一次传染数据传输量，可以采用引导式结构。
- 传输模块：计算机间的蠕虫程序复制。
- 信息搜集模块：搜集被传染机器上的信息。
- 繁殖模块：建立自身的多个副本，在同一台机器上提高传染效率，避免重复传染。

（2）蠕虫的工作流程。蠕虫程序的工作流程可以分为扫描、攻击、现场处理、复制四部分。当扫描到有漏洞的计算机系统后，进行攻击，攻击部分完成蠕虫主体的迁移工作；进入被感染系统后，要做现场处理工作，包括隐藏、信息搜集等；生成多个副本后，重复上述流程。

3）木马

（1）木马的结构。木马程序一般包含以下两个部分。

外壳程序：一般是公开的，谁都可以看得到。它往往具有足够的吸引力，以便在人们下载或复制它时运行。

内核程序：隐藏在外壳程序之后，可以做各种对系统造成破坏的事情，如发动攻击、破坏设备、安装"后门"等。

（2）木马具有的特性。由于木马所从事的是"地下工作"，因此它必须隐藏起来，它会想尽一切办法不让你发现它。它的特性主要体现在以下几个方面。

隐蔽性：当木马植入目标计算机中时，不会生成任何图标，并以"系统服务"的方式欺骗操作系统。

自动运行性：木马为了控制服务端，必须在系统启动时即跟随启动，所以它必须潜入你的启动配置文件，如 win.ini、system.ini、winstart.bat 以及启动组等，包含未公开并且可能产生危险后果的程序。

自动恢复性：木马程序中的功能模块具有多重备份，可以相互恢复。当你删除了其中的一个备份，随后又会出现另一个备份。它能自动打开特别的端口。当植入木马程序后，攻击者利用该程序，开启系统中别的端口，以便进行下一次非法操作。

木马功能通常都是十分特殊的，除了普通的文件操作功能以外，还有些木马具有搜索

cache 中的口令、设置口令、扫描目标机器人的 IP 地址、进行键盘记录、进行远程注册表的操作以及锁定鼠标等功能。

3. 电子欺骗攻击

1）IP 电子欺骗攻击

IP 电子欺骗有两种基本方式：一种是使用宽松的源路由选择截取数据包；另一种是利用 UNIX 机器上的信任关系。

使用宽松的源路由选择时，发送端指明了流量或者数据包必须经过的 IP 地址清单，但如果有需要，也可以经过一些其他的地址。由于采用单向的 IP 欺骗时，被盗用的地址会收到返回的信息流，而黑客的机器却不能收到这样的信息流，所以黑客就在使用假冒的地址向目的地发送数据包时指定宽松的源路由选择，并把它的 IP 地址填入地址清单中，最终截取目的机器返回源机器的流量。

在 UNIX 系统中，为了操作方便，通常在主机 A 和主机 B 中建立起两个相互信任的账户。黑客为了进行 IP 欺骗，首先会使被信任的主机丧失工作能力，同时采样目标主机向被信任的主机发出的 TCP 序列号，猜测出它的数据序列号，然后伪装成被信任的主机，同时建立起与目标主机基于地址验证的应用连接，以便进行非授权操作。

2）DNS 电子欺骗攻击

主机域名与 IP 地址的映射关系是由域名系统（DNS）来实现的，现在 Internet 上主要使用 Bind 域名服务器程序。

DNS 报文只使用一个序列号来进行有效性鉴别，序列号由客户程序设置并由服务器返回结果，客户程序通过它来确定响应与查询是否匹配，这就引入了序列号攻击的危险。在 DNS 应答报文中可以附加信息，该信息可以和所请求的信息没有直接关系，这样，攻击者就可以在应答中随意添加某些信息，指示某域的权威域名服务器的域名和 IP 地址，导致在被影响的域名服务器上查询该域的请求都会被转向攻击者所指定的域名服务器，从而对网络的完整性造成威胁。DNS 的高速缓存机制：当一个域名服务器收到有关域名和 IP 的映射信息时，它会将该信息存放在高速缓存中，当再次遇到对此域名的查询请求时就直接使用缓存中的结果而无须重新查询。

针对 DNS 协议存在的安全缺陷，目前可采用的 DNS 欺骗技术有以下几种。

（1）内应攻击：攻击者在非法或合法地控制一台 DNS 服务器后，可以直接操作域名数据库，修改指定域名所对应的 IP 地址为自己所控制的主机 IP 地址。于是，当客户发出对指定域名的查询请求后，将得到伪造的 IP 地址。

（2）序列号攻击：DNS 协议格式中定义了序列号 ID，用来匹配请求数据包和响应数据包，客户端首先以特定的 ID 向 DNS 服务器发送域名查询数据包，在 DNS 服务器查询之后以相同的 ID 给客户端发送域名响应数据包。这时，客户端将收到的 DNS 响应数据包的 ID 和自己发送出去的查询数据包的 ID 比较，如果匹配则使用它，否则丢弃。利用序列号进行 DNS 欺骗的关键是伪装成 DNS 服务器向客户端发送 DNS 响应数据包，而且要在 DNS 服务器发送的真实 DNS 响应数据包之前到达客户端，从而使客户端 DNS 缓存中查询域名所对应的 IP 就是攻击者伪造的 IP。其欺骗的前提条件是攻击者发送的 DNS 响应数据包 ID 必须匹配客户的 DNS 查询数据包 ID。

利用序列号进行 DNS 欺骗有以下两种情况。

第一，当攻击者与 DNS 服务器和客户端均不在同一个局域网内时，攻击者可以向客户端发送大量的携有随机 ID 序列号的 DNS 响应数据包，其中包内含有攻击者伪造的 IP，但 ID 匹配的概率很低，所以攻击的效率不高。

第二，当攻击者至少与 DNS 服务器或者客户端某一个处在同一个局域网内时，攻击者可以通过网络监听得到 DNS 查询包的序列号 ID，这时，攻击者就可以发送自己伪造好的 DNS 响应包给客户端，这种攻击方式更高效。

4. 对网络协议（TCP/IP）弱点的攻击

1）网络监听

（1）网络监听的原理。网络中传输的每个数据包都含有目的 MAC 地址，局域网中的数据包以广播的形式发送。假设接收端计算机的网卡工作在正常模式下，网卡会比较收到数据包中的目的 MAC 地址是否为本计算机 MAC 地址或广播地址，如果是，数据包将被接收；如果不是，网卡直接将其丢弃。

假设网卡被设置为混杂模式，那么它就可以接收所有经过的数据包了。也就是说，只要是发送到局域网内的数据包，都会被设置成混杂模式的网卡所接收。

现在局域网都是交换式局域网，以前广播式局域网中的监听不再有效。但监听者仍然可以通过其他途径来监听交换式局域网中的通信。

（2）攻击手段。网络监听是主机的一种工作模式，在这种模式下，主机可以接收到本网段在同一条物理通道上传输的所有信息，而不管这些信息的发送方和接收方是谁。因为系统在进行密码校验时，用户输入的密码需要从用户端传送到服务器端，而攻击者就能在两端之间进行数据监听。此时如果两台主机进行通信的信息没有加密，只要使用某些网络监听工具（如 NetXRay for Windows 95/98/NT、Sniffit for Linux、Solaries 等）就可轻而易举地截取包括口令和账户在内的信息资料。

2）电子邮件攻击

电子邮件是互联网上运用得十分广泛的一种通信方式。攻击者使用一些邮件炸弹软件或 CGI 程序向目的邮箱发送大量内容重复、无用的垃圾邮件。从而使目的邮箱被撑爆而无法使用。攻击者还可以佯装系统管理员，给用户发送邮件，要求用户修改口令或在貌似正常的附件中加载病毒或其他木马程序。

2.3.4 社会工程学介绍

社会工程学就是使人们顺从你的意愿，满足你的欲望的一门艺术与学问。利用社会工程学，攻击者可以从一名员工的口中挖掘出本应该是秘密的信息。从这些技术中提取而得出的知识可以帮助你或者你的机构预防这种类型的攻击。

社会工程学定位在计算机信息安全工作链路的一个最脆弱的环节上。最安全的计算机就是进行物理隔离，即已经拔去了网络接口的计算机。其实，信息安全的脆弱性是普遍存在的，它不会因为系统平台、软件、网络又或者是设备的年龄等因素不相同而有所差异。

无论是在物理上，还是在虚拟的电子信息上，任何一个可以访问系统某个部分的人都有可能构成潜在的安全风险与威胁。任何细微的信息都可能会被社会工程学使用者当作"补给资料"来运用，使其得到其他的信息。这意味着没有把使用者或管理员等参与者这个因素放进企业安全管理策略中，因此将会构成一个很大的安全"裂缝"。

试图驱使某人遵循你的意愿去完成你想要完成的任务有很多种方法。第一种方法也是最简单明了的方法，就是当目标个体被要求完成你的目的时给予其一个直接的"指引"。第二种就是通过捏造的手段为某个个体度身订造一个人为的特定情形。例如，关于如何说服你的对象，你可以设定某个理由去迫使其为你完成某个非其本身意愿的行为。其中，那些特定的情况必须建立在客观事实的基础上。有一点是需要注意的：不要试图对系统管理员这种类别的个体进行社会工程学攻击，除非其能力不及你，不过这样的可能性非常低。

综上所述，如何才能让读者更好地保障他们整个计算机系统的安全呢？需要员工们在自己的工作岗位上保障自己的计算机系统的信息安全。不仅需要增强他们的安全防范意识，而且你自身也必须具备更高的警惕性。

无论如何，对付与防御这类型攻击的最有效手段就是"教育／培训"了。第一步是教育你的雇员与那些有可能被利用作为社会工程学实施目标的人关于计算机／信息安全的重要性。直接给予容易被攻击的人们一些预先的警告已经足以让他们去辨认社会工程学攻击了。

与普遍的思想观念相反，运用社会工程学捕捉人们的心理状态要比入侵一个 Sendmail 容易得多。但如果想让员工去预防与检测社会工程学攻击，其效果绝对不会比让他们维护 UNIX 系统安全的效果明显。

站在系统管理员的立场上，不要让"人之间的关系"问题介入信息安全链路之中，以至于前功尽弃。站在黑客的立场上，当系统管理员的"工作链"上存放有重要数据时，千万不能让其"摆脱"自身的脆弱环节。

2.3.5　网络安全解决方案

1. 局域网安全现状

广域网已有了相对完善的安全防御体系，如防火墙、漏洞扫描、IDS 等网关级别、网络边界方面的防御措施，重要的安全设施大致集中于机房或网络入口处。在这些设备的严密监控下，来自网络外部的安全威胁大大减小。相反，缺乏针对来自网络内部的计算机客户端的安全威胁的必要安全管理措施。未经授权的网络设备或用户可能通过到局域网的网络设备自动进入网络，形成极大的安全隐患。目前，局域网安全隐患是利用了网络系统本身存在的安全弱点，而系统在使用和管理过程的疏漏增加了安全问题的严重程度。

2. 局域网安全威胁分析

局域网是指在小范围内由服务器和多台计算机组成的工作组互联网络。由于通过交换机和服务器连接网内每一台计算机，因此局域网内信息的传输速率比较高，同时局域网采用的技术比较简单，安全措施较少，同样也给病毒传播提供了有效的通道，埋下了安全隐患。局域网的网络安全威胁通常有以下几类。

1）欺骗性的软件使数据安全性降低

由于局域网很大的一部分用处是资源共享，而正是由于共享资源的"数据开放性"，导致数据信息容易被篡改和删除，数据安全性较低。例如，"网络钓鱼"攻击是通过大量发送声称来自一些知名机构的欺骗性垃圾邮件，意图引诱收信人给出敏感信息（如用户名、口令、账户 ID、ATM PIN 码或信用卡详细信息等）的一种攻击方式。最常用的手法是冒充一些真正的网站来骗取用户的敏感数据。以往此类攻击冒名的多是大型或著名的网站，但由于大型网站反应比较迅速，而且所提供的安全功能不断增强，"网络钓鱼"已越来越多地把目光对准了较小的网站。同时由于用户缺乏数据备份等数据安全方面的知识和手段，因此会经常性地造成信息丢失等现象发生。

2）服务器区域没有进行独立防护

局域网内计算机的数据快速、便捷地传递，造成了病毒感染的直接性和快速性，如果不对局域网中服务器区域进行独立保护，其中一台计算机感染病毒，并且通过服务器进行信息传递，就会感染服务器，这样局域网中任何一台通过服务器信息传递的计算机，都有可能会感染病毒。虽然在网络出口有防火墙阻断外来攻击，但无法抵挡来自局域网内部的攻击。

3）计算机病毒及恶意代码的威胁

由于网络用户不及时安装防病毒软件和操作系统补丁，或未及时更新防病毒软件的病毒库而造成计算机病毒的入侵。许多网络寄生犯罪软件的攻击，正是利用了用户的这个弱点。寄生软件可以修改磁盘上现有的软件，在自己寄生的文件中注入新的代码。最近几年，随着犯罪软件（crime ware）汹涌而至，寄生软件已退居幕后，成为犯罪软件的助手。

3. 局域网用户安全意识不强

许多用户使用移动存储设备来进行数据的传递，经常不对外部数据进行必要的安全检查就通过移动存储设备带入内部局域网，同时将内部数据带出局域网，这在给木马、蠕虫等病毒的进入提供了方便的同时也增加了数据泄密的可能性。另外一机两用甚至多用情况普遍，笔记本电脑在内外网之间频繁切换使用，许多用户将在 Internet 上使用过的笔记本电脑在未经许可的情况下擅自接入内部局域网络使用，造成病毒的传入和信息的泄密。

4. IP 地址冲突

局域网用户在同一个网段内，经常造成 IP 地址冲突，造成部分计算机无法上网。对于局域网来讲，此类 IP 地址冲突的问题会经常出现，用户规模越大，查找工作就越困难，所以网络管理员必须加以解决。

正是由于局域网内应用上这些独特的特点，造成局域网内的病毒快速传递，数据安全性低，网内计算机相互感染，病毒屡杀不尽，数据经常丢失。

5. 局域网安全控制与病毒防治策略

安全是个过程，它是一个汇集了硬件、软件、网络、人员以及他们之间互相关系和接口的系统，因此需要加强人员的网络安全培训。从行业和组织的业务角度看，主要涉及管理、技术和应用 3 个层面。

要确保信息安全工作的顺利进行，必须注重把每个环节落实到每个层次上，而进行这种具体操作的是人，人正是网络安全中最薄弱的环节，然而这个环节的加固又是见效最快的，所以必须加强对使用网络的人员的管理，注意管理方式和实现方法。必须要加强对工作人员的安全培训，增强内部人员的安全防范意识，提高内部管理人员整体素质。同时要加强法治建设，进一步完善关于网络安全的法律，以便更有力地打击不法分子。对局域网内部人员，从下面几方面进行培训。

（1）加强安全意识培训，让每个工作人员明白数据信息安全的重要性，理解保证数据信息安全是所有计算机使用者共同的责任。

（2）加强安全知识培训，使每个计算机使用者掌握一定的安全知识，至少能够掌握如何备份本地的数据，保证本地数据信息的安全可靠。

（3）加强网络知识培训，使每个计算机使用者掌握一定的网络知识，能够掌握 IP 地址的配置、数据的共享等网络基本知识，养成良好的计算机使用习惯。

6. 局域网安全控制策略

安全管理保护网络用户资源与设备以及网络管理系统本身不被未经授权的用户访问。目前网络管理工作量最大的部分是客户端安全部分，对网络的安全运行威胁最大的也同样是客户端安全管理。只有解决网络内部的安全问题，才可以排除网络中最大的安全隐患，对于内部网络终端安全管理，主要从终端状态、行为、事件 3 个方面进行防御。

利用现有的安全管理软件加强对以上 3 个方面的管理，是当前解决局域网安全问题的关键所在。

1）利用桌面管理系统控制用户入网

入网访问控制是保证网络资源不被非法使用以及网络安全防范和保护的主要策略。它为网络访问提供了第一层访问控制。它控制哪些用户能够登录服务器并获取网络资源，控制用户入网的时间和在哪台工作站入网。用户和用户组被赋予一定的权限，网络控制用户和用户组可以访问的目录、文件和其他资源，可以指定用户对这些文件、目录、设备能够执行的操作。启用密码策略，强制计算机用户设置符合安全要求的密码，包括设置口令来锁定服务器控制台，以防止非法用户修改。设定服务器登录时间限制、检测非法访问。删除重要信息或破坏数据，提高系统安全性，对密码不符合要求的计算机在多次警告后阻断其联网。

2）采用防火墙技术

防火墙技术通常安装在单独的计算机上，与网络的其余部分隔开。它使内部网络与 Internet 或其他外部网络互相隔离，限制网络互访，用来保护内部网络资源免遭非法使用者的入侵，执行安全管制措施，记录所有可疑事件。它是在两个网络之间实行控制策略的系统，是建立在现代通信网络技术和信息安全技术基础上的应用性安全技术。采用防火墙技术发现及封阻应用攻击所采用的技术如下。

（1）深度数据包处理。深度数据包处理在 1 个数据流中有多个数据包，在寻找攻击异常行为的同时，保持整个数据流的状态。深度数据包处理要求以极高的速度分析、检测及重新组装应用流量，以避免应用时带来时延。

（2）IP/URL 过滤。一旦应用流量是明文格式，就必须检测 HTTP 请求的 URL 部分，寻找恶意攻击的迹象，这就需要一种方案不仅能检查URL，还能检查请求的其余部分。其实，如果把应用响应考虑进来，可以大大提高检测攻击的准确性。虽然 URL 过滤是一项重要的操作，可以阻止通常的脚本类型的攻击。

（3）TCP/IP 终止。应用层攻击涉及多种数据包，并且常常涉及不同的数据流。流量分析系统要发挥功效，就必须在用户与应用保持互动的整个会话期间，能够检测数据包和请求，以寻找攻击行为。至少，这需要能够终止传输层协议，并且在整个数据流而不是仅在单个数据包中寻找恶意模式。系统中存在一些访问网络的木马、病毒等 IP 地址，检查访问的 IP 地址或者端口是否合法，有效地终止 TCP/IP，并有效地扼杀木马等。

（4）访问网络进程跟踪。这是防火墙技术的最基本部分，判断进程访问网络的合法性，进行有效拦截。这项功能通常借助于 TDI 层的网络数据拦截，得到操作网络数据报的进程的详细信息加以实现。

7. 病毒防治

病毒的入侵必将对系统资源构成威胁，影响系统的正常运行。特别是通过网络传播的计算机病毒，能在很短的时间内使整个计算机网络处于瘫痪状态，从而造成巨大的损失。因此，防止病毒的入侵要比发现和消除病毒更重要。防毒的重点是控制病毒的传染。防毒的关键是对病毒行为的判断，如何有效辨别病毒行为与正常程序行为是防毒成功与否的重要因素。防病毒体系是建立在每个局域网的防病毒系统上的，主要从以下几个方面制订有针对性的防病毒策略。

（1）增加安全意识和安全知识，对工作人员定期培训。首先明确病毒的危害，文件共享的时候尽量控制权限和增加密码，在来历不明的文件运行前进行查杀等，都可以很好地防止病毒在网络中的传播。这些措施对杜绝病毒起到很重要的作用。

（2）小心使用移动存储设备。在使用移动存储设备之前进行病毒的扫描和查杀，也可把病毒拒绝在外。

（3）挑选网络版杀毒软件。一般而言，查杀是否彻底，界面是否友好、方便，能否实现远程控制、集中管理是决定一个网络杀毒软件性能优劣的三大要素。瑞星杀毒软件在这些方面都相当不错。能够熟练掌握杀毒软件的使用，及时升级杀毒软件病毒库，有效使用杀毒软件是防毒、杀毒的关键。

通过以上策略的设置，能够及时发现网络运行中存在的问题，快速有效地定位网络中病毒、蠕虫等网络安全威胁的切入点，及时、准确地切断安全事件发生点和网络。

局域网安全控制与病毒防治是一项长期而艰巨的任务，需要不断地探索。随着网络应用的发展，计算机病毒形式及传播途径日趋多样化，安全问题日益复杂化，网络安全建设已不再像单台计算安全防护那样简单。计算机网络安全需要建立多层次的、立体的防护体系，要具备完善的管理系统来设置和维护对安全的防护策略。

2.4　项　目　实　施

任务 2-1　网络信息搜集

1. 不同环境和应用中的网络安全

从本质上讲，网络安全主要是网络上的信息安全，指网络系统的硬件、软件及其系统中的数据受到保护，不遭到破坏、更改和泄露，从而使网络服务不中断，系统连续、可靠、正常地运行。不同环境和应用中的网络安全主要包括以下几个方面。

（1）运行系统安全：保证信息处理和传输系统的安全。

（2）网络上信息内容的安全：侧重于保护信息的保密性、真实性和完整性，避免攻击者利用系统的安全漏洞进行窃听、冒充、诈骗等有损于合法用户利益的行为。

（3）网络上系统信息的安全：包括用户口令鉴别、用户存取权限控制、数据存取权限控制、方式控制、安全审计、安全问题跟踪、计算机病毒防治、数据加密等。

（4）网络上信息传播的安全：指信息传播后的安全，包括信息过滤等。

2. 网络发展和信息安全的现状

随着因特网的发展，网络安全技术在与网络攻击的对抗中不断发展。从总体上看，经历了从静态到动态、从被动防范到主动防范的发展过程。但目前，我国网络安全存在的问题如下。

（1）信息和网络的安全防护能力差。

（2）基础信息产业严重依靠国外。

（3）信息安全管理机构权威性不够。

（4）全社会的信息安全意识淡薄。

任务 2-2 端口扫描

1. X-Scan 扫描工具

X-Scan 的主要功能如下。

采用多线程方式对指定 IP 地址段（或单机）进行安全漏洞检测，支持插件功能。扫描内容包括远程服务类型、操作系统类型及版本，各种弱口令漏洞、后门、应用服务漏洞、网络设备漏洞、拒绝服务漏洞等 20 多个大类。

较新的版本界面支持中英文，包括图形界面和命令行方法。主要由著名的私人黑客组织 Security Focus 完成；从 2000 年的内部测试版本 X-Scan V0.2 到当前的新版本 X-Scan 3.3 都凝结了许多国内黑客的心血；最值得注意的是，X-Scan 把 Security Focus 网站和扫描报告相连接，评估每个扫描的漏洞的"风险级别"；并提供漏洞描述和漏洞溢出过程，以方便网络管理测试和修补。

X-Scan 使用实例介绍如下。

（1）X-Scan 无须安装与注册，只需解压即可使用。X-Scan 的运行界面如图 2-1 所示。

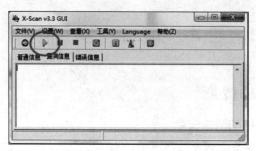

图 2-1 X-Scan 扫描工具运行界面

（2）打开 X-Scan 运行窗口后，选择"设置"→"扫描参数"命令，打开"扫描参数"对话框，如图 2-2 所示。

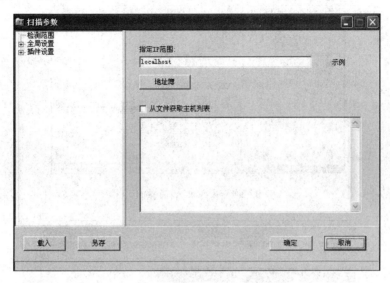

图 2-2　"扫描参数"对话框

（3）在"指定 IP 范围"中添加要扫描的 IP 地址段，在"全局设置"和"插件设置"中可以任意选择扫描参数选项，如图 2-3 所示。

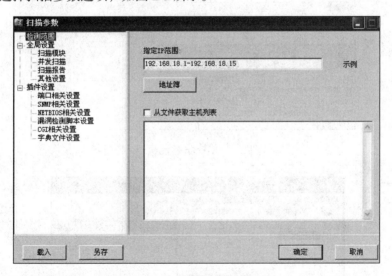

图 2-3　"参数扫描"对话框

（4）单击"确定"按钮，返回 X-Scan 主界面，选择"文件"→"开始扫描"命令，开始对制订 IP 段的主机进行扫描，如图 2-4 所示。

（5）扫描完成后，选择"查看"→"检测报告"命令，获取扫描结果，即漏洞分析结果，如图 2-5 所示。

（6）"工具"菜单中还有"物理地址查询"、ARP query、Whois、Trace route、Ping 等命令，具有对目标主机进行 MAC 地址查询、路由查询以及 ping 等功能，如图 2-6 所示。

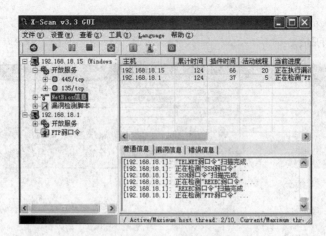

图 2-4　X-Scan 扫描界面

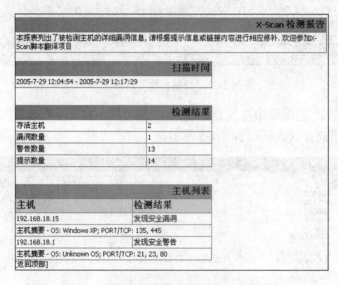

图 2-5　X-Scan 检测报告

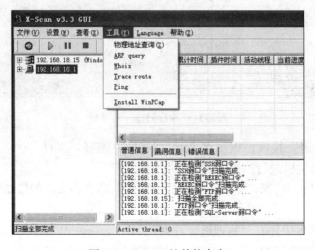

图 2-6　X-Scan 的其他命令

（7）另外，选择"扫描参数"→"插件设置"命令，可以进行字典文件的设置，如图 2-7 所示。

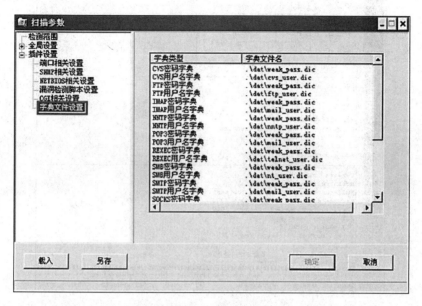

图 2-7 X-Scan 的插件设置

2. SuperScan

SuperScan 是一款老牌的端口扫描工具，其突出特点就是扫描速度快。除端口扫描外，它还有许多其他功能，SuperScan 是黑客进行端口扫描经常用到的工具。

其主要功能是检测一定范围内目标主机是否在线和端口开放情况，检测目标主机提供的各种服务，通过 ping 命令检验 IP 是否在线，进行 IP 与域名的转换等。

SuperScan 应用实例介绍如下。

（1）SuperScan 是绿色软件，无须安装，下载并解压后，可以直接使用。SuperScan 的运行界面如图 2-8 所示。

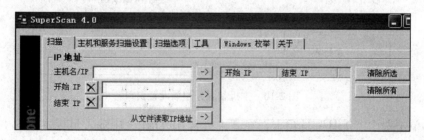

图 2-8 SuperScan 运行界面

（2）单击选中"扫描"选项卡，在"开始 IP"和"结束 IP"文本框中输入需要扫描的目标主机 IP 地址，单击→按钮，就能进行 IP 扫描了，如图 2-9 所示。

（3）单击选中"主机和服务扫描设置"选项卡，可以对目标主机信息反馈方式、TCP端口以及 UDP 端口进行设置，如图 2-10 所示。

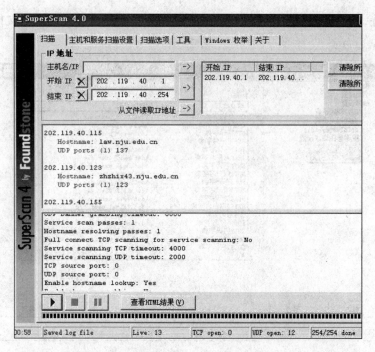

图 2-9　IP 段扫描实例

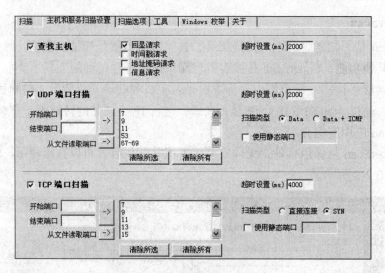

图 2-10　主机和服务扫描设置窗口

（4）单击选中"工具"选项卡，在"主机名 /IP/URL"中输入目标主机的主机名、IP
地址或者域名，然后单击"查找主机名 /IP"、Ping 等按钮，能够获取目标主机的各种信息，
如图 2-11 所示。

（5）单击选中"Windows 枚举"选项卡，在"主机名 /IP/URL"中输入目标主机的主机
名、IP 地址或者域名，然后选择需要枚举的类型，单击 Enumerate 按钮，能够获取目标主
机的各种枚举信息，如图 2-12 所示。

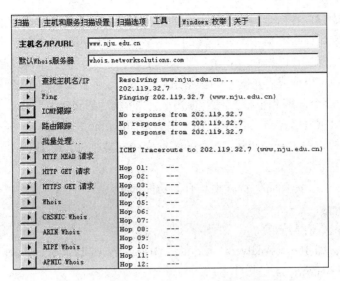

图 2-11　查找主机 IP、ping 目标主机等

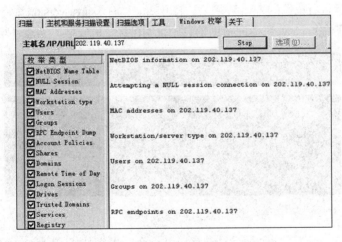

图 2-12　对目标主机各种信息进行枚举

任务 2-3　口令破解演示实验

本实验旨在掌握账户口令破解技术的基本原理、常用方法及相关工具，并在此基础上掌握防范类似攻击的方法和措施。

口令也称通行字（password），应该说是保护计算机和域系统的第一道防护门，如果口令被破解了，那么用户的操作权和信息将很容易被窃取，所以口令安全是需要重点关注的内容。本实验介绍了口令破解的原理和工具的使用，可以用这些工具来测试用户口令的强度和安全性，以使用户选择更为安全的口令。

一般入侵者常常采用下面几种方法获取用户的口令，包括弱口令扫描、Sniffer 密码嗅探、暴力破解、打探、套取或合成口令等手段。

有关系统用户账户口令的破解主要是基于字符串匹配的破解方法，最基本的方法有两个：穷举法和字典法。穷举法是效率最低的办法，将字符或数字按照穷举的规则生成口令字符串，进行遍历尝试。在口令组合稍微复杂的情况下，穷举法的破解速度很低。字典法相对来说效率较高，它用口令字典中事先定义的常用字符去尝试匹配口令。口令字典是一个很大的文本文件，可以通过自己编辑或者由字典工具生成，里面包含了单词或者数字的组合。如果你的口令就是一个单词或者是简单的数字组合，那么破解者就可以很轻易地破解口令。

目前常见的口令破解和审核工具有很多种，如破解 Windows 平台口令的 L0phtCrack、WMICracker、SMBCracker 等，用于 UNIX 平台的 John the Ripper 等，完成对 Web 应用程序的渗透测试和攻击的 Burp Suite。下面的实验中，主要通过介绍 Burp Suite 的使用，了解用户口令的安全性。

Burp Suite 专业版具有而免费版不具有的功能如下。

- Burp Scaner。
- 工作空间的保存与恢复。
- 拓展工具，如 Target Analyzer、Content Discovery 和 Task Scheduler。

实验环境：Windows 64 位操作系统。

运行环境：本实验需要安装 Java 环境才可以运行。在此前提下下载 Burp Suite 密码破解工具，安装此工具运行所依赖的 Java 环境后，打开 cmd，输入 java-version 命令进行查看，如果返回版本信息，或输入 javac 后返回帮助信息则说明已经正确安装。实验环境如图 2-13 所示。

图 2-13　实验环境

安装及使用 Burp Suite 的步骤：Java 环境的安装；环境变量的配置；运行 Burp Suite。

（1）下载工具后可进行汉化。首先，双击打开 123 汉化文件，右击 burp-loader-keygen 文件，选择打开方式为 Java（TM）platform SE binary，从弹出的窗口中将 License Text 修改为 burp（可以是任意值），如图 2-14 所示。复制 License 文本框中的许可证密钥，并粘贴到 Burp Suite Professional 窗口的文本框中，单击"下一个"按钮，手动激活（首次使用

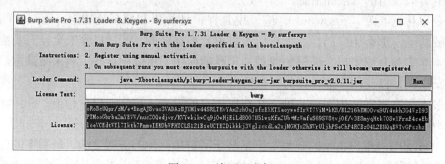

图 2-14　许可证密钥

需要手动激活，后期直接双击打开 123 文件即可），如图 2-15 所示。

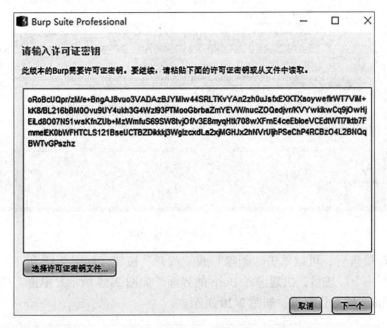

图 2-15　123 汉化文件

（2）在弹出的界面中单击 Copy request 按钮（见图 2-16），将复制的内容粘贴在 loader&keygen 窗口的 Activation Request 文本框中（见图 2-17），再将 Activation Response 文本框中自动生成的内容粘贴到 Burp Suite Professional 窗口的请求响应文本框中，单击 Run 按钮。

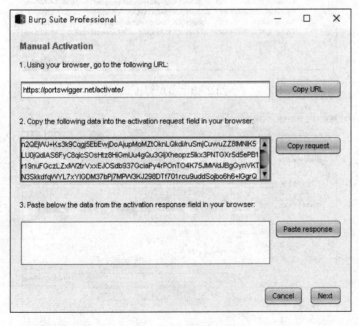

图 2-16　响应的验证界面

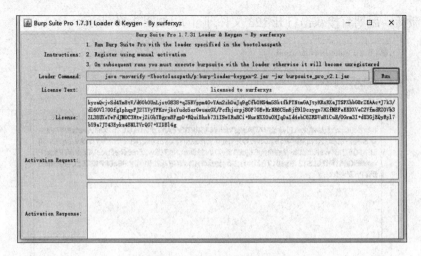

图 2-17　请求的验证界面

（3）出现警告时，可以单击"删除"或"离开"按钮，如图 2-18 所示。在弹出的窗口中单击"下一个"按钮，出现进入 Burp 的界面，如图 2-19 所示。单击"进入 Burp"按钮即可进入 Burp 的运行窗口，如图 2-20 所示。

图 2-18　出现警告

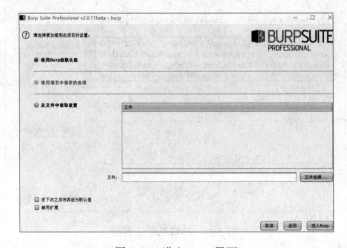

图 2-19　进入 Burp 界面

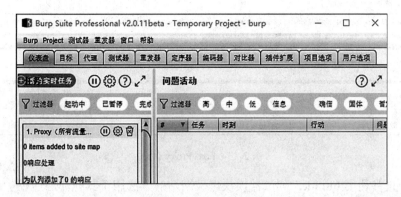

图 2-20　Burp 运行界面

（4）进入 Burp Suite 的运行窗口，单击选中"代理"选项卡，再单击选中"选项"选项卡，显示默认本地代理接口为 127.0.0.1:8080，如图 2-21 所示。在打开的浏览器中配置代理信息（以 firefox 为例），在浏览器的设置中选择"常规"→"网络设置"→"设置"命令，打开连接设置对话框，选择"手动配置代理"单选按钮，如图 2-22 所示；或者使用 firefox 中添加附件 FoxyProxy，方便代理的切换与设置，如图 2-23 所示。

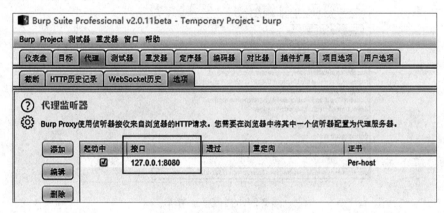

图 2-21　查看代理选项接口

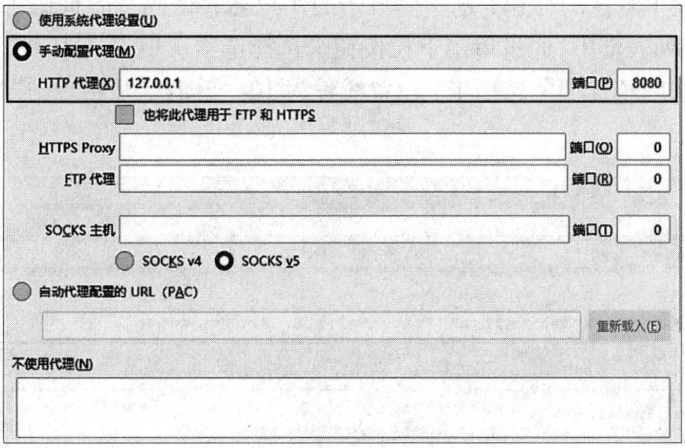

图 2-22　浏览器中配置代理

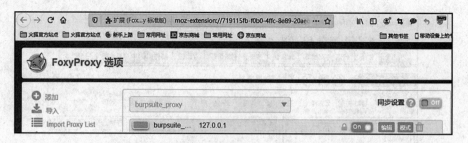

图 2-23　FoxyProxy 代理

（5）禁止将利用 Intruder/ 测试器模块爆破网站的方法用于其他非法途径。前提是有比较好的字典，字典下载路径中不能包含中文。单击选中"代理"选项卡，再单击选中"截断"选项卡，在浏览器中任意登录一个后台管理平台，代理开始拦截登录请求数据包，如图 2-24所示。单击"行动"按钮，执行"发送给 Intruder"命令，将拦截到的数据包发送给测试器。

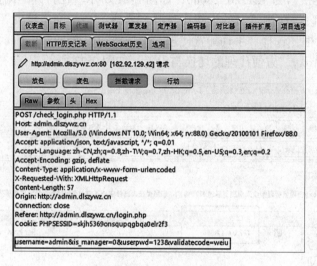

图 2-24　拦截登录请求

（6）单击选中"测试器"选项卡，再单击选中"位置"选项卡，单击"§ 清除"按钮，清除 Intruder 位置中默认的标识；选中要攻击的用户名、密码、验证码（一项或多项）；在"攻击类型"下拉列表框中，通过单击下拉按钮来选择选项。单击选中"有效载荷"选项卡，载入字典；单击选中"选项"选项卡，设置线程为 10。单击"开始攻击"按钮，开始爆破，如图 2-25 所示。

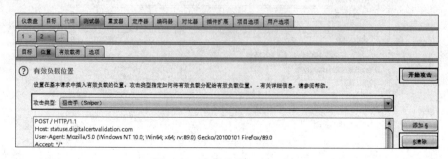

图 2-25　密码爆破

（7）在爆破结果中可以看到"状态"或"长"返回值的排序，如图2-26所示。查看是否有明显不同之处，如果有，选中该有效载荷，查看返回包是否显示为登录成功。如果返回的数据包中有明显的登录成功信息，则说明已经破解成功。

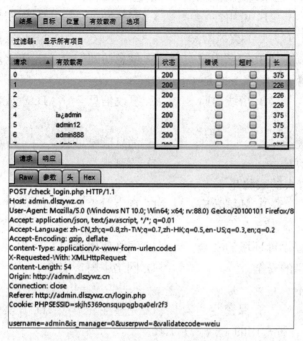

图 2-26　爆破结果分析

2.4　习　　题

一、填空题

1. 网络安全的特征有_____、_____、_____、_____。

2. 网络安全的结构层次包括_____、_____、_____、_____。

3. 网络安全面临的主要威胁：_____、_____、_____、_____。

4. 计算机安全的主要目标是保护计算机资源免遭：_____、_____、_____、_____。

5. 就计算机安全级别而言，能够达到 C2 级的常见操作系统有_____、_____、_____。

6. 常见的网络攻击主要包括_____、_____、_____、_____。

7. 端口扫描的常用工具包括_____、_____等。

8. 一般入侵者常常采用_____、_____、_____方法获取用户的口令。

9. 数据库中采用的安全技术有_____、_____、_____。

10. 计算机病毒可分为_____、_____、_____、_____、_____等几类。

二、选择题

1. （　　）是指保证系统中的数据不被无关人员识别。

  A. 可靠性　　　　　B. 可用性　　　　　C. 完整性　　　　　D. 保密性

2. 黑客窃听属于（　　）类风险。

  A. 信息存储安全　　B. 信息传输安全　　C. 信息访问安全　　D. 以上均不正确

3. 下面的攻击属于被动攻击的是（　　）。

  A. 假冒　　　　　　B. 搭线窃听　　　　C. 篡改信息　　　　D. 重放信息

4. AES 是（　　）。

  A. 不对称加密算法　　　　　　　　　B. 消息摘要算法

  C. 对称加密算法　　　　　　　　　　D. 流密码算法

5. 对企业网络最大的威胁是（　　）。

  A. 黑客攻击　　　　B. 外国政府　　　　C. 竞争对手　　　　D. 内部员工的恶意攻击

6. 计算机网络安全是指（　　）。

  A. 网络中设备设置环境的安全　　　　B. 网络使用者的安全

  C. 网络中信息的安全　　　　　　　　D. 网络中财产安全

7. DoS 攻击破坏了（　　）。

  A. 可用性　　　　　B. 保密性　　　　　C. 完整性　　　　　D. 真实性

8. Burp Suite 是一种常用的（　　）工具。

  A. 口令破解　　　　B. 端口扫描　　　　C. 信息收集　　　　D. 网络检测

三、简答题

1. 简述 ARP 欺骗的实现原理及主要防范方法。

2. 简述 L2TP 操作过程。

3. 简述网络安全的解决方案。

4. 网络安全主要有哪些关键技术？

5. 网络攻击的分类有哪些？

项目 3　网络数据库安全

3.1　项目导入

社交网络和 Web 2.0 应用程序逐渐在企业内部普及，这是因为基于 Web 的工具在组群间建立连接并消除物理障碍，使用户和企业能够进行实时通信。虽然即时通信、网络会议、点对点文件共享和社交网站能够为企业提供便利，但它们也成为互联网威胁、不合规和数据丢失的最新切入点。

随着 Web 2.0、社交网络、微博等一系列新型互联网产品的诞生，基于 Web 环境的互联网应用越来越广泛。在企业信息化的过程中，各种基于网络数据库的应用都架设在 Web 平台上，Web 业务的迅速发展也引起黑客们的强烈关注，接踵而至的就是网络数据库安全威胁的凸显。黑客利用网站操作系统的漏洞和 Web 服务程序的 SQL 注入漏洞等得到 Web 服务器的控制权限，轻则篡改网页内容，重则窃取重要内部数据，更为严重的则是在网页中植入恶意代码，使网站访问者受到侵害。数据库系统的安全特性主要是针对数据而言的，包括数据独立性、数据安全性、数据完整性、并发控制、故障恢复、攻击防范等几个方面。

3.2　职业能力目标和要求

近年来，在政府相关部门、互联网服务机构、网络安全企业和网民的共同努力下，我国互联网网络安全状况继续保持平稳状态，未发生造成大范围影响的重大网络安全事件，基础信息网络防护水平明显提升，政府网站安全事件显著减少，网络安全事件处理速度明显加快。但以用户信息泄露为代表的、与网民利益密切相关的事件，引起了公众对网络安全的广泛关注。

近年来，CSDN、天涯等网站发生用户信息泄露事件引起社会广泛关注，被公开的疑似泄露数据库有 26 个，涉及账户、密码信息 2.78 亿条，严重威胁了互联网用户的合法权益和互联网安全。根据调查和研判发现，我国部分网站的用户信息仍采用明文的方式存储，相关漏洞修补不及时，安全防护水平较低。

学习完本项目，要达到以下职业能力目标和要求。

- 了解数据库安全。
- 掌握数据库备份与恢复的方法。

- 掌握防范 SQL Server 攻击的方法。
- 掌握如何防范 SQL 注入攻击。

3.3 相 关 知 识

3.3.1 数据库安全概述

Web 数据库是数据库技术与 Web 技术的结合，这种结合集中了数据库技术与网络技术的优点，既充分利用了大量已有的数据库信息，又可以使用户很方便地在 Web 浏览器上检索和浏览数据库的内容。但是 Web 数据库是置于网络环境下，存在很大的安全隐患，如何才能保证和加强数据库的安全性已成为目前必须要解决的问题。因此对 Web 数据库安全模式的研究，在 Web 的数据库管理系统的理论和实践中都具有重要的意义。

目前很多业务都依赖互联网，如网上银行、网络购物、网游等，很多恶意攻击者出于不良的目的对 Web 服务器进行攻击，想方设法通过各种手段获取他人的个人账户信息以谋取利益。正是因为这样，Web 业务平台最容易遭受攻击。同时，对 Web 服务器的攻击也可以说是形形色色、种类繁多，常见的有挂马、SQL 注入、缓冲区溢出、嗅探、利用 IIS 等针对 Web Server 漏洞进行攻击。

一方面，由于 TCP/IP 的设计是没有考虑安全问题的，这使在网络上传输的数据是没有任何安全防护的。攻击者可以利用系统漏洞造成系统进程缓冲区溢出，攻击者可能获得或者提升自己在有漏洞的系统上的用户权限来运行任意程序，甚至安装和运行恶意代码，窃取机密数据。而应用层面的软件在开发过程中也没有过多考虑到安全的问题，这使程序本身存在很多漏洞，诸如缓冲区溢出、SQL 注入等流行的应用层攻击，这些均属于在软件研发过程中疏忽了对安全的考虑所致。

另一方面，用户对某些隐秘的东西带有强烈的好奇心。一些利用木马或病毒程序进行攻击的攻击者，往往就利用了用户的这种好奇心理，将木马或病毒程序捆绑在一些艳丽的图片、音视频及免费软件等文件中，然后把这些文件置于某些网站中，再引诱用户去单击或下载运行。或者通过电子邮件附件和 QQ、MSN 等即时聊天软件，将这些捆绑了木马或病毒的文件发送给用户，利用用户的好奇心理引诱用户打开或运行这些文件。

下面是几种常见的攻击方式。

（1）SQL 注入：通过把 SQL 命令插入 Web 表单递交或输入域名／页面请求的查询字符串，最终达到欺骗服务器执行恶意 SQL 命令的目的。比如，先前很多影视网站泄露 VIP 会员密码，大多是通过 Web 表单递交查询字符暴出的，这类表单特别容易受到 SQL 注入式攻击。

（2）跨站脚本攻击（也称 XSS）：利用网站漏洞从用户那里恶意盗取信息。用户在浏览网站、使用即时通信软件，甚至阅读电子邮件时，通常会单击其中的链接。攻击者通过在链接中插入恶意代码，就能够盗取用户信息。

（3）网页挂马：把一个木马程序上传到一个网站里面，然后用木马生成器生成一个网马，再上传到空间里面，加入代码使木马在打开的网页里运行。

3.3.2 数据库的数据安全

数据库在各种信息系统中得到广泛的应用，数据在信息系统中的价值越来越重要，数据库系统的安全与保护成为一个越来越值得重点关注的方面。

数据库系统中的数据由 DBMS 统一管理与控制。为了保证数据库中数据的安全、完整和正确有效，要求对数据库实施保护，使其免受某些因素的破坏。

1. 数据库安全问题的产生

数据库的安全性是指在信息系统的不同层次保护数据库，防止未授权的数据访问，避免数据的泄露、不合法的修改或对数据的破坏。安全性问题不是数据库系统所独有的，它来自各个方面，其中既有数据库本身的安全机制，如用户认证、存取权限、视图隔离、跟踪与审查、数据加密、数据完整性控制、数据访问的并发控制、数据库的备份和恢复等方面，也涉及计算机硬件系统、计算机网络系统、操作系统、组件、Web 服务、客户端应用程序、网络浏览器等。只是在数据库系统中大量数据集中存放，而且为许多最终用户直接共享，从而使安全性问题更为突出，每一个方面产生的安全问题都可能导致数据库数据的泄露、意外修改、丢失等后果。

例如，操作系统漏洞导致数据库数据泄露。微软公司发布的安全公告声明了一个缓冲区溢出漏洞（http://www.microsoft.com/china/security/），Windows NT、Windows 2000、Windows 2003 等操作系统都受到影响。有人针对该漏洞开发出了溢出程序，通过计算机网络可以对存在该漏洞的计算机进行攻击，并得到操作系统管理员权限。如果该计算机运行了数据库系统，则可轻易获取数据库系统数据。特别是 Microsoft SQL Server 的用户认证是和 Windows 集成的，更容易导致数据泄露或更严重的问题。

又如，没有进行有效的用户权限控制引起了数据泄露。Browser/Server 结构的网络环境下数据库或其他的两层或三层结构的数据库应用系统中，一些客户端应用程序总是使用数据库管理员权限与数据库服务器进行连接（如 Microsoft SQL Server 的管理员），在客户端功能控制不合理的情况下，可能使操作人员访问到超出其访问权限的数据。

一般说来，对数据库的破坏来自以下 4 个方面。

（1）非法用户。非法用户是指那些未经授权而恶意访问、修改甚至破坏数据库的用户，包括那些超越权限来访问数据库的用户。一般说来，非法用户对数据库的危害是相当严重的。

（2）非法数据。非法数据是指那些不符合规定或语义要求的数据，一般由用户的误操作引起。

（3）各种故障。各种故障是指各种硬件故障（如磁盘介质）、系统软件与应用软件的错误、用户的失误等。

（4）多用户的并发访问。数据库是共享资源，允许多个用户并发访问（concurrent access），由此会出现多个用户同时存取同一个数据的情况。如果对这种并发访问不加以控制，各个用户就可能存取到不正确的数据，从而破坏数据库的一致性。

2. 数据库安全防范

为了保护数据库，防止恶意的滥用，可以在从低到高的五个级别上设置各种安全措施。

（1）环境级：应对计算机系统的机房和设备加以保护，防止有人进行物理破坏。

（2）职员级：工作人员应清正廉洁，正确授予用户访问数据库的权限。

（3）OS级：应防止未经授权的用户从OS处着手访问数据库。

（4）网络级：由于大多数DBS都允许用户通过网络进行远程访问，因此网络软件内部的安全性至关重要。

（5）DBS级：DBS的职责是检查用户的身份是否合法及使用数据库的权限是否正确。在安全问题上，DBMS应与操作系统达到某种意向，厘清关系，分工协作，以加强DBMS的安全性。数据库系统安全保护措施是否有效是数据库系统的主要指标之一。

3. 数据库的安全标准

目前，国际上及我国均颁布了有关数据库安全的等级标准。最早的标准是美国国防部（DoD）于1985年颁布的《可信计算机系统评估准则》（*trusted computer system evaluation criteria*，TCSEC）。1991年美国国家计算机安全中心（NCSC）颁布了《可信计算机系统评估标准关于可信数据库系统的解释》（*trusted database interpretation*，TDI），将TCSEC扩展到数据库管理系统。1996年国际标准化组织（ISO）又颁布了《信息技术安全技术——信息技术安全性评估准则》（*information technology security techniques——evaluation criteria for it security*）。我国政府于1999年颁布了《计算机信息系统评估准则》。目前国际上广泛采用的是美国标准TCSEC（TDI），在此标准中将数据库安全划分为4大类，由低到高依次为D、C、B、A。其中C级由低到高分为C1和C2，B级由低到高分为B1、B2和B3。每级都包括其下级的所有特性，各级指标如下。

（1）D级标准：无安全保护的系统。

（2）C1级标准：只提供非常初级的自主安全保护。能实现对用户和数据的分离，进行自主存取控制（DAC），保护或限制用户权限的传播。

（3）C2级标准：提供受控的存取保护，即将C1级的DAC进一步细化，以个人身份注册负责，并实施审计和资源隔离。很多商业产品已得到该级别的认证。

（4）B1级标准：标记安全保护。对系统的数据加以标记，并对标记的主体和客体实施强制存取控制（MAC）以及审计等安全机制。凡是符合B1级标准的数据库系统称为安全数据库系统或可信数据库系统。

（5）B2级标准：结构化保护。建立形式化的安全策略模型并对系统内的所有主体和客体实施DAC和MAC。

（6）B3级标准：安全域。满足访问监控器的要求，审计跟踪能力更强，并提供系统恢复过程。

（7）A级标准：验证设计，即在提供B3级保护的同时给出系统的形式化设计说明和验证，以确保各安全保护真正实现。

我国的国家标准的基本结构与TCSEC相似。我国标准分为5级，第1~5级依次与TCSEC标准的C级（C1、C2）及B级（B1、B2、B3）一致。

3.4　项目实施

任务 3-1　SQL Server 2016 数据库备份 / 恢复

备份是指将数据库复制到一个专门的备份服务器、活动磁盘或者其他能足够长期存储数据的介质上以作为副本。一旦数据库因意外而遭损坏，这些备份可用来还原数据库。

1. 数据库备份

（1）登录 SQL Server 2016 数据库，正确填写登录名和密码，这里使用默认登录名 sa 和密码（本 SQL 登录密码为 admin@123），单击"连接"按钮，如图 3-1 所示。

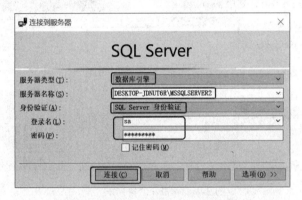

图 3-1　登录 SQL Server 2016 数据库

（2）右击要备份的数据库名，并在弹出的快捷菜单中选择"任务"→"备份"命令，如图 3-2 所示。

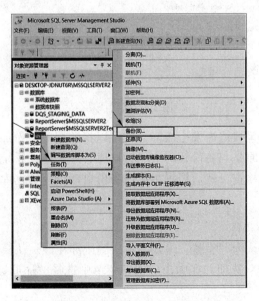

图 3-2　选择要备份的数据库

（3）单击"添加"按钮，添加一个备份的位置（此处备份路径为 D:\ 数据备份），一般默认文件扩展名为 .bak（此处设置为 user.bak）。其他选项、参数可以根据需要酌情进行设置，此处按照默认的设置，如图 3-3 所示。

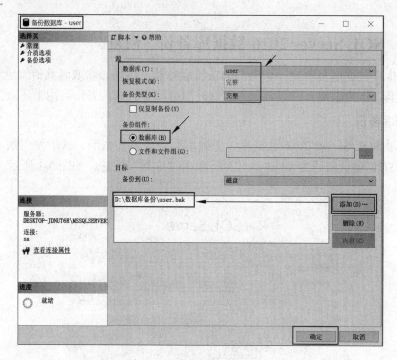

图 3-3　添加一个备份的位置

（4）图 3-3 中，单击"确定"按钮，进行备份。备份完成后单击"确定"按钮完成备份任务，如图 3-4 所示。

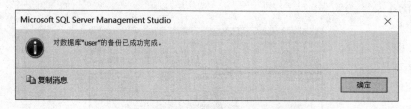

图 3-4　备份成功

数据库备份后，一旦数据库发生故障，就可以将数据库备份加载到系统，使数据库还原到备份时的状态。还原是与备份相对应的数据库管理工作。系统在进行数据库还原的过程中，自动执行安全性检查，然后根据数据库备份自动创建数据库结构，并且还原数据库中的数据。

2. 数据库恢复

数据库恢复模式默认为"完整"模式，本次测试即在该默认模式下进行恢复。

（1）右击"数据库"选项并在弹出的快捷菜单中选择"还原数据库"命令，如图 3-5 所示。

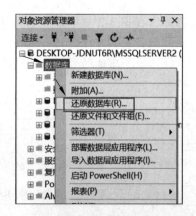

图 3-5　完整模式还原数据库

（2）选择一个备份文件，选中"设备"单选按钮，单击右侧 [...] 按钮。在弹出的"选择备份设备"对话框中单击"添加"按钮，选择备份文件路径，如图 3-6 所示，再单击"确定"按钮。如果出现图 3-7 所示对话框，单击"确定"按钮，表示成功还原数据库。

图 3-6　选择备份文件的路径

图 3-7　还原成功

注意：也可以还原单个数据库，在图 3-2 中右击"数据库"选项，并在弹出的快捷菜单中选择"任务"→"还原"→"数据库"命令，进入还原数据库界面，选择备份的数据库，单击"确定"按钮，也可选择"源"下面的"设备"选项，如图 3-8 所示。

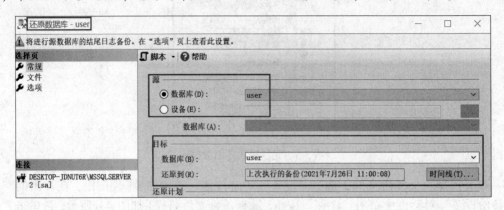

图 3-8　个数据库恢复

任务 3-2　SQL Server 攻击的防护

（1）启动 Microsoft SQL Server Management Studio，可以看到"对象资源管理器"窗口，如图 3-9 所示。单击"安全性"选项，选择"登录名"选项，双击 sa 选项，弹出"登录属性 -sa"对话框，如图 3-10 所示。

图 3-9　sa 账户安全性

（2）在图 3-10 中，选中"强制实施密码策略"复选框（默认已选），对 sa 用户进行最强的保护，另外，密码的选择也要足够复杂。

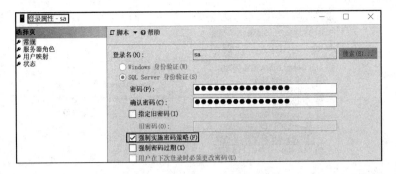

图 3-10 "登录属性 -sa"对话框

（3）在 SQL Server 2016 中有 Windows 身份认证和混合身份认证。如果不希望系统管理员登录数据库，可以把系统账户 DESKTOP-JDNUT6R\admin 删除或禁止。在图 3-9 中，右击 DESKTOP-JDNUT6R\admin 账户，并在弹出的快捷菜单中选择"属性"命令，弹出"登录属性 -DESKTOP-JDNUT6R\admin"对话框，如图 3-11 所示。单击左侧窗格中的"状态"选项，在右侧窗格中，选中"拒绝"和"禁用"单选按钮。

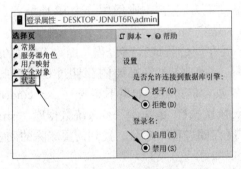

图 3-11 "登录属性 -DESKTOP-JDNUT6R\admin"对话框

（4）使用 IPSec 策略阻止所有访问本机的 TCP 1433 端口，也可以对 TCP 1433 端口进行修改。不过在 SQL Server 2016 中，可以使用 TCP 动态端口，单击 Windows 图标，找到并单击"SQL Server 2016 配置管理器"菜单，如图 3-12 所示。启动 SQL Server Configuration Manager，如图 3-13 所示。右击 TCP/IP 选项，并在弹出的快捷菜单中选择"属性"命令，弹出"TCP/IP 属性"对话框，如图 3-14 所示。

图 3-12 打开 SQL Server 2016 配置管理器

61

图 3-13   SQL Server Configuration Manager 窗口

在图 3-14 对话框中，单击选中"IP 地址"选项卡，在 IPALL 属性列表参数中的 TCP Dynamic Ports 右侧输入 0，在 TCP Port 的右侧输入 1433。配置为监听动态端口，在启动时会检查操作系统中的可用端口并且从中选择一个。

如图 3-15 所示，单击选中"协议"选项卡，可以指定 SQL Server 是否监听所有绑定到计算机网卡的 IP 地址。如果将 Listen All 参数设置为"是"，则 IPALL 属性框的设置将应用于所有 IP 地址；如果设置为"否"，则使用每个 IP 地址各自的属性对话框对各个 IP 地址进行配置。默认值为"是"。

（5）删除不必要的扩展存储过程或存储过程。因为有些存储过程很容易被入侵者利用来提升权限或进行破坏，所以需要将必要的存储过程或扩展存储过程删除。sys.xp_cmdshell 是一个很危险的扩展存储过程，如果不需要 sys.xp_cmdshell，那么最好将它删除。删除的方法如图 3-16 所示，依次选择"数据库"→"系统数据库"→master→"可编程性"→"扩展存储过程"→"系统扩展存储过程"命令，找到需要删除的列表项，右击并在弹出的快捷菜单中选择"删除"命令即可。

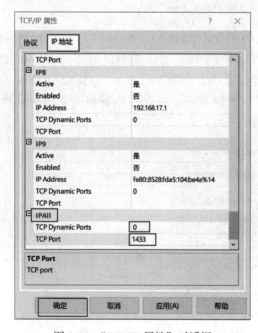

图 3-14   "TCP/IP 属性"对话框

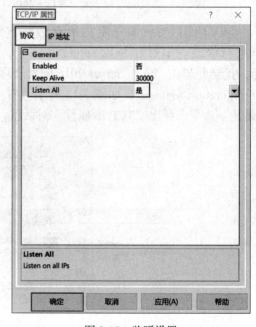

图 3-15   监听设置

图 3-16　删除扩展存储过程

下面给出了可以考虑删除的扩展存储过程（或存储过程），仅供参考：sys.xp_regaddmultistring、sys.xp_regdeletekey、sys.xp_regdetetevalue、sys.xp_regenumkeys、sys.xp_cmdshell、sys.xp_dirtree、sys.xp_fileexist、sys.xp_getnetname、sys.xp_terminate_process、sys.xp_regenumvalues、sys.xp_regread、sys.xp_regwrite、sys.xp_readwebtask、sys.xp_makewebtask、sys.xp_regremovemultistring。

OLE 自动存储过程：sp_OACreate、sp_OADestroy、sp_OAGetErrorInfo、sp_OAGetProperty、sp_OAMethod sp_OASetProperty、sp_OAStop。

访问注册表的存储过程：sys.xp_regaddmultistring、sys.xp_regdeletekey、sys.xp_regdeletevalue、sys.xp_regenumvalues、sys.xp_regread、sys.xp_regremovemultistring、sys.xp_regwrit 等。

任务 3-3　数据库安全检测工具的使用

企业等用户一般采用防火墙作为安全保障体系的第一道防线。但是，在现实中，它们存在这样或那样的问题，由此产生了 WAF（Web application firewall，Web 应用防护系统）。WAF 代表了一类新兴的信息安全技术，用以解决诸如防火墙一类传统设备束手无策的 Web 应用安全问题。与传统网络层和传输层防火墙相比，WAF 工作在应用层，所以对 Web 应用防护具有先天的技术优势。基于对 Web 应用业务和逻辑的深刻理解，WAF 对来自 Web 应用程序客户端的各类请求进行内容检测和验证，确保其安全性与合法性，对非法的请求予以实时阻断，从而对各类网站站点进行有效防护。下面以神州数码 WAF 为例进行说明。

（1）构建如图 3-17 所示网络，在 PC 2 上搭建 Web 网站，在 PC 1 上使用浏览器访问 PC 2 上的网站，可以正常访问。

（2）登录 WAF，在左侧功能树中选择"检测"→"漏洞扫描"→"扫描管理"命令，在右侧窗格中单击"新建 ..."按钮，如图 3-18 所示。

弹出如图 3-19 所示对话框，输入任务名称，"任务添加方式"选择"单任务"，在"扫描目标"中输入 IP 地址和端口号，"执行方式"选择"立即执行"，扫描内容全选。

PC1
192.168.1.1/24

WAF
192.168.1.2/24

PC2
192.168.1.3/24

图 3-17　WAF 透明部署模式

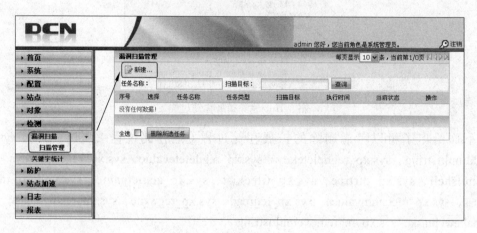

图 3-18　新建扫描管理

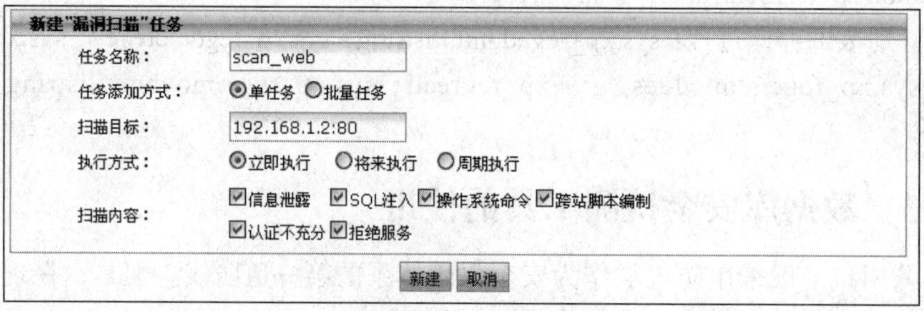

图 3-19　新建扫描任务

单击"新建"按钮后，完成一条网站漏洞扫描任务的添加，如图 3-20 所示。

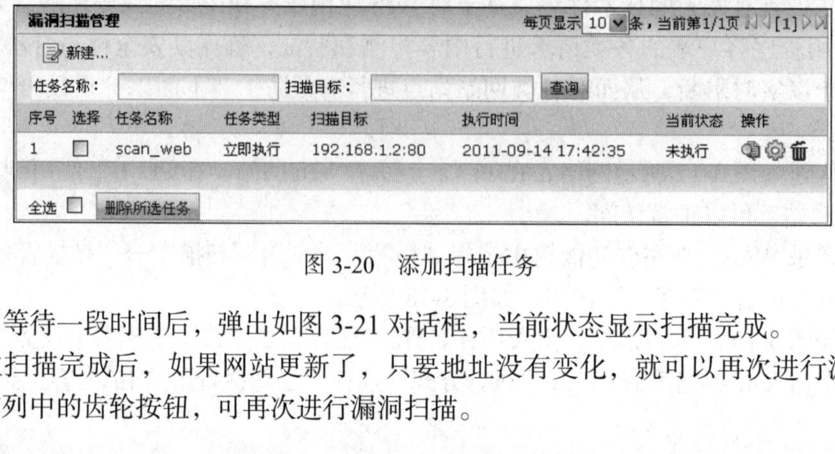

图 3-20　添加扫描任务

（3）等待一段时间后，弹出如图 3-21 对话框，当前状态显示扫描完成。

此次扫描完成后，如果网站更新了，只要地址没有变化，就可以再次进行漏洞扫描。单击操作列中的齿轮按钮，可再次进行漏洞扫描。

图 3-21　完成扫描任务

（4）扫描完成后，选择"日志"→"漏洞扫描日志"命令，查看漏洞扫描结果，如图 3-22 所示。可以看到有 7 个漏洞。单击操作列中的"详细"按钮，查看详细信息，如图 3-23 所示。

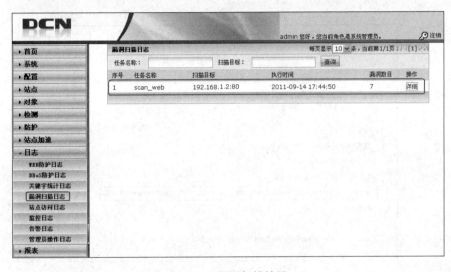

图 3-22　漏洞扫描结果

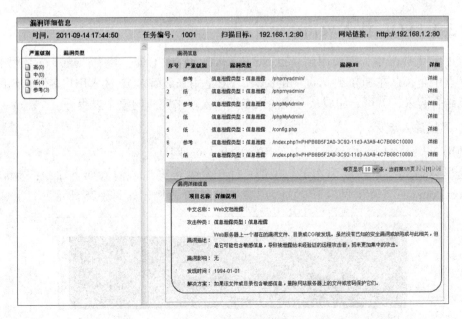

图 3-23　漏洞详细信息

（5）查看漏洞详细信息并进行相应的网站配置修正，我们查看第二条可知，"严重级别"为"低"，"漏洞类型"为"信息泄露 /phpmyadmin/"。单击后面的"详细"按钮，看到如图 3-24 所示界面。在漏洞详细信息中找到"漏洞描述"项，内容如下："可能会收集有关 Web 应用程序的敏感信息，如用户名、密码、机器名和 / 或敏感文件位置"。根据漏洞描述情况，我们再看一下网站的 /phpmyadmin/ 目录，就可以理解为：/phpmyadmin/ 目录是网站数据库 Web 管理的主目录，而这个目录是允许互联网上的用户访问的，这样就有可能泄露网站架构等关键信息，并有可能造成严重的 Web 攻击。

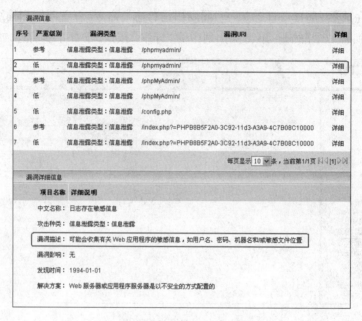

图 3-24　漏洞扫描结果

任务 3-4　SQL 注入攻击

SQL 注入攻击中，需要用到 wed.exe 和 wis.exe 两个工具。其中，wis.exe 是用来扫描某个站点中是否存在 SQL 注入漏洞的；wed.exe 是用来破解 SQL 注入用户名和密码的。两个工具结合起来，就可以完成从寻找注入点到注入攻击完成的整个过程。

1. 寻找注入点

使用 wis.exe 寻找注入漏洞，其使用格式为"wis 网址"。

这里以检测某个站点为例进行说明：打开命令行窗口，输入如下命令："wis http://www.xxx.com.cn/"。本案例以 IP 地址为 172.16.10.100 为例，如图 3-25 所示。

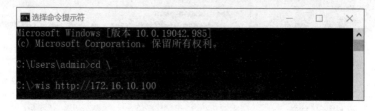

图 3-25　扫描漏洞

命令输入结束后，按 Enter 键，即可开始扫描。

注意： 在输入网址时，前面的 http:// 和最后面的 / 是必不可少的，否则将会提示无法进行扫描。

扫描结束后，可以看到网站上存在 SQL 注入攻击漏洞，如图 3-26 所示，选择 /xygk. asp?typeid=34&bigclassid=98 来做下面的破解用户名和密码实验。此时，可以打开 IE 浏览器，在地址栏中输入 http://www.xxx.com.cn/xygk. asp?typeid=34&bigclassid=98，打开网站页面，查看网页的信息，该页为学院简介页。

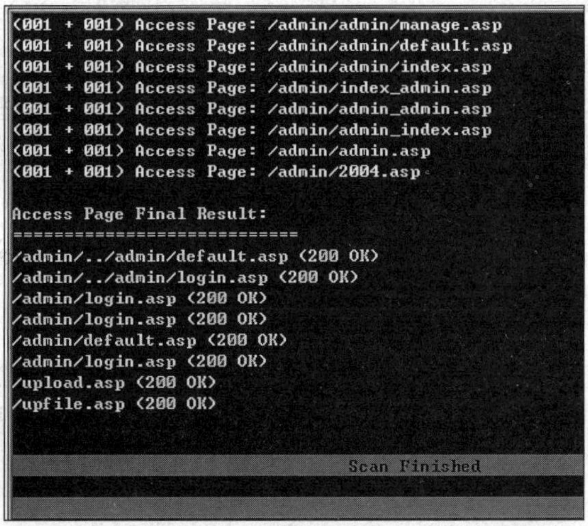

图 3-26　扫描结果

2. SQL 注入破解管理员账户

使用 wed.exe 破解管理员账户，其使用格式为"wed 网址"。

打开命令提示窗口，输入如下命令："wedhttp://www.xxx.com.cn/xygk.... asp?typeid=34&bigclassid=98asp?"，按 Enter 键，查看运行情况，如图 3-27 所示。

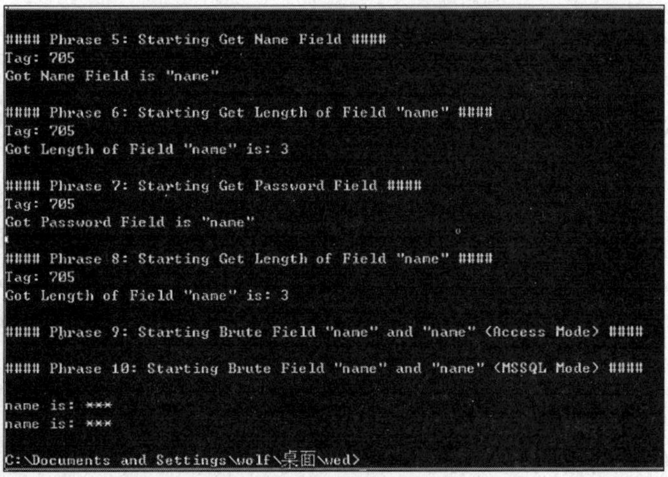

图 3-27　破解管理员账户

从运行结果可以看到，程序自动打开了工具包中的几个文件：C:\wed \TableName.dic、C:\wed \UserField.dic 和 C:\wed\PassField.dic，这几个文件分别是用来破解用户数据库中的字表名、用户名和用户密码所需的字典文件。

在破解过程中还可以看到 SQL Injection Detected. 的字符串字样，表示程序还会对需要注入破解的网站进行一次检测，看看是否存在 SQL 注入漏洞，成功后才开始猜测用户名。

如果检测成功，很快就获得了数据库表名 admin，然后得到用户表名和字长为 username 和 6；再检测到密码表名和字长为 password 和 8。系统继续执行，wed.exe 程序此时开始了用户名和密码的破解。很快就得到了用户名和密码——admina 和 pbk&7*8r。

3. 搜索隐藏的管理登录页面

重新回到第（1）步最后打开的学院简介网站页面中，准备用已经检测到的管理员的账户和密码，进入管理登录页面，但当前的页面中没有管理员的入口链接。

再次使用 wis.exe 程序，这个程序除了可以扫描出网站中存在的所有 SQL 注入点外，还可以找到隐藏的管理员登录页面。在命令窗口中输入 wis http://www.xxx.com.cn/xygk.asp?typeid=34&bigclassid=98/a。

注意： 这里输入了一个隐藏的参数 /a。

如果出现扫描不成功的情况，就认为管理员登录页面只可能隐藏在整个网站的某个路径下。于是输入 wis　http://www.xxx.com.cn /a，对整个网站进行扫描。注意扫描语句中网址的格式。程序开始对网站中的登录页面进行扫描，在扫描过程中，找到的隐藏登录页面会在屏幕上以红色进行显示。

查找完毕，在最后以列表显示在命令窗口中。可以看到列表中有多个以 /rsc/ 开头的管理员登录页面网址，包括 /rsc/gl/manage.asp、/rsc/gl/login.asp、/rsc/gl/admin1.asp 等。任意选择一个网址，如在浏览器中输入网址 http://www.xxx.com.cn/ rsc/gl/admin1.asp，就会出现本来隐藏着的管理员登录页面。输入用户名和密码，就可以进入后台管理系统，从而完成一些小小的"非法"操作。

3.5 拓展提升 数据库安全解决方案

3.5.1 SQL Server 数据库的安全保护

微软的 SQL Server 是一个高性能、多用户的关系型数据库管理系统，也是一种广泛使用的数据库，很多企业内部信息化平台等都是基于 SQL Server 的。SQL Server 提供了 3 种安全管理模式，即标准模式、集成模式和混合模式，数据库设计者和数据库管理员可以根据实际情况进行选择。数据库系统中存在的安全漏洞和不当的配置通常会造成严重的后果，而且都难以发现。下面介绍 SQL Server 采用的特定安全措施。

1. 使用安全的密码策略

很多数据库账户的密码过于简单，这与系统密码过于简单是一个道理。对于数据库更应该注意，同时不要让数据库账户的密码写于应用程序或者脚本中。在安装 SQL Server 2000 时，使用混合模式，输入数据库的密码。

2. 加强数据库日志的记录

审核数据库登录事件的"失败和成功",在实例属性中选择"安全性",将其中的审核级别选定为全部,这样在数据库系统和操作系统日志里,就详细记录了所有账户的登录事件。

3. 改默认端口

在默认情况下,SQL Server 使用 1433 端口监听,1433 端口的被扫描概率是非常大的,将 TCP/IP 使用的默认端口变为其他端口,并拒绝数据库端口的 UDP 通信。

4. 对数据库的网络连接进行 IP 限制

使用 Windows SQL Server 2003 提供的 IPSec 可以实现 IP 数据包的安全性,对 IP 连接进行限制,只保证授权的 IP 能够访问,也拒绝其他 IP 的端口连接,对安全威胁进行有效的控制。

5. 程序补丁

经常访问微软的安全网站,一旦发现 SQL Server 的安全补丁,应立即下载并安装。

3.5.2 Oracle 数据库的安全性策略

1. 数据库数据的安全

当数据库系统关闭,以及数据库数据存储媒体被破坏或数据库用户误操作时,它应能确保数据库数据信息不至于丢失。

2. 数据库系统不被非法用户入侵

- 组合安全性。
- Oracle 服务器实用例程的安全性。
- DBA 命令的安全性。
- 数据库文件的安全性。
- 网络安全性。

3. 建立安全性策略

- 系统安全性策略。
- 数据的安全性策略。
- 用户安全性策略。
- 数据库管理员安全性策略。
- 应用程序开发者的安全性策略。

3.6 习 题

一、填空题

1. 数据库常见的攻击方式: _____、_____、_____。

2. 数据库的破坏来自_____、_____、_____、_____四个方面。

3. 为了保护数据库，防止恶意的滥用，可以在_____、_____、_____、_____、_____这五个从低到高的级别上设置各种安全措施。

4. WAF 工作在_____，_____对应用防护具有先天的技术优势。

5. SQL 注入即通过把_____插入 Web 表单递交或输入域名 / 页面请求的查询字符串，最终达到_____。

二、选择题

1. 对网络系统中的信息进行更改、插入、删除属于（　　　）。

　　A. 系统缺陷　　　　B. 主动攻击　　　　C. 漏洞威胁　　　　D. 被动攻击

2. （　　　）是指在保证数据完整性的同时，还要使其能被正常利用和操作。

　　A. 可靠性　　　　B. 可用性　　　　C. 完整性　　　　D. 保密性

3. Web 中使用的安全协议有（　　　）。

　　A. PEM　SSL　　　　　　　　　B. S-HTTP　S/MIME

　　C. SSL　S-HTTP　　　　　　　　D. S/MIME　SSL

4. 网络安全最终是一个折中的方案，即安全强度和安全操作代价的折中。除增加安全设施投资外，还应考虑（　　　）。

　　A. 用户的方便性　　　　　　　　　　　　B. 管理的复杂性

　　C. 对现有系统的影响及对不同平台的支持　　D. 以上选项都是

三、简答题

1. 针对数据库破坏的可能情况，数据库管理系统（DBMS）核心已采取哪些相应措施对数据库实施保护？

2. 简述多用户的并发访问。

3. 简述备份和还原。

4. 简述 SQL Server 安全防护应该考虑的方面。

项目 4 计算机病毒与木马防护

4.1 项 目 导 入

随着各种新网络技术的不断应用和迅速发展,计算机网络的应用范围变得越来越广泛,所起的作用越来越重要。而随着计算机技术的不断发展,病毒也变得越来越复杂和高级,新一代的计算机病毒充分利用某些常用操作系统与应用软件低防护性的弱点不断肆虐。最近几年随着因特网在全球的普及,通过网络传播病毒,使病毒的扩散速度急剧提高,受感染的范围也越来越广。因此,计算机网络的安全保护将会变得越来越重要。

计算机病毒与木马防护是网络安全运行的重要保障。

4.2 职业能力目标和要求

如何防治计算机病毒和木马的侵袭,是让计算机使用者头疼的大事。学习完本项目,可以达到以下职业能力目标和要求。

- 掌握计算机病毒的定义、类别、结构与特点。
- 掌握木马的概念。
- 掌握计算机病毒的检测与防范。
- 掌握杀毒软件的使用。
- 掌握综合检测与清除病毒和木马的方法。

4.3 相 关 知 识

4.3.1 计算机病毒的起源

关于计算机病毒的起源,目前有很多种说法,一般人们认为,计算机病毒来源于早期的特洛伊木马程序。这种程序借用古希腊传说中特洛伊战役中木马计的故事:特洛伊王子在访问希腊时,诱走希腊王后,因此希腊人远征特洛伊,九年围攻不下。第十年,希腊将领献计,将一批精兵藏在一架巨大的木马腹中,放在城外,然后佯作撤兵。特洛伊人以为敌人已退,便将木马作为战利品推进城去,当夜希腊伏兵出来,打开城门,里应外合攻占了特洛伊城。

一些程序开发者利用这一思想开发出一种外表上很有魅力而且显得很可靠的程序，但是这些程序在被用户使用一段时间或者执行一定次数后，便会产生故障，出现各种问题。

4.3.2　计算机病毒的定义

计算机病毒是一个程序，一段可执行的代码。病毒无法自行运行，必须依附在别的程序上运行。

1983 年，美国计算机安全专家 Frederick Cohen 博士首次提出计算机病毒的存在。1989 年，他把计算机病毒定义为："病毒程序通过修改其他程序的方法将自己的精确拷贝或可能演化的形式放入其他程序中，从而感染它们。"

1994 年《中华人民共和国计算机信息系统安全保护条例》定义："计算机病毒是指编制或者在计算机程序中插入的，破坏计算机功能或者数据、影响计算机使用，并能自我复制的一组计算机命令或者程序代码。"

4.3.3　计算机病毒的基本特征

计算机病毒是一段特殊的程序，除了与其他程序一样，可以存储和运行外，还有感染性、潜伏性、可触发性、破坏性等特征。它一般隐藏在合法程序（被感染的合法程序称作宿主程序）中，当计算机运行时，它与合法程序争夺系统的控制权，从而对计算机系统实施干扰和破坏作用。

（1）感染性：计算机病毒具有把自身复制到其他程序中的特性。这是计算机病毒的根本属性，是判断一个程序是否为病毒程序的主要依据。

（2）潜伏性（隐藏性）：具有依附其他媒体而寄生的能力，即通过修改其他程序而把自身复制品嵌入其他程序或磁盘的引导区（包括硬盘的主引导区中）中进行寄生。病毒的潜伏性与感染性相辅相成，潜伏性越好，其在系统中存在的时间就会越长，病毒的感染范围也就越大。

（3）可触发性：条件判断是病毒自身特有的功能。一个病毒一般设置一定的触发条件：或者触发其感染，或者触发其发作。

（4）破坏性：计算机病毒的破坏性取决于病毒设计者的目的和水平。

4.3.4　计算机病毒的分类

计算机病毒技术的发展以及病毒特征的不断变化，给计算机病毒的分类带来了一定的困难。根据多年来对计算机病毒的研究，按照不同的体系可对计算机病毒进行如下分类。

1. 按病毒存在的媒体分类

根据病毒存在的媒体，可以将计算机病毒划分为以下 4 种。

（1）网络病毒：通过计算机网络传播并感染网络中的可执行文件。

（2）文件病毒：感染计算机中的文件（如 .com、.exe、.doc 等）。

（3）引导型病毒：感染启动扇区（BOOT）和硬盘的系统引导扇区（MBR）。

（4）混合型病毒：上述 3 种情况的混合。例如，多型病毒（文件病毒和引导型病毒）感染文件和引导扇区两种目标，这样的病毒通常都具有复杂的算法，它们使用非常规的办法入侵系统，同时使用了加密和变形算法。

2. 按病毒的传染方法分类

根据病毒的传染方法，可将计算机病毒分为引导扇区传染病毒、执行文件传染病毒和网络传染病毒。

（1）引导扇区传染病毒：主要使用病毒的全部或部分代码取代正常的引导记录，而将正常的引导记录隐藏在其他地方。

（2）执行文件传染病毒：这类病毒寄生在可执行程序中，一旦程序执行，就会被激活，进行预定活动。

（3）网络传染病毒：这类病毒是当前病毒的主流，特点是通过因特网进行传播。例如，蠕虫病毒就是通过主机的漏洞在网上传播的。

3. 按病毒破坏的能力分类

根据病毒破坏的能力，可将计算机病毒划分为无害型病毒、无危险型病毒、危险型病毒和非常危险型病毒。

（1）无害型病毒：除了会减少磁盘的可用空间外，对系统没有其他影响。

（2）无危险型病毒：仅仅是减少内存、显示图像、发出声音及同类音响。

（3）危险型病毒：在计算机系统操作中造成严重的错误。

（4）非常危险型病毒：删除程序、破坏数据、清除系统内存和操作系统中重要的信息。

4.3.5 计算机病毒的危害

1. 病毒对计算机数据信息的直接破坏作用

大部分病毒在激发的时候直接破坏计算机的重要信息数据，所利用的手段有格式化磁盘、改写文件分配表和目录区、删除重要文件或者用无意义的"垃圾"数据改写文件、破坏 CMOS 设置等。

2. 病毒对计算机硬件的破坏

寄生在磁盘上的病毒总要非法占用一部分磁盘空间。引导型病毒的一般侵占方式是由病毒本身占据磁盘引导扇区，而把原来的引导区转移到其他扇区，也就是引导型病毒要覆盖一个磁盘扇区。被覆盖扇区的数据永久性丢失，无法恢复。

3. 抢占系统资源

大多数病毒在动态下都是常驻内存的，这就必然抢占一部分系统资源。病毒所占用的基本内存长度大致与病毒本身长度相当。病毒抢占内存，导致内存减少，一部分软件不能运行。除占用内存外，病毒还抢占中断，干扰系统运行。

4. 影响计算机运行速度

病毒进驻内存后不但干扰系统运行，还影响计算机速度，主要表现在以下几个方面。

（1）病毒为了判断传染激发条件，总要对计算机的工作状态进行监视，这对于计算机的正常运行既多余又有害。

（2）有些病毒为了保护自己，不但对磁盘上的静态病毒加密，而且进驻内存后的动态病毒也处在加密状态，CPU 每次寻址到病毒处时要运行一段解密程序把加密的病毒解密成合法的 CPU 命令再执行；而病毒运行结束时再用一段程序对病毒重新加密。这样 CPU 额外执行数千条甚至上万条命令。

5. 病毒导致用户的数据不安全

病毒技术的发展可能造成计算机内部数据的损坏和被窃。对于重要的数据，计算机病毒应该是影响计算机安全的重要因素。

4.3.6 常见的计算机病毒

1. 蠕虫病毒

蠕虫病毒是一种通过网络传播的恶意病毒。它的出现相对于文件病毒、宏病毒等传统病毒较晚，但是无论是传播的速度、传播范围，还是破坏程度都要比以往传统的病毒严重得多。

蠕虫病毒一般由两部分组成：一个主程序和一个引导程序。主程序的功能是搜索和扫描。它可以读取系统的公共配置文件，获得网络中联网用户的信息，从而通过系统漏洞，将引导程序建立到远程计算机上。引导程序实际是蠕虫病毒主程序的一个副本，主程序和引导程序都具有自动重新定位的能力。

2. CIH 病毒

CIH 病毒是一种能够破坏计算机系统硬件的恶性病毒。这个病毒产自中国台湾，由原集嘉通讯公司（技嘉子公司）手机研发中心主任工程师陈盈豪在其于中国台湾大同工学院念书期间制作。最早随国际两大盗版集团贩卖的盗版光盘在欧美等地广泛传播，随后进一步通过网络传播到全世界的各个角落。

CIH 病毒让很多人闻之色变，因为 CIH 病毒是有史以来影响非常大的病毒之一。

3. 宏病毒

宏病毒与传统的病毒有很大的不同，它不感染 .exe、.com 等可执行文件，而是将病毒代码以宏的形式潜伏在 Microsoft Office 中，是微软公司为其 Office 软件包设计的一个特殊功能。软件设计者为了让人们在使用软件进行工作时，避免一再地重复相同的动作而设计出来的一种工具。它利用简单的语法，把常用的动作写成宏。当人们在工作时，就可以直接利用事先编好的宏自动运行，去完成某项特定的任务，而不必再重复相同的动作，目的是让用户文档中的一些任务自动完成。

4. Word 文档杀手病毒

Word 文档杀手病毒通过网络进行传播，大小为 53248 字节。该病毒运行后会搜索软盘、U 盘等移动存储磁盘和网络映射驱动器上的 Word 文档，并试图用自身覆盖找到的 Word 文档，达到传播的目的。

病毒将破坏原来文档的数据，而且会在计算机管理员修改用户密码时进行键盘记录，记录结果也会随病毒传播一起被发送。

4.3.7 木马

木马一词来源于古希腊传说（荷马史诗中有木马计的故事。Trojan 原意指特洛伊，即代指特洛伊木马，也就是木马计的故事）。

"木马"与计算机网络中常常要用到的远程控制软件有些相似，但由于远程控制软件是"善意"的控制，因此通常不具有隐蔽性；"木马"则完全相反，木马要达到的是"偷窃"性的远程控制，如果没有很强的隐蔽性，那就是"毫无价值"的。

它是指通过一段特定的程序（木马程序）来控制另一台计算机。木马通常有两个可执行程序：一个是客户端，即控制端；另一个是服务器端，即被控制端。植入被种者计算机的是"服务器"部分，而所谓的"黑客"正是利用"控制器"进入运行了"服务器"的计算机。运行了木马程序的"服务器"以后，被种者的计算机就会有一个或几个端口被打开，使黑客可以利用这些打开的端口进入计算机系统。木马的设计者为了防止木马被发现，而采用多种手段隐藏木马。木马的服务一旦运行并被控制端连接，其控制端将享有服务端的大部分操作权限，如给计算机增加口令，浏览、移动、复制、删除文件，修改注册表，更改计算机配置等。

随着病毒编写技术的发展，木马程序对用户的威胁越来越大，尤其是一些木马程序采用了极其狡猾的手段来隐蔽自己，使普通用户很难在中毒后发觉。

4.3.8　木马特性、分类及原理

木马是隐藏在正常程序中的、具有特殊功能的恶意代码，是具备破坏、删除和修改文件，发送密码，记录键盘，实施 DoS 攻击甚至完全控制计算机等特殊功能的"后门"程序。它隐藏在目标计算机里，可以随计算机自动启动并在某一端口监听来自控制端的控制信息。

1. 木马的特性

木马程序为了实现其特殊功能，一般应该具有伪装性、隐藏性、破坏性、窃密性的特性。

2. 木马的入侵途径

木马的入侵途径是通过一定的欺骗方法，如更改图标或把木马文件与普通文件合并，欺骗被攻击者下载并执行做了手脚的木马程序，就会把木马安装到被攻击者的计算机中。木马也可以通过脚本、ActiveX、ASP 及 CGI 的方式入侵。攻击者可以利用浏览器的漏洞诱导上网者单击网页，这样浏览器就会自动执行脚本，实现木马的下载和安装。木马还可以利用系统的一些漏洞入侵，获得控制权限，然后在被攻击的服务器上安装并运行木马。

3. 木马的种类

（1）可以将木马的发展历程分为 4 个阶段：第 1 代木马是伪装型病毒；第 2 代木马是网络传播型木马；第 3 代木马在连接方式上有了改进，利用了端口反弹技术；第 4 代木马在进程隐藏方面做了较大改动，让木马服务器端在运行时没有进程，网络操作插入系统进程或者应用进程中来完成。

（2）按照功能可以将木马分为：破坏型木马、密码发送型木马、服务型木马、DoS 攻击型木马、代理型木马、远程控制型木马。

4. 木马的工作原理

下面简单介绍一下木马的传统连接技术、反弹端口技术和线程插入技术。

（1）传统连接技术。C/S 木马原理如图 4-1 所示。第 1 代和第 2 代木马都采用 C/S 连接方式，这属于客户端主动连接方式。服务器端的远程主机开放监听端口，等待外部的连接，当入侵者需要与远程主机连接时，便主动发出连接请求，从而建立连接。

图 4-1　C/S 木马原理

（2）反弹端口技术。随着防火墙技术的发展，它可以有效拦截采用传统连接方式的木马，但防火墙对内部发起的连接请求则认为是正常连接。第 3 代和第 4 代"反弹式"木马就是利用这个缺点，其服务器端程序主动发起对外连接请求，再通过某些方式连接到木马的客户端，如图 4-2 和图 4-3 所示。

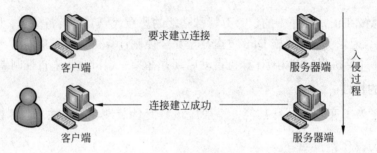

图 4-2　反弹端口连接方式 1

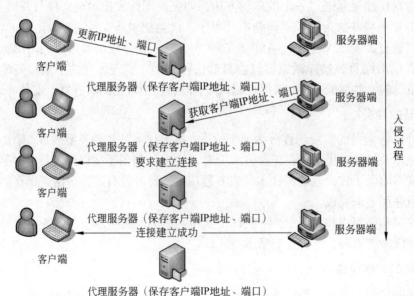

图 4-3　反弹端口连接方式 2

（3）线程插入技术。系统会分配一个虚拟的内存空间地址段给这个进程，一切相关的程序操作都会在这个虚拟的空间中进行。"线程插入"技术就是利用了线程之间运行的相对独立性，使木马完全地融进了系统的内核。这种技术把木马程序作为一个线程，把自身插入其他应用程序的地址空间中。系统运行时会有许多的进程，而每个进程又有许多的线程，这就导致了查杀利用"线程插入"技术的木马程序的难度。

4.3.9　计算机病毒的检测与防范

1. 计算机病毒的检测技术

计算机病毒的检测技术是指通过一定的技术手段判定计算机病毒的一门技术。现在判定计算机病毒的手段主要有两种：一种是根据计算机病毒特征来进行判断；另一种是对文件或数据段进行校验和计算，定时和不定时地根据保存结果对该文件或数据段进行校验，以此来判定。

1）特征判定技术

根据病毒程序的特征，如感染标记、特征程序段内容、文件长度变化、文件校验和变化等，对病毒进行分类处理。以后只要有类似特征点出现，则认为是病毒。

（1）比较法：将可能的感染对象与其原始备份进行比较。

（2）扫描法：用每一种病毒代码中含有的特定字符或字符串对被检测的对象进行扫描。

（3）分析法：针对未知新病毒采用的技术。

2）校验和判定技术

计算正常文件内容的校验和，将校验和保存。检测时，检查文件当前内容的校验和与原来保存的校验和是否一致。

3）行为判定技术

以病毒机理为基础，对病毒的行为进行判断。不仅识别出现有病毒，而且识别出属于已知病毒机理的变种病毒和未知病毒。

2. 计算机病毒的防范

1）病毒防治技术的阶段

第一代反病毒技术采取单纯的病毒特征诊断，但是对加密、变形的新一代病毒无能为力。

第二代反病毒技术采用静态广谱特征扫描技术，可以检测变形病毒，但是误报率高、杀毒风险大。

第三代反病毒技术将静态扫描技术和动态仿真跟踪技术相结合。

第四代反病毒技术基于多位CRC校验和扫描机理、启发式智能代码分析模块、动态数据还原模块（能查出隐蔽性极强的压缩加密文件中的病毒）、内存解毒模块、自身免疫模块等先进解毒技术，能够较好地完成查、解毒的任务。

第五代反病毒技术主要体现在反蠕虫病毒、恶意代码、邮件病毒等技术上。这一代反病毒技术作为一种整体解决方案出现，形成了包括漏洞扫描、病毒查杀、实时监控、数据备份、个人防火墙等技术的立体病毒防治体系。

2）目前流行的技术

（1）虚拟机技术。虚拟机技术接近于人工分析的过程。用程序代码虚拟出一个 CPU，同样也虚拟 CPU 的各个寄存器，甚至将硬件端口也虚拟出来。用调试程序调入"病毒样本"并将每一个语句放到虚拟环境中执行，这样我们就可以通过内存和寄存器以及端口的变化来了解程序的执行，从而判断是否中毒。

（2）宏指纹识别技术。宏指纹识别技术（macro finger）是基于 Office 复合文档 BIFF 格式、精确查杀各类宏病毒的技术。

（3）驱动程序技术，具体如下。

• DOS 设备驱动程序。

• VxD（virtual x driver，虚拟设备驱动程序）是微软专门为 Windows 制定的设备驱动程序接口规范。

• WDM（Windows driver model）是 Windows 驱动程序模型的简称。

• NT 核心驱动程序。

（4）计算机监控技术（实时监控技术），具体如下。

• 注册表监控。

• 脚本监控。

• 内存监控。

• 邮件监控。

• 文件监控。

（5）监控病毒源技术，具体如下。

• 邮件跟踪体系，如消息跟踪查询协议（messge tracking query protocol，MTQP）。

• 网络入口监控防病毒体系，如趋势科技病毒管理系统（Trend virus control system，TVCS）。

（6）主动内核技术。在操作系统和网络的内核中加入反病毒功能，使反病毒成为系统本身的底层模块，而不是一个系统外部的应用软件。

4.4 项 目 实 施

任务 4-1 360 杀毒软件的介绍和使用

1. 360 杀毒软件简介

360 杀毒软件是完全免费的杀毒软件，它创新性地整合了四大领先防杀引擎，包括国际知名的 BitDefender 病毒查杀引擎、360 云查杀引擎、360 主动防御引擎、360QVM 人工智能引擎。四个引擎智能调度，为你提供全时、全面的病毒防护，不但查杀能力出色，而且能第一时间防御新出现的病毒和木马。此外，360 杀毒轻巧快速不卡机，误杀率远远低于其他杀毒软件，荣获多项国际权威认证，14 年的时间已经守护全球超 13 亿名用户。

360 杀毒软件具有以下特点。

（1）全面防御 U 盘病毒：彻底剿灭各种借助 U 盘传播的病毒，第一时间阻止病毒从 U 盘运行，切断病毒传播链。

（2）拥有领先四引擎，全时防杀病毒：独有四大核心引擎，包含领先的人工智能引擎，全面、全时保护安全。

（3）坚固网盾，拦截"钓鱼"、挂马网页：360 杀毒包含上网防护模块，拦截"钓鱼"、挂马等恶意网页。

（4）独有可信程序数据库，防止误杀：依托 360 安全中心的可信程序数据库，实时校验，360 杀毒的误杀率极低。

（5）快速升级，及时获得最新防护能力：每日多次升级，及时获得最新病毒防护能力。

2. 360 杀毒软件的使用

去官网下载最新版本的 360 杀毒软件后就可以直接使用该软件了，本章使用的 360 杀毒软件为正式版 5.0.0.8183。360 杀毒软件可以对当前的用户计算机进行全盘扫描、快速扫描、弹窗过滤等操作，对当前计算机的病毒进行清除并进行多引擎保护。下面对 360 杀毒软件的使用进行介绍。

1）打开 360 杀毒软件

双击桌面的"360 杀毒"图标，打开 360 杀毒软件，进入主界面，主界面如图 4-4 所示。

图 4-4　360 杀毒软件主界面

2）360 杀毒软件"全盘扫描"

步骤 1：单击"全盘扫描"选项。

步骤 2：进入"全盘扫描"界面，进行全盘扫描，如图 4-5 所示。

步骤 3：如图 4-6 所示即本次扫描得到的结果，如果有病毒，就单击界面右上角的"立即处理"选项，可以对扫描出的病毒进行清理；如果没有发现任何安全威胁，就单击"返回"

按钮，回到主界面。

图 4-5 "全盘扫描"界面

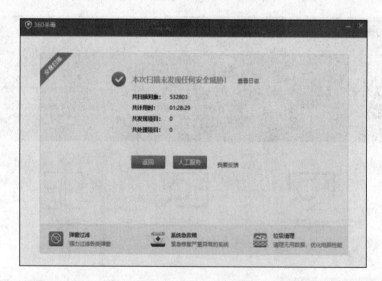

图 4-6 全盘扫描结果

3）360 杀毒软件"快速扫描"

步骤 1：单击"快速扫描"选项。

步骤 2：进入"快速扫描"界面，进行快速扫描，如图 4-7 所示。

步骤 3：扫描结果如图 4-8 所示，如果扫描出病毒，就单击界面右上角"立即处理"选项，即可对扫描出的病毒进行清理；如果没有，就单击"返回"按钮。

4）360 杀毒软件"功能大全"

步骤 1：单击主界面中的"功能大全"选项。

步骤 2：进入"功能大全"界面，如图 4-9 所示。

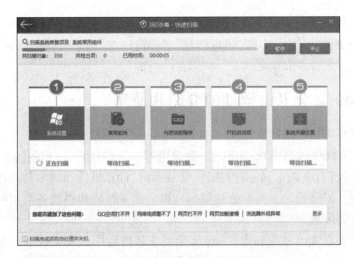

图 4-7 "快速扫描"界面

图 4-8 快速扫描结果

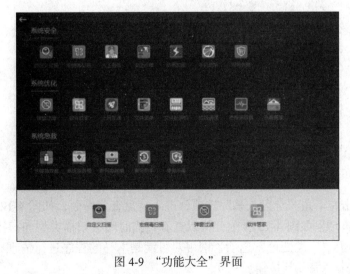

图 4-9 "功能大全"界面

在"功能大全"里有"系统安全""系统优化""系统急救"三大功能区，每个功能区下还拥有很多详细的功能，如"宏病毒扫描""弹窗过滤"和"杀毒急救盘"等，可以满足当前计算机用户的各种安全需求。

任务 4-2　360 安全卫士软件的介绍和使用

1. 360 安全卫士软件简介

360 安全卫士软件是当前功能更强、效果更好、更受用户欢迎的上网必备安全软件。360 安全卫士软件拥有查杀木马、清理插件、修复漏洞、计算机体检等多种功能，并独创了"木马防火墙"功能，依靠抢先侦测和云端鉴别，可全面、智能地拦截各类木马，保护用户的账户、隐私等重要信息。

目前木马威胁之大已远超病毒，360 安全卫士软件运用云安全技术，在拦截和查杀木马的效果、速度以及专业性上表现出色，能有效防止个人数据和隐私被木马窃取，被誉为"防范木马的第一选择"。360 安全卫士软件自身非常轻巧，同时具备开机加速、垃圾清理等多种系统优化功能，可大大加快计算机运行速度，内含的 360 软件管家还可帮助用户轻松下载、升级和强力卸载各种应用软件。

2. 360 安全卫士软件的使用

去官网下载最新版本的 360 安全卫士软件即可进行使用，本章使用的 360 安全卫士软件版本为 13.0.0.2001。360 安全卫士软件主要有"木马查杀""电脑清理""系统修复""优化加速"等功能，下面进行使用介绍。

1）"木马查杀"

步骤 1：双击桌面"360 安全卫士"图标，进入 360 安全卫士软件主界面，如图 4-10 所示。

步骤 2：单击软件左上角"木马查杀"选项，进入木马查杀界面，如图 4-11 所示。

图 4-10　安全卫士主界面

步骤 3：单击左下角"全盘查杀"选项，进入全盘查杀界面，如图 4-12 所示。

步骤 4：查杀结果如图 4-13 所示，可以查看扫描时间、扫描类型和扫描项目，如果扫描出木马，就单击"一键处理"选项，即可对可能是木马的程序进行清理；如果没有发现木马病毒，就单击"完成"按钮。

图 4-11   木马查杀界面

图 4-12   全盘查杀界面

图 4-13   木马清理

2）"电脑清理"

步骤 1：双击桌面"360 安全卫士"图标，进入软件主界面，单击界面上方"电脑清理"选项即可进入"电脑清理"界面，如图 4-14 所示。

图 4-14　电脑清理

步骤 2：界面下方有"清理垃圾""清理插件""清理痕迹"等选项，可以任选一个，如"清理插件"，单击此选项即可进入插件清理界面，如图 4-15 所示。

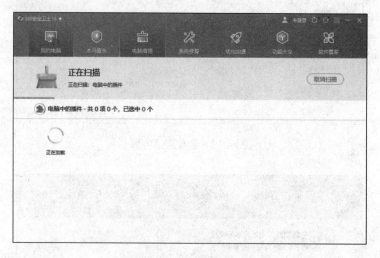

图 4-15　清理插件

步骤 3：查杀结果如图 4-16 所示，可以查看"建议清理插件""可选清理插件""建议保留插件"等选项，单击"一键清理"按钮，即可对扫描出的插件进行清理。

3）"系统修复"

步骤 1：双击桌面"360 安全卫士"图标，进入软件主界面，单击界面上方"系统修复"选项，进入系统修复界面，如图 4-17 所示。

步骤 2：界面下方有"常规修复""漏洞修复""软件修复"等选项，可以任选一个，如"常规修复"，单击此选项，进入常规修复界面，如图 4-18 所示。

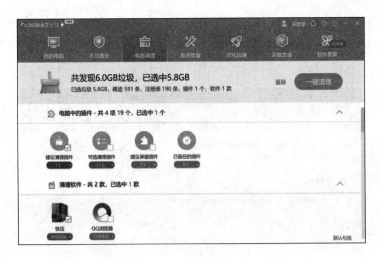

图 4-16　一键清理

图 4-17　系统修复

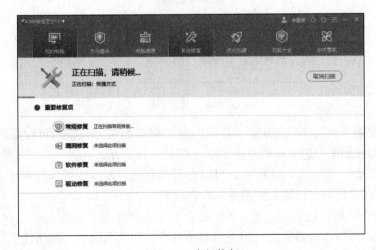

图 4-18　常规修复

步骤 3：修复结果如图 4-19 所示，如果看到有重要修复项和可选修复项，单击"一键修复"选项，即可对潜在危险项进行清理，也可以根据需要修复可选项，然后单击"完成修复"按钮即可。

图 4-19　完成修复

4）"优化加速"

步骤 1：双击桌面"360 安全卫士"图标，进入软件主界面，单击界面上方"优化加速"选项，进入优化加速界面，如图 4-20 所示。

图 4-20　优化加速

步骤 2：界面下方有"开机加速""软件加速""网络加速"等选项，可以任选一个，如"开机加速"，单击此选项，进入开机加速界面，如图 4-21 所示。

步骤 3：扫描结果如图 4-22 所示，可以在界面看到有多少项可进行加速，单击"立即优化"选项即可优化当前计算机的系统和内存设置。

除了这里介绍的四种功能之外，360 安全卫士软件还有"功能大全"和"软件管家"两个功能，用户可以根据需要进行相应的功能选择，如数据保护、网络优化、软件的下载更新和卸载。

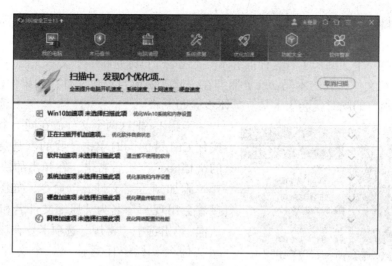

图 4-21　开机加速

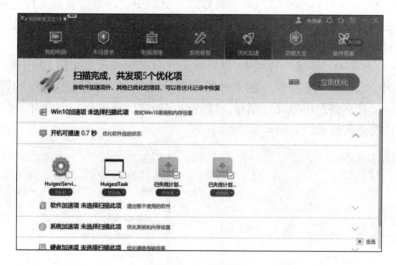

图 4-22　立即优化

任务4-3　利用自解压文件携带木马程序

随着人们安全意识的提高和杀毒软件的安全防范技术的提升，木马很难在计算机系统中出现，木马开始进行伪装以隐藏自己的行为，利用 WinRAR 捆绑木马就是其中的手段之一，如图 4-23 所示。

攻击者把木马和其他可执行文件（如文本文档）放在同一个文件夹下，然后将这两个文件添加到压缩文件中，并将文件制作为 exe 格式的自释放文件。这样，当双击这个自释放文件时，会在启动文本文档等文件的同时悄悄地运行木马文件，就达到了木

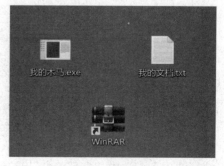

图 4-23　自解压文件

87

马种植者的目的，即运行木马服务端程序。而用户很难察觉到这一技术，因为并没有明显的征兆存在，所以目前使用这种方法来运行木马非常普遍。

下面通过一个实例来了解这种捆绑木马的方法。目标是将一个文本文档（我的文档.txt）和木马服务端文件（我的木马.exe）捆绑在一起，做成自释放文件，如果你运行该文件，在显示文档内容的同时就会中木马。具体步骤如下。

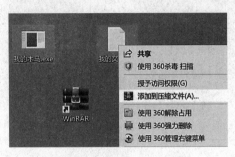

图 4-24　合并添加压缩

步骤1：把这两个文件放在同一个目录下，在按住 Ctrl 键的同时单击"我的木马.exe"和"我的文档.txt"，然后右击，在弹出的快捷菜单中选择"添加到压缩文件..."命令，如图 4-24 所示。接着会出现一个名为"压缩文件名和参数"的对话框，单击选中"常规"选项卡。在该界面的"压缩文件名"栏中任意输入一个文件名，如"游戏.exe"（只要容易吸引别人单击就可以）。在"更新方式"下选中"添加并替换文件"选项。注意，文件扩展名必须是.exe（也就是选中"创建自解压格式压缩文件"选项），而默认情况下为.rar，需要修改，否则无法进行下一步的工作，如图 4-25 所示。

步骤2：单击选中"高级"选项卡，然后单击"自解压选项"按钮，会出现 8 个选项卡。首先单击选中"常规"选项卡，在"解压路径"文本框中填写上解压的路径，如 C:\Windows\temp，其实路径可以随便填写，即使设定的文件夹不存在也没有关系，因为在自解压时会自动创建该目录，如图 4-26 所示。

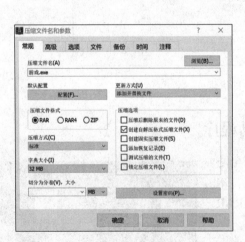

图 4-25　压缩常规设置

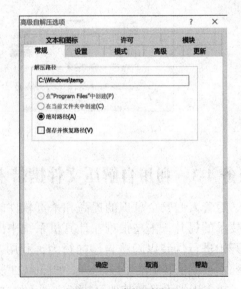

图 4-26　常规项设置

步骤3：单击选中"设置"选项卡，在"解压后运行"文本框内输入"我的木马.exe"，然后在"解压前运行"文本框内输入"我的文档.txt"，如图 4-27 所示。接着单击选中"模式"选项卡，选中"全部隐藏"选项，这样可以将木马文件进行隐藏，这样不仅安全，而且不易为人发现，如图 4-28 所示。

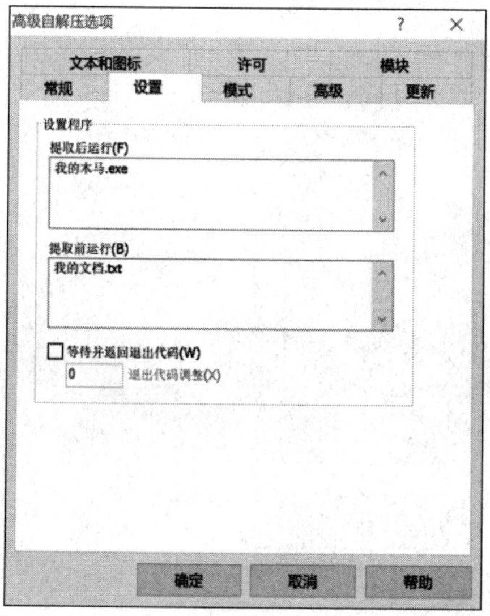

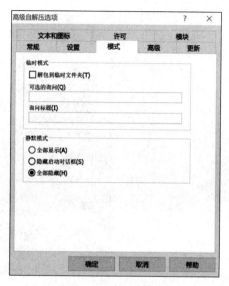

图 4-27　"设置"选项卡

图 4-28　"模式"选项卡

步骤 4：单击选中"更新"选项卡，选中"覆盖所有文件"选项，如图 4-29 所示。接着单击选中"文本和图标"选项卡，单击"从文件加载文本"按钮即可以选择显示文档文本，然后"自解压文件窗口中显示的文本"文本框会显示文档的内容："你的电脑中木马了！"，如图 4-30 所示。

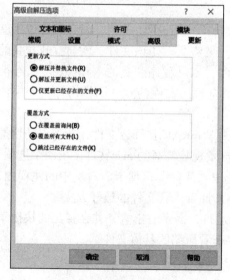

图 4-29　"更新"选项卡

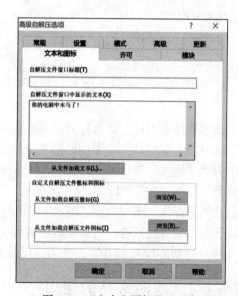

图 4-30　"文本和图标"选项卡

步骤 5：最后，单击"确定"按钮，返回到"压缩文件名和参数"对话框。单击选中"注释"选项卡，会看到如图 4-31 所示的内容，这是 WinRAR 根据前面的设定自动加入的内容，其实就是自释放脚本命令。"Setup= 我的木马 .exe"表示释放后运行木马服务端文件。

而 Silent 代表是否隐藏文件，赋值为 1 则代表"全部隐藏"。

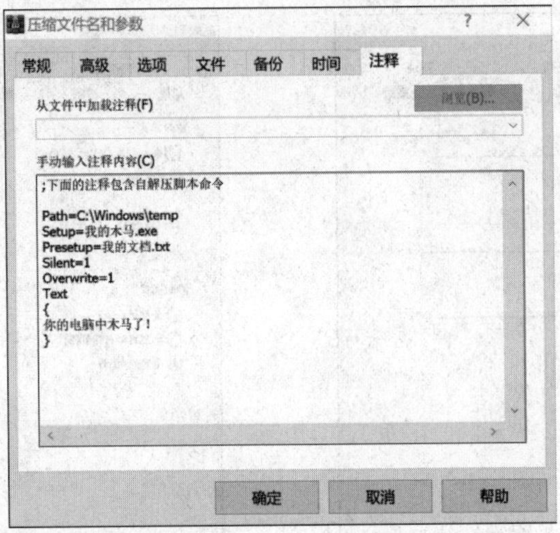

图 4-31　完成释放后运行操作

　　一般来说，黑客为了隐蔽起见，会修改上面的自释放脚本命令，比如他们会把脚本改为如下内容：

```
Setup= 我的木马 .exe
Setup= 游戏 .exe 我的文档 .txt
Silent=1
Overwrite=1
```

　　其实就是加上了"Setup= 游戏 .exe 我的文档 .txt"这一行，单击"确定"按钮后就会生成一个名为"游戏 .exe"的自解压文件。现在只要有人双击该文件，就会打开"我的文档 .txt"这个文本文件，而当人们查看文件内容时，木马程序"我的木马 .exe"已经悄悄地运行了。更可怕的是，还可以在 WinRAR 中把自解压文件的默认图标换掉，如果换成你熟悉的软件的图标，很有可能躲过你的察觉。

　　针对以上安全威胁，采用的防范方法是：右击 WinRAR 自释放文件，在弹出的快捷菜单中选择"属性"命令，在"属性"对话框中你会发现较普通的 exe 文件多出两个选项卡，分别是"压缩文件"和"注释"选项卡。单击选中"注释"选项卡，看其中的注释内容，就会发现里面含有哪些文件，这是识别用 WinRAR 捆绑木马文件的最好方法。

　　还有一种办法：遇到自解压程序时不要直接运行，而是右击它，并在弹出的快捷菜单中选择"用 WinRAR 打开"命令，这样就会直接查看压缩的具体文件了。

任务 4-4　冰河木马的使用

　　冰河木马名为冰河远程监控软件，在推出伊始便饱受追捧，作为一款强大的远程监控软件，它具有非常丰富的监控功能，包括：自动跟踪目标屏幕变化、记录各种口令信息、获取系统信息、限制系统功能、远程文件操作、注册表操作、点对点通信等。冰河木马的使用方法如下。

步骤1：从网络获取软件资源，并保存到计算机相应位置（桌面或相应磁盘内）。双击冰河木马压缩包文件，将其解压，解压路径可以自定义（这里解压到桌面），解压过程如图4-32~图4-35所示。

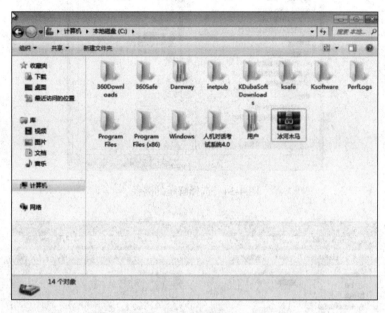

图4-32 冰河木马压缩包文件

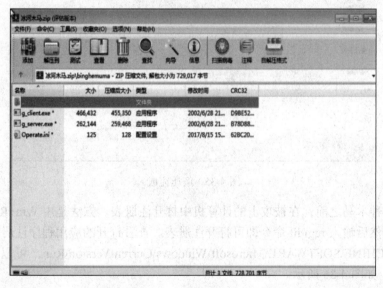

图4-33 解压冰河木马

冰河木马共有两个应用程序，如图4-35所示。冰河的服务器端程序为g-Server.exe，这是放到被攻击者计算机上的；客户端程序为g-client.exe，这是放到攻击者计算机上的。默认连接端口为7626。其中攻击者使用g-client.exe对执行了g-Server.exe的主机进行控制。

图 4-34　选择解压的路径

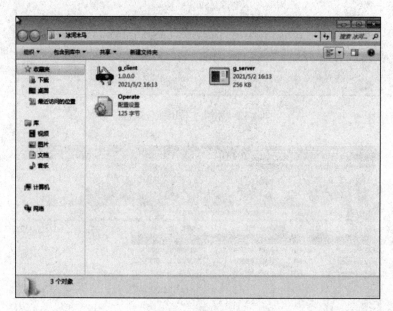

图 4-35　解压完成

　　步骤 2：种木马之前，在被攻击的计算机中打开注册表。方法是用 Win+R 组合键打开"运行"窗口，然后输入 regidit 命令即可打开注册表。查看打开的应用程序注册项：\HKEY_ LOCAL_MACHINE\SOFTWARE\Microsoft\Windows\CurrentVersion\Run，可以看到默认值并无任何值，如图 4-36 所示。

　　再次打开被攻击计算机的 C:\Windows\System32 文件夹，并不能找到名字叫作 sysexplr.exe 的文件，如图 4-37 所示。

　　步骤 3：现在在被攻击计算机中双击 g_Server.exe 图标，将木马种入受控端计算机中，表面上好像没有任何事情发生。再次打开受控端计算机的注册表，查看打开的应用程序注册项：\HKEY_LOCAL_MACHINE\SOFTWARE\Microsoft\Windows\CurrentVersion\Run，可以发现，这时它的值为 C:\Windows\System32\Kernel32.exe，如图 4-38 所示。

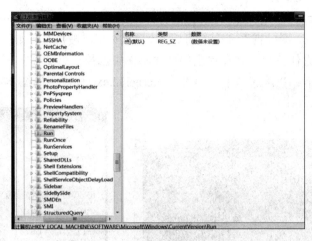

图 4-36 受控端计算机注册表

图 4-37 没有 sysexplr.exe 文件

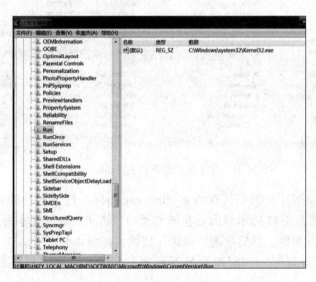

图 4-38 注册表的值发生改变

与此同时，我们可以用 Win+R 组合键打开"运行"窗口，输入 cmd 命令后在弹出的窗口中输入 netstat -an 端口查看命令，可以看到 7626 端口被打开，如图 4-39 所示。另外，右击计算机桌面下方任务栏，并在弹出的快捷菜单中选择"启动任务管理器"命令，单击选中"进程"选项卡，在该选项卡中出现了 Kernel32.exe 程序，如图 4-40 所示。

图 4-39　打开端口

图 4-40　打开进程

然后打开被攻击计算机的 C:\Windows\System32 文件夹，这时就可以找到名为 sysexplr.exe 的文件了，如图 4-41 所示。

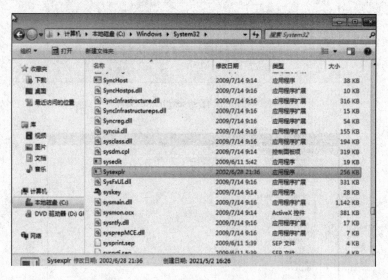

图 4-41　在系统中能找到 sysexplr.exe 文件

步骤 4：在主控端计算机中，双击 g_client.exe 图标，打开木马的客户端程序（主控程序），可以看到如图 4-42 所示界面。在该界面的"访问口令"文本框中输入访问密码：12211987，设置访问密码，然后单击"应用"按钮，如图 4-43 所示。

接着，选择"设置"→"配置服务器程序"命令，对服务器进行配置，如图 4-44 所示。

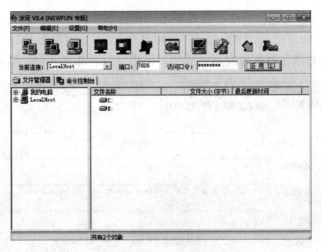

图 4-42　冰河木马主界面

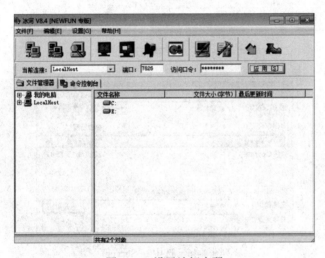

图 4-43　设置访问密码

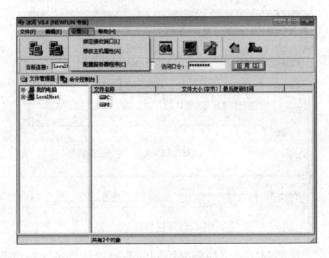

图 4-44　配置服务器程序

步骤 5：在服务器配置界面中，首先单击"待配置文件"按钮进行设置。找到服务器程序文件 g_Server.exe，打开该文件；再在"访问口令"文本框中输入 12211987；然后单击"确定"按钮。至此已对服务器配置完毕，关闭对话框，过程如图 4-45~图 4-47 所示。

图 4-45　服务器配置主界面

图 4-46　选中 g_Server

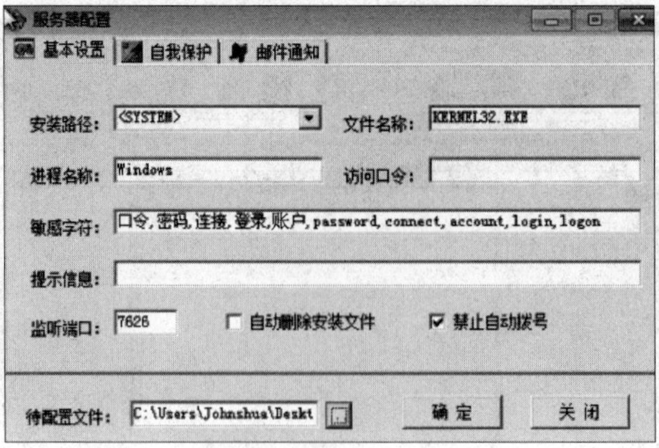

图 4-47　设置完毕

步骤 6：现在在主控端程序中添加需要控制的受控端计算机，先在受控端计算机中查看其 IP 地址，如图 4-48 所示（本例中为 192.168.0.3）。

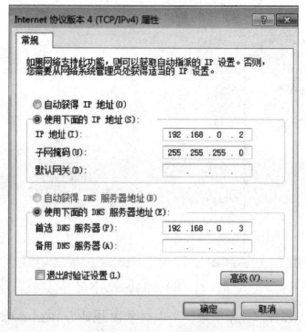

图 4-48　查看受控端计算机 IP

步骤 7：这时可以在我们的主控端计算机程序中添加受控端计算机了。在冰河木马主界面选择"文件"→"添加主机"命令，弹出"添加计算机"对话框，在"显示名称"和"主机地址"文本框中输入 192.168.0.3 即可将被控制端计算机添加到冰河木马主界面。详细过程如图 4-49 和图 4-50 所示，计算机添加成功界面如图 4-51 所示。

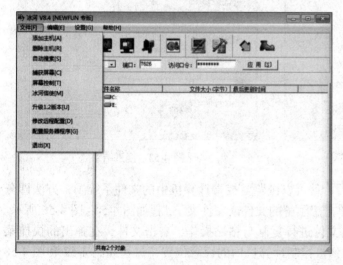

图 4-49　添加主机

图 4-50　填入受控端计算机 IP

也可以采用自动搜索的方式添加受控端计算机。方法是选择"文件"→"自动搜索"命令，打开"搜索计算机"对话框，如图 4-52 所示。

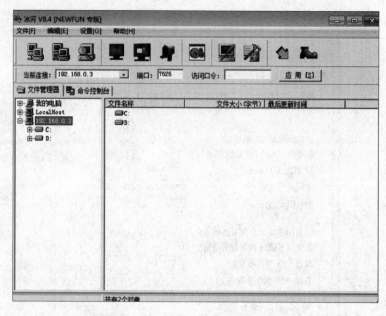

图 4-51　计算机添加成功界面

搜索结束时，发现在"搜索结果"文本框中 IP 地址为 192.168.0.3 的状态为 OK，表示搜索到 IP 地址为 192.168.0.3 的计算机已经中了冰河木马，且系统自动将该计算机添加到主控程序中，如图 4-53 所示。

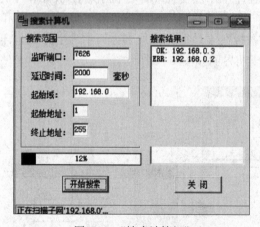

图 4-52　"搜索计算机"

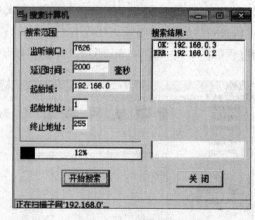

图 4-53　搜索结果

步骤 8：添加受控端计算机后，就可以浏览受控端计算机中的文件系统了，方法即分别单击相应磁盘，在下拉菜单中单击想了解的文件或文件夹，过程如图 4-54～图 4-56 所示。

还可以对受控端计算机中的文件进行复制与粘贴操作，右击文件，在弹出的快捷菜单中选择"复制"命令，再粘贴到被控制计算机内的任意位置，过程如图 4-57 和图 4-58 所示。

这时在受控端计算机中进行查看，可以发现在相应的文件夹中确实多了一个刚复制的文件，如图 4-59 所示。

图 4-54 连接受控端计算机成功

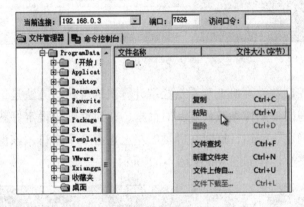

图 4-55 被攻击计算机 C 盘文件

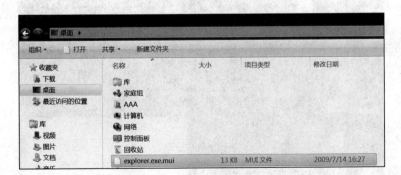

图 4-56 被攻击计算机 D 盘文件

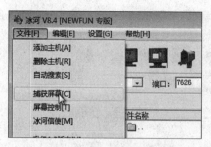

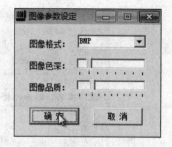

图 4-57　复制被攻击计算机的文件　　　　图 4-58　粘贴被攻击计算机的文件

图 4-59　受控端计算机多出复制文件

　　同样还可以在控制端计算机上观看受控端计算机的屏幕，方法是选择"文件"→"捕获屏幕"命令，会弹出"图像参数设定"对话框，在对话框中设定好图像的格式、色深和品质参数，单击"确定"按钮，这时在屏幕的左上角有一个窗口，该窗口中的图像即受控端计算机的屏幕。整个过程如图 4-60~ 图 4-62 所示。

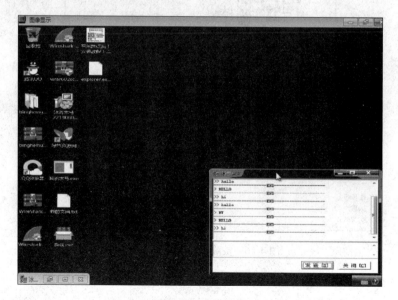

图 4-60　捕获屏幕

图 4-61　图像参数设置

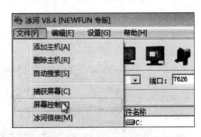

图 4-62　受控端计算机图像显示

　　将左上角的窗口全屏显示，可得如图 4-63 所示的与受控端一样的屏幕。在受控端计算机上进行验证发现：主控端捕获的屏幕和受控端上的屏幕非常吻合，受控端计算机屏幕如图 4-64 所示。

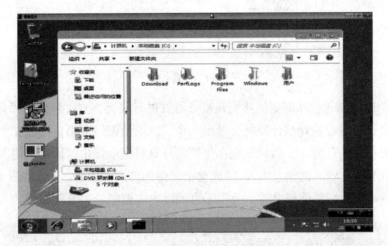

图 4-63　全屏显示受控端计算机屏幕

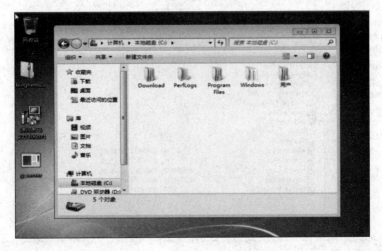

图 4-64　受控端计算机屏幕

步骤9：也可以通过屏幕来对受控端计算机进行控制，方法是选择"文件"→"屏幕控制"命令，如图4-65所示，进行控制时，会发现操作远程主机，就好像在本地机进行操作一样。

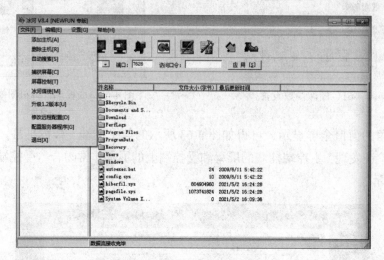

图 4-65　屏幕控制

步骤10：还可以通过冰河信使功能和服务器方进行聊天，方法是选择"文件"→"冰河信使"命令，这时在控制端计算机会弹出一个"冰河信使"对话框。在文本框中任意输入内容，单击"发送"按钮，然后发现在受控端计算机也会弹出"冰河信使"对话框，出现了控制端计算机上输入的消息内容，完成整个信使的传递和发送。具体如图4-66~图4-68所示，当主控端发起信使通信之后，受控端也可以向主控端发送消息了。

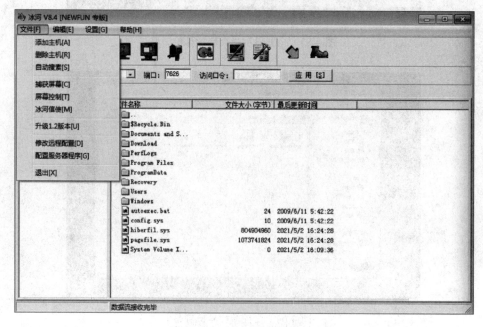

图 4-66　打开冰河信使

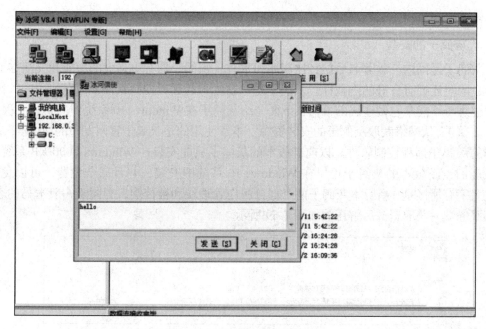

图 4-67　控制端冰河信使界面

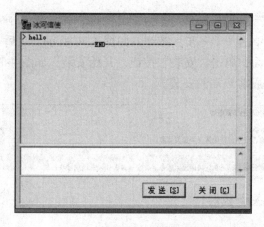

图 4-68　受控端计算机收到信使

任务 4-5　灰鸽子的使用

1. 灰鸽子的概念

简单来说，灰鸽子是远程监控软件（黑客类），当然也可以说它是一个病毒、木马或者后门之类的恶意软件。

灰鸽子分为两个部分：客户端和服务端。控制端计算机安装客户端，被控制端计算机安装服务端，由控制端计算机将服务端发送给被控制端计算机进行安装，从而实现对被控制端的控制。当然想让别人中招也不是那么容易，现在国内主流的杀毒软件很容易就把老版本的灰鸽子过滤掉了，毕竟这是木马程序，但是随着技术的进步，灰鸽子软件也做到了免杀的地步，免杀的意思就是杀毒软件查不到那是一个木马程序，从而顺利安装，实现对

103

计算机权限的控制。

2. 灰鸽子的安装

灰鸽子是国内一款著名后门，比起冰河木马，灰鸽子拥有更强大的功能和灵活多变的操作，同时还拥有良好的隐藏性。灰鸽子是一款优秀的远程控制软件，但在使用的时候一定要注意，不能拿它做违法的事情！下面介绍灰鸽子在 Windows 10 系统中的安装流程。

步骤 1：从网络获取灰鸽子的安装资源。本章使用的是灰鸽子官网发布的 2021 年最新版本的灰鸽子远程控制软件。以前老版本的灰鸽子只能安装在 Windows 2000/XP 系统中，比较老旧，新版本的灰鸽子可以在 Windows 10 系统中安装，并且完全免费，可以免杀，只是名字有所区别：新版本灰鸽子两个部分叫作管理端和被控端，等同于一般木马的客户端和服务端。获取资源后解压缩如图 4-69 所示。

图 4-69 灰鸽子解压缩

步骤 2：客户端安装。单击文件夹里的 .exe 图标，弹出灰鸽子安装界面，选中"我同意此协议"单选按钮，单击"下一步"按钮，如图 4-70 所示。之后一直单击"下一步"按钮，到"准备安装"界面，单击"安装"按钮，开始安装，如图 4-71 所示，安装完毕后单击"完成"按钮即可完成客户端的安装。

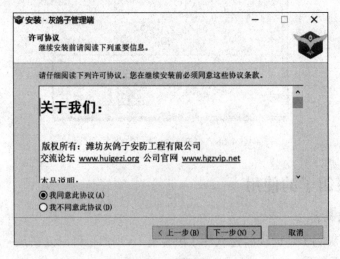

图 4-70 安装界面

步骤 3：Windows 功能安装。这时系统会自动弹出如图 4-72 所示界面，单击"下载并安装此功能"选项，进入安装进程，如图 4-73 所示，安装完毕后单击"关闭"按钮，结束安装。灰鸽子客户端和 Windows 功能安装完毕后，就可以看到安装好的客户端图标，如图 4-74 所示。

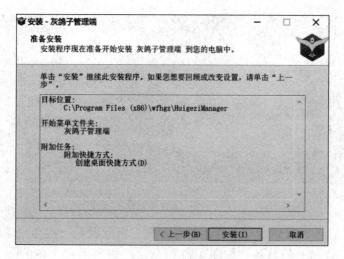

图 4-71 安装完成

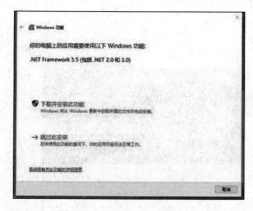

图 4-72 Windows 功能安装

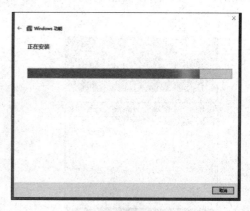

图 4-73 正在安装

步骤 4：用户注册。双击"灰鸽子管理端"图标，在弹出的界面中选中"同意"选项，单击"确定"按钮，如图 4-75 所示。进入管理端界面后，首先需要用户注册，单击"注册用户"按钮后会弹出注册界面，按照要求填写好每个文本框内容后，单击"快速注册"按钮，完成用户注册，输入用户名、密码后单击"登录"按钮，完成管理端登录，如图 4-76 所示。

图 4-74 管理端图标

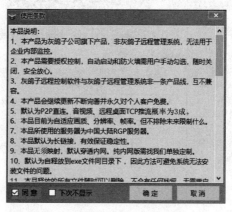

图 4-75 打开管理端

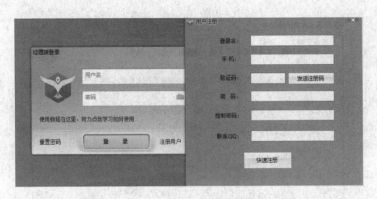

图 4-76　注册用户登录

　　登录管理端后可以看到管理端界面，在界面上可以看到一些客户端的详细信息，如到期时间、员工数和上限数等，如图 4-77 所示。单击界面右上角的◎按钮，会弹出管理端的设置项界面，如图 4-78 所示。根据实际情况和需求进行设置，如图 4-79~图 4-82 所示。

图 4-77　管理端界面

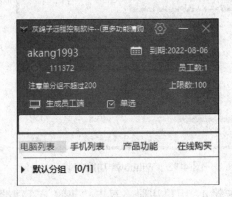

图 4-78　客户端设置

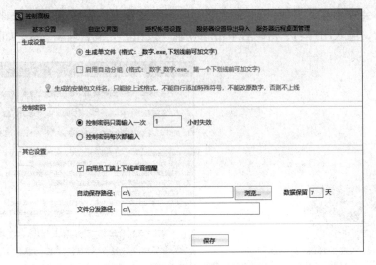

图 4-79　"基本设置"选项卡

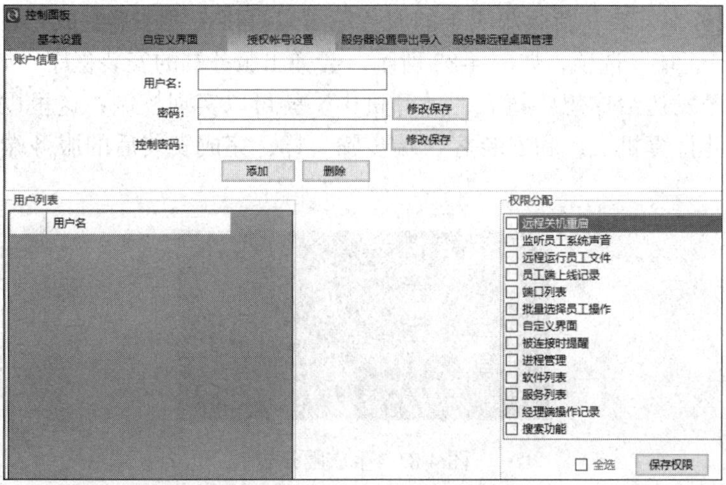

图 4-80　“授权账号设置”选项卡

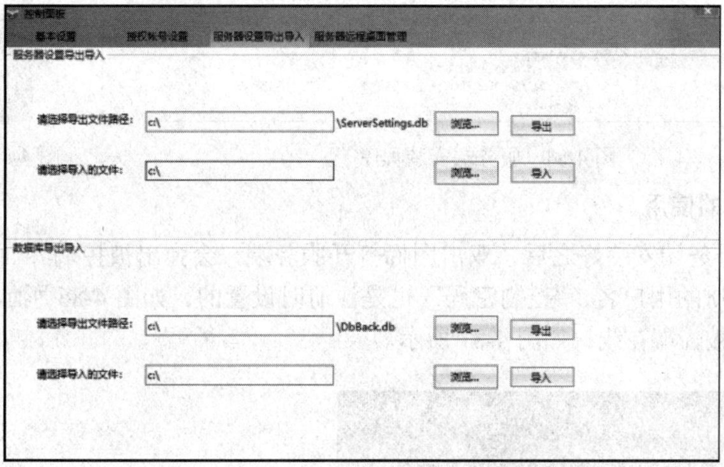

图 4-81　“服务器设置导出导入”选项卡

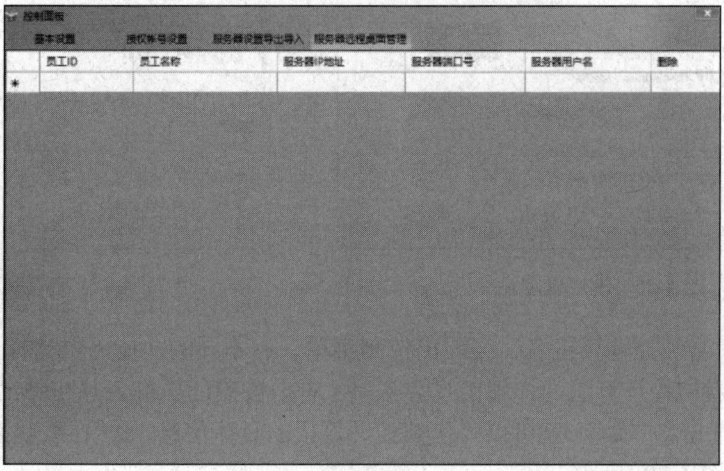

图 4-82　“服务器远程桌面管理”选项卡

步骤 5：服务端安装。新版灰鸽子的服务端可以直接在管理端生成，在管理端主界面上单击"生成员工端"选项，如图 4-83 所示。会弹出服务端的安装程序，如图 4-84 所示，只要将这个程序发送给你想要植入的计算机中，就可以实现控制，这里以本机为例，将服务端安装在此计算机上，和安装客户端步骤一样，完成安装后的服务端图标如图 4-85 所示。

图 4-83　生成服务端

图 4-84　服务端安装程序

图 4-85　被控端图标

3. 灰鸽子的使用

步骤 1：服务端安装好之后，双击图标打开服务端，会弹出被控端界面，"经理账号"就是控制端注册的用户名，"控制密码"也是注册时设置的，如图 4-86 所示。这时在控制端界面会看见被控端在线，如图 4-87 所示。

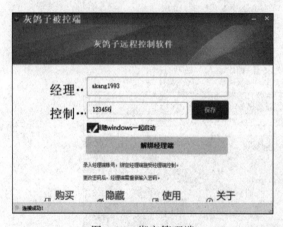

图 4-86　绑定管理端

图 4-87　连接成功

步骤 2：右击被控计算机名，会弹出控制菜单，有不同的功能可供选择，如图 4-88 所示。例如，查看被控计算机的详细信息方法是：右击被控计算机名并在弹出的快捷菜单中选择"查看详细信息"命令，就可以弹出被控计算机的具体信息，如"在线状态""国家""公网 IP"等，如图 4-89 所示。

图 4-88 操作列表

图 4-89 查看详细信息

依照这个方法也可以实现对远程桌面的查看和远程管理的操作，分别如图 4-90 和图 4-91 所示。

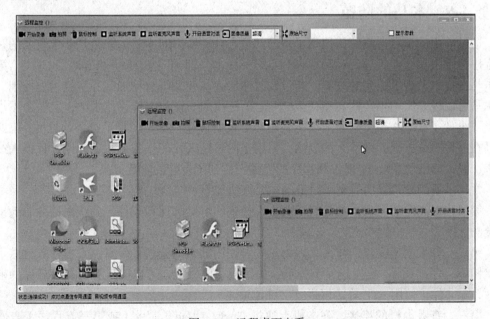

图 4-90 远程桌面查看

步骤 3：在管理端登录的被控计算机的其他操作可以根据使用者的实际需要来进行，也可以再添加新的服务端，方法和之前介绍的一样，以此来实现客户端对服务端的远程控制。

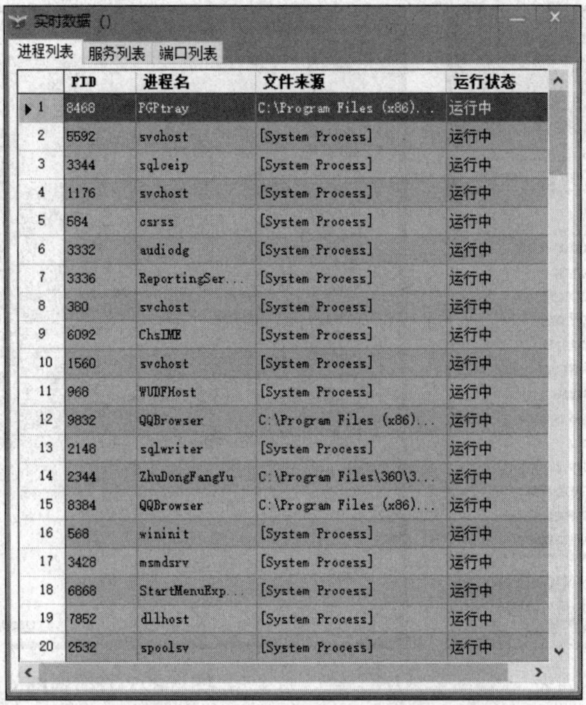

	PID	进程名	文件来源	运行状态
1	8468	PGPtray	C:\Program Files (x86)...	运行中
2	5592	svchost	[System Process]	运行中
3	3344	sqlceip	[System Process]	运行中
4	1176	svchost	[System Process]	运行中
5	584	csrss	[System Process]	运行中
6	3332	audiodg	[System Process]	运行中
7	3336	ReportingSer...	[System Process]	运行中
8	380	svchost	[System Process]	运行中
9	6092	ChsIME	[System Process]	运行中
10	1560	svchost	[System Process]	运行中
11	968	WUDFHost	[System Process]	运行中
12	9832	QQBrowser	C:\Program Files (x86)...	运行中
13	2148	sqlwriter	[System Process]	运行中
14	2344	ZhuDongFangYu	C:\Program Files\360\3...	运行中
15	8384	QQBrowser	C:\Program Files (x86)...	运行中
16	568	wininit	[System Process]	运行中
17	3428	msmdsrv	[System Process]	运行中
18	6868	StartMenuExp...	[System Process]	运行中
19	7852	dllhost	[System Process]	运行中
20	2532	spoolsv	[System Process]	运行中

图 4-91　远程管理操作

任务 4-6　木马的防范

通过前面的学习，我们认识到了木马的危害性，所以对木马的防范是非常重要的。木马程序技术发展至今，已经经历了四代：第一代木马即是简单的密码窃取、发送等；第二代木马在技术上有了很大的进步，通过修改注册表，让系统自动加载并实施远程控制，冰河木马可以说是国内木马的典型代表之一；第三代木马在数据传递技术上，又做了不小的改进，出现了 ICMP 等类型的木马，利用畸形报文传递数据，增加了查杀的难度；第四代木马在进程隐藏方面，做了大的改动，采用了内核插入式的嵌入方式，利用远程插入线程技术，嵌入 DLL 线程，实现木马程序的隐藏，达到了良好的隐藏效果。

常见木马的危害显而易见，防范的主要方法如下。

第一，提高防范意识，不要打开陌生人传来的可疑邮件和附件。确认来信的源地址是否合法。

第二，如果网速变慢，往往是因为入侵者使用的木马抢占了带宽。双击任务栏右下角连接图标，仔细观察“已发送字节”项，如果数字比较大，可以确认有人在下载你的硬盘文件，除非你正使用 FTP 等协议进行文件传输。

第三，查看本机的连接，在本机上通过“netstat -an”命令（或第三方程序）查看所有的 TCP/UDP 连接，当有些 IP 地址的连接使用不常见的端口与主机通信时，就需要进一步分析这个连接。

第四，木马可以通过注册表启动，所以通过检查注册表来发现木马在注册表里留下的痕迹。

第五，使用杀毒软件和防火墙。

第四代木马在进程隐藏方面做了较大的改动，不再采用独立的 exe 可执行文件形式，而是改为内核嵌入方式、远程线程插入技术、挂接 PSAPI 等，这些木马也是目前最难对付的。对于第四代木马的防范方法如下。

1. 通过自动运行机制查木马

1）注册表启动项

单击"开始"按钮，打开"运行"对话框，输入 regedit 命令，打开注册表编辑器，依次展开 HKEY_CURRENT_USER/Software/Microsoft/Windows/CurrentVersion、HKEY_LOCAL_MACHINE/Software/Microsoft/Windows/CurrentVersion，查看下面所有以 Run 开头的项中是否有新增的和可疑的键值。也可以通过键值所指向的文件路径来判断是新安装的软件还是木马程序。

另外，HKEY_LOCAL_MACHINE/Software/classes/exefile/shell/open/command 键值也可能用来加载木马，如把键值修改为 X:windowssystemABC.exe "%1"%。

2）系统服务

有些木马是通过添加服务项来实现自启动的，可以打开注册表编辑器，在 HKEY_LOCAL_MACHINE/Software/Microsoft/Windows/CurrentVersion/Run 下查找可疑键值，并在 HKEY_LOCAL_MACHINE/SYSTEM/CurrentControlSet/Services 下查看可疑主键。

然后禁用或删除木马添加的服务项：在"运行"对话框中输入 Services.msc 命令，打开服务设置窗口，里面显示了系统中所有的服务项及其状态、启动类型和登录性质等信息。找到木马所启动的服务，双击打开它，将"启动类型"改为"已禁用"，确认后退出。

3）"开始"菜单启动组

第四代木马不再通过"开始"菜单启动组进行随机启动，但是也不可掉以轻心。选择"开始"→"程序"→"启动"命令，如果发现新增的项，可以右击它并在弹出的快捷菜单中选择"查找目标"命令，到文件目录下查看一下，注册表位置为 HKEY_CURRENT_USER/Software/Microsoft/Windows/CurrentVersion/Explorer/Shell Folders，键名为 Common Startup。

4）系统 ini 文件 Win.ini 和 System.ini

系统 ini 文件 Win.ini 和 System.ini 里也是木马喜欢隐蔽的场所。选择"开始"→"运行"命令，在打开的对话框中输入 msconfig，调出系统配置实用程序，检查 Win.ini 的 [Windows] 小节下的 load 和 run 字段后面有没有可疑程序，一般情况下"＝"字符后面是空白的；也要对 System.ini 的 [boot] 小节中的 Shell=Explorer.exe 后面内容进行检查。

2. 通过文件对比查找木马

有的木马主程序成功加载后，会将自身作为线程插入系统进程 SPOOLSV.EXE 中，然后删除系统目录中的病毒文件和病毒在注册表中的启动项，以使反病毒软件和用户难以察觉，然后它会监视用户是否在进行关机和重启等操作，如果有，就在系统关闭之前重新创建病毒文件和注册表启动项，举例如下。

1）对照备份的常用进程

平时可以先备份一份进程列表，以便随时进行对比来查找可疑进程。方法如下：开机后在进行其他操作之前即开始备份，这样可以防止其他程序加载进程。在运行中输入 cmd

命令，然后输入 tasklist /svc >X:processlist.txt 命令（提示：不包括引号，参数前要留空格，后面为文件保存路径），按 Enter 键。这个命令可以显示应用程序和本地或远程系统上运行的相关任务 / 进程的列表。输入 tasklist / ? 命令可以显示该命令的其他参数。

2）对照备份的系统 DLL 文件列表

可以从 DLL 文件入手，一般系统 DLL 文件都保存在 system32 文件夹下，我们可以针对该目录下的 DLL 文件名等信息制作一个列表，打开命令行窗口，利用 CD 命令进入 system32 目录，然后输入 dir *.dll>X:listdll.txt 命令，按 Enter 键，这样所有的 DLL 文件名都被记录到 listdll.txt 文件中。如果怀疑有木马入侵，可以再利用上面的方法备份一份文件列表 listdll2.txt，然后利用 UltraEdit 等文本编辑工具进行对比；或者在命令行窗口进入文件保存目录，输入 fc listdll.txt listdll2.txt 命令，这样就可以轻松发现那些发生更改和新增的 DLL 文件，进而判断是否为木马文件。

3）对照已加载模块

频繁安装软件会使 system32 目录中的文件发生较大变化，这时可以利用对照已加载模块的方法来缩小查找范围。在"运行"对话框中输入 msinfo32.exe 命令，选择"系统信息"→"软件环境 / 加载的模块"→"文件 / 导出"命令，把它备份成文本文件，需要时再备份一份进行对比即可。

4）查看可疑端口

所有的木马只要进行连接，接收 / 发送数据时必然会打开端口，DLL 木马也不例外。这里我们使用 netstat 命令查看开启的端口，在命令行窗口中输入 netstat -an 命令显示出所有的连接和侦听端口。Proto 是指连接使用的协议名称，Local Address 是本地计算机的 IP 地址和连接正在使用的端口号，Foreign Address 是连接该端口的远程计算机的 IP 地址和端口号，State 则是表明 TCP 连接的状态。

4.5 拓展提升 手机病毒

1. 定义

手机病毒是一种具有传染性、破坏性的手机程序。其可利用发送短信、彩信、电子邮件，浏览网站，下载铃声，蓝牙等方式进行传播，会导致用户手机死机、关机，个人资料被删，向外发送垃圾邮件以泄露个人信息，自动拨打电话，发短（彩）信等，并进行恶意扣费，甚至会损毁 SIM 卡、芯片等硬件，导致使用者无法正常使用手机，如图 4-92 所示。

2. 手机病毒的传播途径

手机病毒的传播方式有着自身的特点，同时也和计算机的病毒传染有相似的地方。下面是手机病毒传播途径。

（1）通过手机蓝牙、无线数据传输进行传播。

图 4-92 手机病毒

（2）通过手机 SIM 卡或者 Wi-Fi，在网络上进行传播。

（3）手机在连接计算机时，被计算机传染病毒，并进行传播。

（4）单击短信、彩信中的未知链接，以进行病毒的传播。

3. 手机病毒的危害

手机病毒可以导致用户信息被窃，破坏手机软硬件，造成通信网络局部瘫痪和手机用户经济上的损失，通过手机远程控制目标计算机等个人设备。手机病毒将将对用户和运营商产生巨大危害。

（1）设备：手机病毒对手机电量的影响很大，导致手机死机、重启，甚至可以烧毁芯片。

（2）信用：由于传播病毒和发送恶意的文字给朋友，因此造成在朋友中的信用度下降。

（3）可用性：手机病毒导致用户终端被黑客控制，大量发送短 / 彩信或直接发起对网络的攻击，对网络运行安全造成威胁。

（4）经济：手机病毒引发病毒体传播，还可能给用户恶意订购业务，导致用户话费损失。

（5）信息：手机病毒可能造成用户信息的丢失和应用程序损毁。

4. 手机病毒防御措施

要避免手机感染病毒，用户在使用手机时要采取适当的措施。

（1）关闭乱码电话。当对方的电话拨入时，屏幕上显示的应该是来电号码，如果显示别的字样或奇异符号，用户应不回答或立即把电话关闭。如接听来电，则会感染病毒，同时手机软硬件将被破坏。

（2）尽量少从网上直接下载信息。病毒要想入侵且在流动网络上传送，要先破坏掉手机短信息保护系统，这并非容易的事情。但现在，手机更加趋向于一台小型计算机，有计算机病毒就会有手机病毒，因此从网上下载信息时要当心感染病毒。最保险的措施就是把要下载的任何文件先下载到计算机上，然后用计算机上的杀毒软件杀一次毒，确认无毒后再下载到手机上。

（3）注意短信息中可能存在的病毒。短信息的收发作为移动通信的一个重要方式，也是感染手机病毒的一个重要途径。如今手机病毒的发展已经从潜伏期过渡到了破坏期，短信息已成为下毒的常用工具。手机用户阅读带有病毒的短信息后便会出现手机键盘被锁的后果。有的病毒甚至会破坏手机 IC 卡，每秒自动地向电话簿中的每个号码分别发送垃圾短信。

（4）在公共场所不要打开蓝牙。作为近距离无线传输工具的蓝牙，虽然传输速度有点慢，但是传染病毒时它并不落后。

（5）对手机病毒进行查杀。

5. 查杀手机病毒的措施

目前查杀手机病毒的主要技术措施有两种：一是通过无线网站对手机进行杀毒；二是通过手机的 IC 接入口、红外传输或蓝牙传输进行杀毒。现在的智能手机，为了禁止非法利用该功能，可采取以下安全性措施。

（1）将执行 Java 小程序的内存和存储电话簿等功能的内存分割开来，从而禁止小程序访问。

（2）已经下载的 Java 小程序只能访问保存该小程序的服务器。

（3）当小程序试图利用手机的硬件功能时（如使用拨号功能打电话或发送短信等）便会发出警报。

手机病毒影响面广、破坏力强，故不可对其掉以轻心。不过只要做足防范措施，便可安全使用。

4.6 习　题

一、填空题

1. 计算机病毒按传染方法分类，可以分为_____、_____、_____。

2. 计算机病毒是指_____。

3. 计算机单机使用时，传染计算机病毒的主要渠道是通过_____。

4. 计算机病毒是指能够入侵计算机系统并在计算机系统中潜伏、传播、破坏系统正常工作的一种具有繁殖能力的_____。

5. 特洛伊木马危险很大，但程序本身无法自我_____，故严格来说不能算是病毒。

二、选择题

1. 下面是关于计算机病毒的两种论断，经判断（　　　）。

①计算机病毒也是一种程序，它在某些条件下激活，起干扰破坏作用，并能传染给其他程序；②计算机病毒只会破坏磁盘上的数据。

  A. 只有①正确　　　　　　　　　B. 只有②正确

  C. ①和②都正确　　　　　　　　D. ①和②都不正确

2. 通常所说的"计算机病毒"是指（　　　）。

  A. 细菌感染　　　　　　　　　　B. 生物病毒感染

  C. 被损坏的程序　　　　　　　　D. 特制的具有破坏性的程序

3. 对于已感染了病毒的 U 盘，最彻底的清除病毒的方法是（　　　）。

  A. 用酒精将 U 盘消毒　　　　　　B. 放在高压锅里煮

  C. 将感染病毒的程序删除　　　　D. 对 U 盘进行格式化

4. 计算机病毒造成的危害是（　　　）。

  A. 使磁盘发霉　　　　　　　　　B. 破坏计算机系统

  C. 使计算机内存芯片损坏　　　　D. 使计算机系统突然宕机

5. 计算机病毒的危害性表现在（　　　）。

  A. 能造成计算机器件永久性失效

  B. 影响程序的执行，破坏用户数据与程序

  C. 不影响计算机的运行速度

  D. 不影响计算机的运算结果，不必采取措施

6. 计算机病毒对于操作计算机的人（　　　）。

  A. 只会感染，不会致病　　　　　B. 会感染致病

C. 不会感染　　　　　　　　　　D. 会有厄运

7. 以下措施不能防止计算机病毒的是（　　　）。

A. 保持计算机清洁

B. 先用杀病毒软件将从别人机器上拷来的文件清查病毒

C. 不用来历不明的 U 盘

D. 经常关注防病毒软件的版本升级情况，并尽量取得最高版本的防毒软件

8. 下列选项中，不属于计算机病毒特征的是（　　　）。

A. 潜伏性　　　　　B. 传染性　　　　　C. 激发性　　　　　D. 免疫性

9. 宏病毒可感染下列的（　　　）文件。

A. exe　　　　　　B. doc　　　　　　C. bat　　　　　　D. txt

三、简答题

1. IE 的清理使用痕迹功能都可以清除哪些使用痕迹？

2. 计算机病毒的定义是什么？

3. 什么是木马？

4. 木马有哪些危害？

5. 如何预防木马？

项目 5　使用 Wireshark 防护网络

5.1　项 目 导 入

网络攻击与网络安全是紧密结合在一起的，要研究网络的安全性，就得研究网络攻击手段。在网络这个不断更新换代的世界里，网络中的安全漏洞无处不在，即便旧的安全漏洞补上了，新的安全漏洞又将不断涌现。网络攻击正是利用这些存在的漏洞和安全缺陷对系统和资源进行攻击。在这样的环境中，我们每一个人都有可能面临着安全威胁，都有必要对网络安全有所了解，并能够处理一些安全方面的问题。

5.2　职 业 能 力 目 标 和 要 求

Wireshark 就是网络嗅探行为，或者叫网络窃听器。它工作在网络底层，通过对局域网上传输的各种信息进行嗅探、窃听，从而获取重要信息。Wireshark 是一个可视化网络分析软件，它主要通过 sniffer 这种网络嗅探行为，监控、检测网络传输以及网络的数据信息，具体用来被动监听、捕捉、解析网络上的数据包并做出各种相应的参考数据分析。由于其具有强大的网络分析功能和全面的协议支持性，所以被广泛应用在网络状态监控及故障诊断等方面。当然，Wireshark 也可能被黑客或不良用心的人用来窃听并窃取某些重要信息和以此进行网络攻击等。

学习完本项目，可以达到以下职业能力目标和要求。

- 熟悉 Wireshark 的安装。
- 掌握使用 Wireshark 来分析网络信息。
- 掌握 Wireshark 在网络维护中的应用。
- 了解蜜罐系统。
- 学会蜜罐系统的部署。
- 了解拒绝服务攻击的原理。
- 掌握利用 Wireshark 捕获拒绝服务攻击中的数据包。

5.3　相 关 知 识

5.3.1　网络嗅探

1. Wireshark 的工作原理

在采用以太网技术的局域网中，所有的通信都是按广播方式进行，通常在同一个网段的所有网络接口都可以访问在物理媒体上传输的所有数据。但一般来说，一个网络接口并不响应所有的数据报文，因为数据的收 / 发是由网卡来完成的，网卡解析数据帧中的目的 MAC 地址，并根据网卡驱动程序设置的接收模式判断该不该接收。在正常的情况下，它只响应目的 MAC 地址为本机硬件地址的数据帧或本 VLAN 内的广播数据报文。但如果把网卡的接收模式设置为混杂模式，网卡将接收所有传递给它的数据包。即在这种模式下，不管该数据是否是传给它的，它都能接收，在这样的基础上，Wireshark 采集并分析通过网卡的所有数据包，就达到了嗅探检测的目的，这就是 Wireshark 工作的基本原理。

2. Wireshark 在网络维护中的应用

Wireshark 在网络维护中主要是利用其流量分析和查看功能，解决局域网中出现的网络传输质量问题。

（1）广播风暴。广播风暴是局域网最常见的一个网络故障。网络广播风暴的产生，一般是由于客户机被病毒攻击、网络设备损坏等故障引起的。可以使用 Wireshark 查看网络中哪些机器的流量最大，结合矩阵就可以看出哪台机器数据流量异常。从而可以在最短的时间内，判断网络的具体故障点。

（2）网络攻击。随着网络的不断发展，黑客技术吸引了不少网络爱好者。在大学校园里，一些初级黑客们开始拿校园网来做实验，DDoS 攻击成为一些黑客炫耀自己技术的一种手段。由于校园网本身的数据流量比较大，加上外部 DDoS 攻击，校园网可能会出现短时间的中断现象。对于类似的攻击，使用 Wireshark 软件可以有效判断网络是受广播风暴影响，还是受到来自外部的攻击。

（3）检测网络硬件故障。在网络中工作的硬件设备，只要有所损坏，数据流量就会出现异常，使用 Wireshark 可以轻松判断出存在物理损坏的网络硬件设备。

5.3.2 蜜罐技术

1. 蜜罐概述

蜜罐好比是情报收集系统，是故意让人攻击的目标，引诱黑客前来攻击。因为攻击者入侵后，你就可以知道他是如何得逞的，随时了解针对服务器发动的最新攻击和服务器的漏洞。还可以通过窃听黑客之间的联系，收集黑客所用的种种工具，并且掌握他们的社交网络。

设计蜜罐的初衷就是让黑客入侵，借此收集证据，同时隐藏真实的服务器地址，因此我们要求一台合格的蜜罐拥有发现攻击、产生警告、记录、欺骗、协助调查等功能。

2. 蜜罐应用

（1）迷惑入侵者，保护服务器。一般的客户 / 服务器模式里，浏览者是直接与网站服务器连接的，整个网站服务器都暴露在入侵者面前，如果服务器安全措施不够，那么整个网站数据都有可能被入侵者轻易毁灭。但是如果在客户 / 服务器模式里嵌入蜜罐，让蜜罐作为服务器角色，真正的网站服务器作为一个内部网络在蜜罐上做网络端口映射，这样可以把网站的安全系数提高。入侵者即使渗透了位于外部的"服务器"，他也得不到任何有价值的资料，因为他入侵的是蜜罐而已。虽然入侵者可以在蜜罐的基础上跳进内部网络，但那要比直接攻下一台外部服务器复杂得多，许多水平不足的入侵者只能望而却步。蜜罐也许会被破坏，可是不要忘记了，蜜罐本来就是被破坏的角色。

在这种用途上，蜜罐不能再设计得漏洞百出了。蜜罐既然成了内部服务器的保护层，就必须要求它自身足够坚固，否则整个网站都要拱手送人了。

（2）抵御入侵者，加固服务器。入侵与防范一直都是热点问题，而在其间插入一个蜜罐环节将会使防范变得有趣。这台蜜罐被设置得与内部网络服务器一样，当一个入侵者费尽力气入侵了这台蜜罐时，管理员已经收集到足够的攻击数据来加固真实的服务器。

（3）诱捕网络罪犯。"诱捕网络罪犯"是一个相当有趣的应用。当管理员发现一个普通的、使用客户/服务器模式的网站服务器已经牺牲成"肉鸡"时，如果技术能力允许，管理员会迅速修复服务器。如果是企业的管理员，他们会设置一个蜜罐，模拟出已经被入侵的状态，让入侵者在不起疑心的情况下乖乖被记录下一切行动证据，并可以轻易揪出 IP 源头的那双黑手。

5.3.3 拒绝服务攻击

1. 拒绝服务攻击概述

拒绝服务攻击即攻击者想办法让目标机器停止提供服务或资源访问，是黑客常用的攻击手段之一。这些资源包括磁盘空间、内存、进程甚至网络带宽，从而阻止正常用户的访问。其实对网络带宽进行的消耗性攻击只是拒绝服务攻击的一小部分。只要是对目标造成麻烦，使某些服务被暂停甚至主机死机的攻击，都属于拒绝服务攻击。拒绝服务攻击问题也一直得不到合理的解决，究其原因是网络协议本身的安全缺陷造成的，从而拒绝服务攻击也成为攻击者的终极手法。

2. SYN Flood 拒绝服务攻击的原理

SYN Flood 攻击（SYN 洪水攻击）是当前最流行的拒绝服务攻击之一，这是一种利用 TCP 缺陷，发送大量伪造的 TCP 连接请求，从而使被攻击方资源耗尽（CPU 满负荷或内存不足）的攻击方式。

SYN Flood 拒绝服务攻击是通过 TCP 三次握手而实现的。

首先，攻击者向被攻击服务器发送一个包含 SYN 标志的 TCP 报文，SYN（synchronize）即同步报文。同步报文会指明客户端使用的端口以及 TCP 连接的初始序号。这时与被攻击服务器建立了第一次握手。

其次，被攻击服务器在收到攻击者的 SYN 报文后，将返回一个 SYN+ACK 报文，表示攻击者的请求被接受。同时 TCP 序号被加一，ACK（acknowledgment）即确认，这样就与被攻击服务器建立了第二次握手。

最后，攻击者也返回一个确认报文 ACK 给被攻击服务器，同样 TCP 序列号被加一，到此一个 TCP 连接完成，三次握手完成。

拒绝服务攻击中，问题就出在 TCP 连接的三次握手中。假设一个用户向服务器发送了 SYN 报文后突然死机或掉线，那么服务器在发出 SYN+ACK 应答报文后是无法收到客户端的 ACK 报文的（第三次握手无法完成）。这种情况下服务器端一般会重试（再次发送 SYN+ACK 报文给客户端），并在等待一段时间后丢弃这个未完成的连接，这段时间我们称为 SYN 超时，一般来说这个时间是分钟的数量级（30 秒 ~2 分钟）。一个用户出现异常导致服务器的一个线程等待 1 分钟并不是什么很大的问题，但如果有一个恶意的攻击者大量模拟这种情况，服务器端将为了维护一个非常大的半连接列表而消耗非常多的资源。实际上如果服务器的 TCP/IP 栈不够强大，最后的结果往往是堆栈溢出崩溃——即使服务器端的系统足够强大，服务器端也将忙于处理攻击者伪造的 TCP 连接请求而无暇理睬客户的正常请求。此时从正常客户的角度来看，服务器失去响应，使服务器端受到了 SYN Flood 攻击。

5.4　项目实施

任务 5-1　使用 Wireshark 分析三次握手的过程

1. 捕获报文

（1）在计算机中单击打开 Wireshark 软件，单击本地网络接口 Ethernet0，如图 5-1 所示。

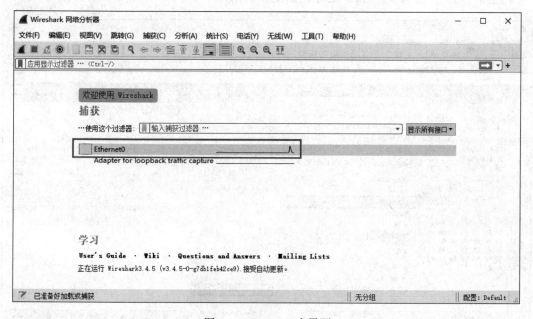

图 5-1　Wireshark 主界面

（2）打开计算机的浏览器，输入网址 www.baidu.com 并按 Enter 键，然后在主窗口菜单栏中，单击菜单栏的■按钮，如图 5-2 所示。

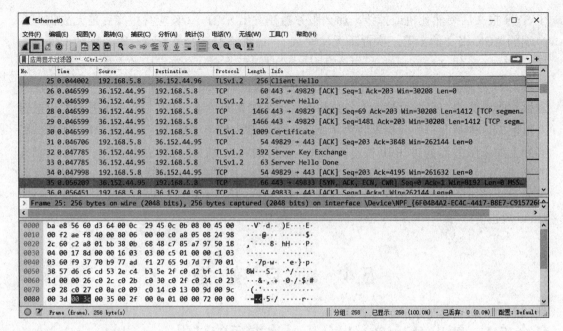

图 5-2　捕获界面

2. 分析报文

（1）在捕获报文后，首先我们要对报文进行过滤。右击一条报文，并在弹出的快捷菜单中选择"对话过滤器"→TCP命令，如图5-3所示。

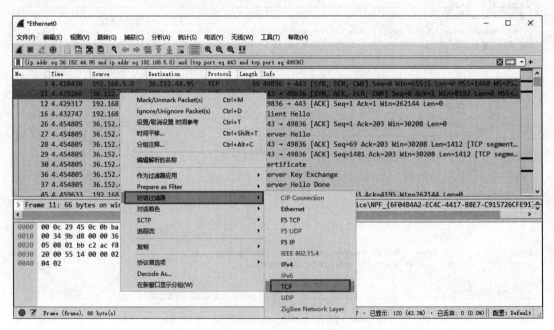

图 5-3　对话过滤器

（2）单击选中第一条报文，然后在下方窗口单击"传输协议"用于查看数据包详情。第一次握手数据包的标志位为SYN，序列号为0，代表客户端请求建立连接，如图5-4所示。

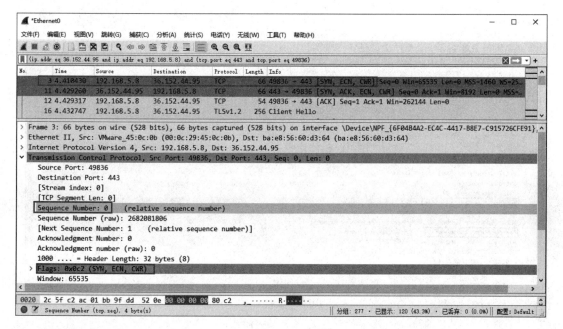

图 5-4 第一次握手

（3）单击选中第二条报文。第二次握手数据包的标志位为 SYN ACK，确认序列号为 0，如图 5-5 所示。

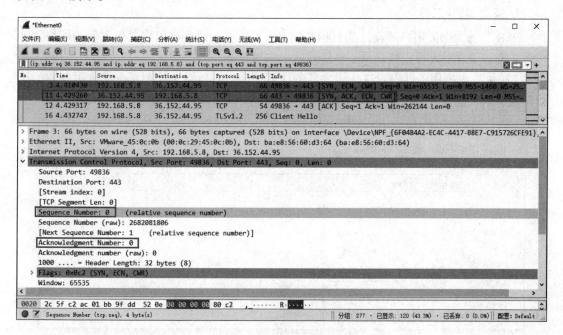

图 5-5 第二次握手

（4）单击选中第三条报文。客户端再次发送确认包（ACK），第三次握手数据包的序列号变为 1，标志位为 ACK，ACK 标志位为 1，如图 5-6 所示。

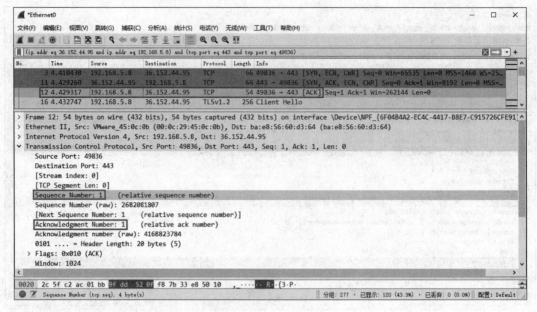

图 5-6　第三次握手

任务 5-2　部署 Web 服务器蜜罐

1. 安装 HFS 工具

HFS 是专为个人用户所设计的 HTTP 档案系统，这款软件可以提供更方便的网络文件传输系统。下载后无须安装，只要解压缩后单击执行 hfs.exe，便可架设完成个人 HFS，如图 5-7 所示。虚拟服务器将对这个服务器的访问情况进行监视，并把所有对该服务器的访问记录下来，包括 IP 地址、访问文件等。通过这些对黑客的入侵行为进行简单的分析。

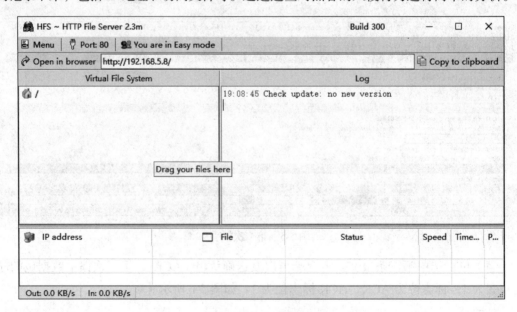

图 5-7　HFS 主界面

2. 部署与设置 HFS

在 HFS 窗格右击，并在弹出的快捷菜单中选择"新建文件夹"命令，即可新增虚拟档案资料夹，或者直接将想加入的档案拖拽至此窗口，便可架设完成个人 HFS，如图 5-8 所示。

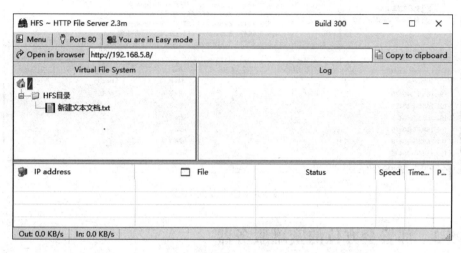

图 5-8　HFS

3. 监视监控

（1）在主机 B（192.168.5.9）的浏览器中输入主机 A 的 IP 地址 192.168.5.8，并下载测试文件（如果服务页面无法打开，则需要关闭防火墙），如图 5-9 所示。

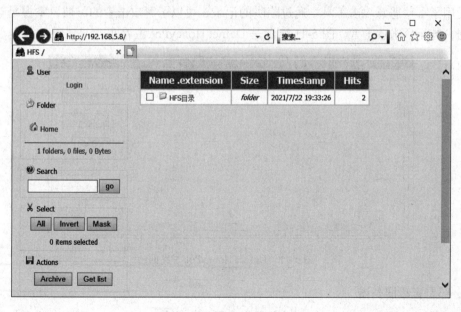

图 5-9　主机 B 浏览器操作

（2）转到主机 A 中，打开 HFS 就可以监视到主机 B 的操作，如图 5-10 所示，HFS 会自动监听并在主界面显示攻击者的访问操作记录。

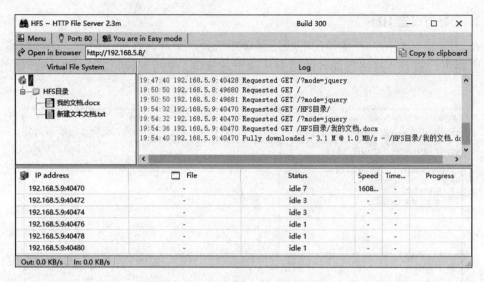

图 5-10　主机 A 的 HFS

任务 5-3　部署全方位的蜜罐服务器

1. Defnet HoneyPot 工具

Defnet HoneyPot 是一款著名的"蜜罐"虚拟系统，它会虚拟一台有"缺陷"的服务器，等着恶意攻击者上钩。利用该软件虚拟出来的系统和真正的系统看起来没有什么两样，但它是为恶意攻击者布置的陷阱。通过它可以看到攻击者都执行了哪些命令，进行了哪些操作，使用了哪些恶意攻击工具。通过陷阱的记录，可以了解攻击者的习惯，掌握足够的攻击证据，甚至反击攻击者。图 5-11 所示是 Defnet HoneyPot 主界面。

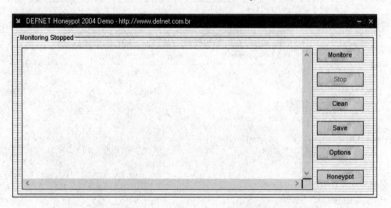

图 5-11　Defnet HoneyPot 主界面

2. 部署蜜罐服务器

（1）单击运行 Defnet HoneyPot，在程序主界面右侧单击 Honeypot 按钮，弹出如图 5-12 所示的设置对话框。在设置对话框中，可以虚拟 Web Server、FTP Server、SMTP Server、Finger Server、POP3 Server 和 Telnet Server 等常规网站提供的服务。

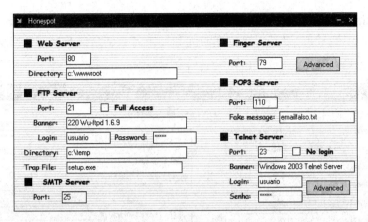

图 5-12　设置对话框

（2）要虚拟一个 FTP Server 服务，则可单击选中相应服务 FTP Server 复选框，可以给恶意攻击者 Full Access 权限。并可设置好 Directory 项，用于指定伪装的文件目录项，如图 5-13 所示。

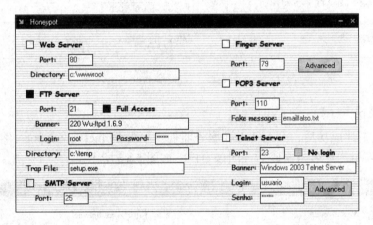

图 5-13　FTP Server

（3）在 Finger Server 的 Advanced 高级设置项中，可以设置多个用户。admin 用户伪装成管理员用户，其提示信息是 Administrator，即管理员组用户，并且可以允许 40 个恶意攻击者同时连接该用户，如图 5-14 所示。

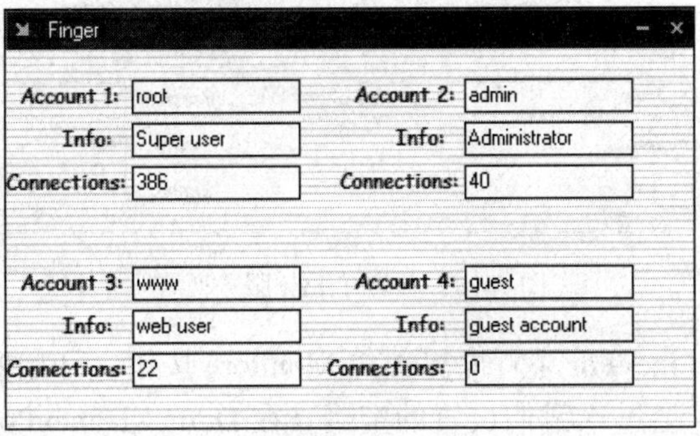

图 5-14　Finger Server

（4）在 Telnet Server 的高级设置项中，还可以伪装 Drive（驱动器盘符）、volume（卷标）、serial no（序列号），以及目录创建时间和目录名、剩余磁盘空间、MAC 地址、网卡类型等，如图 5-15 所示。

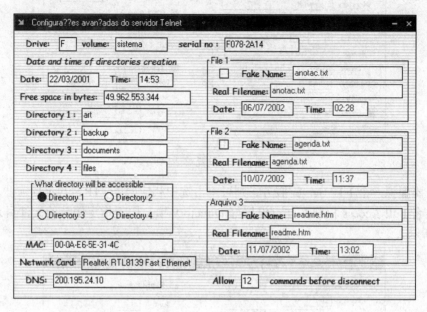

图 5-15　Telnet Server

3. 开启监视

（1）蜜罐搭建成功后，开启 Telnet 服务监控。单击 Defnet Honeypot，然后选中 Telnet Server，设置一个用户名与密码后关闭该窗口，如图 5-16 所示。

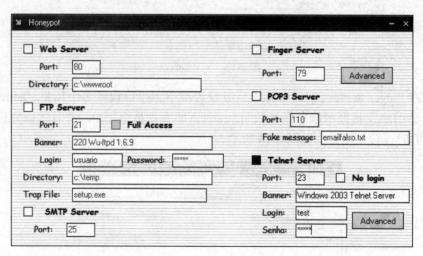

图 5-16　开启 Telnet 服务监控

（2）单击 Defnet HoneyPot 主程序界面的 Monitore 按钮，开始监视恶意攻击者。当有人攻击我们的系统时，会进入我们设置的蜜罐。在 Defnet HoneyPot 左面窗口中可以清楚地看到恶意攻击者都在做什么以及进行了哪些操作，如图 5-17 所示。

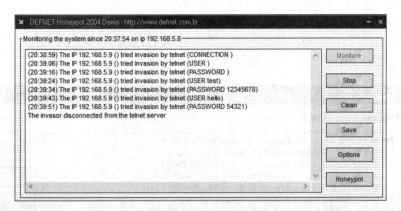

图 5-17 系统界面

（3）我们在计算机 B 中对本机（蜜罐服务器）进行 Telnet 连接，在这里使用 PuTTY 远程登录工具。在计算机 B 中双击打开 putty.exe。填写计算机 A 的 IP 地址（192.168.5.8），然后选中 Other 单选按钮以及 Telnet 选项，最后单击 Open 按钮，如图 5-18 所示。

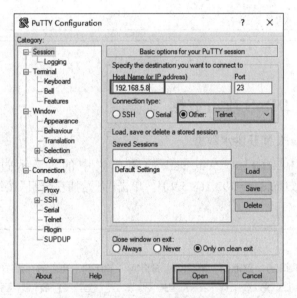

图 5-18 PuTTY 远程登录界面

（4）在 PuTTY 软件界面单击 Open 按钮后会弹出 PuTTY Telnet 窗口，然后我们尝试模拟登录用户账户与密码，如图 5-19 所示。

图 5-19 PuTTY Telnet 的使用界面

（5）从信息中，我们可以看到攻击者分别用 test 账户与空密码、test 账户与 12345 密码进行探视，结果均告失败。然后用 test 账户和 54321 密码进入系统。接下来用 dir 命令查看了目录、系统用户，如图 5-20 所示。

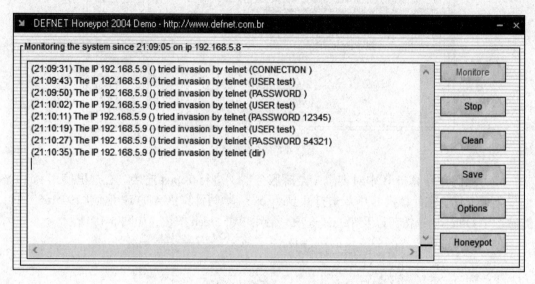

图 5-20　蜜罐监控分析

任务 5-4　监控 DDoS 攻击数据

1. 使用 Wireshark 捕获洪水数据

在计算机 A（192.168.5.8）Wireshark 的菜单栏中的"显示过滤器"输入"（ip.src==192.168.5.8）&&（ip.dst==192.168.5.9）"。单击"开始捕获分组"按钮，开始捕获数据包，如图 5-21 所示。

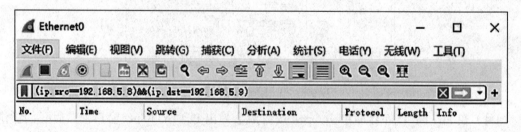

图 5-21　Wireshark 过滤器

过滤规则定义 192.168.163.8 为被攻击的主机 A 的 IP 地址以及 192.168.5.9 为攻击主机 B 的 IP 地址。

2. 设置性能监视器

（1）在被攻击主机 A 上，启动被攻击主机系统"性能监视器"，监视在遭受到洪水攻击时本机 CPU、内存消耗情况。打开"控制面板"，单击"管理工具"，然后依次单击左侧的"监控工具"和"性能监视器"选项，右侧窗格显示监视结果，如图 5-22 所示。

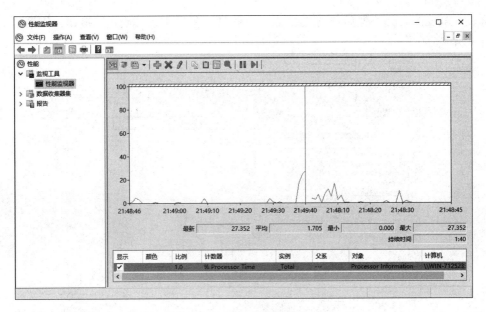

图 5-22　性能监视器

（2）在监视视图区右击，并在弹出的快捷菜单中选择"属性"命令，打开"性能监视器 属性"对话框，如图 5-23 所示。

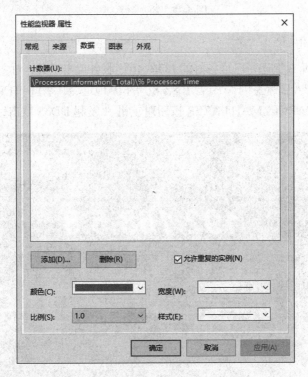

图 5-23　"性能监视器 属性"对话框

（3）在"数据"选项卡中将列表框中的 \Processor Information（_Total）\% Processor Time 条目删除；单击"添加 ..."按钮，打开"添加计数器"对话框，选择 TCPv4，选中

Segments Received/sec，然后单击"添加 >>"按钮，最后单击"确定"按钮，使策略生效，如图 5-24 所示。

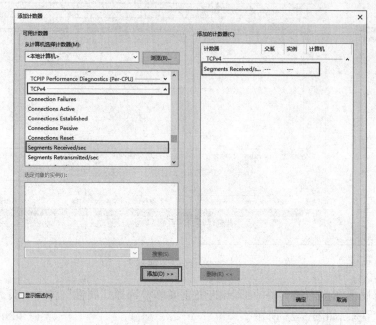

图 5-24　添加计数器

3. 发起洪水攻击

（1）在攻击主机 B 上运行已准备好的 LOIC 拒绝服务攻击工具，对主机 A 进行 DDoS 攻击，在界面中需要输入目标主机 A（192.168.5.8）的 IP 地址、80 端口、TCP 以及 100000 线程，最后单击 IMMA CHARGIN MAH LAZER 按钮对主机 A 发起 DDoS 攻击，如图 5-25 所示。

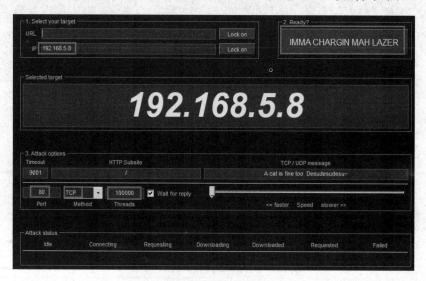

图 5-25　LOIC 界面

（2）攻击后，在被攻击主机观察"性能"监控程序中图形变化，并观察内存的使用状况，比较攻击前后系统性能变化情况，如图 5-26 所示。

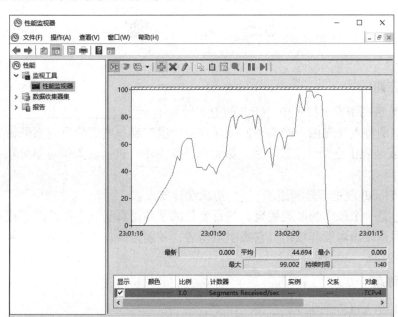

图 5-26　被攻击主机性能监视器

（3）攻击者停止洪水发送，并停止协议分析器捕获，分析攻击者与被攻击主机的 TCP
会话数据。对 Wireshark 所捕获到的数据包进行分析，观察在攻击者对被攻击主机开放的
TCP 端口进行 DDoS 攻击时的三次握手情况，如图 5-27 所示。

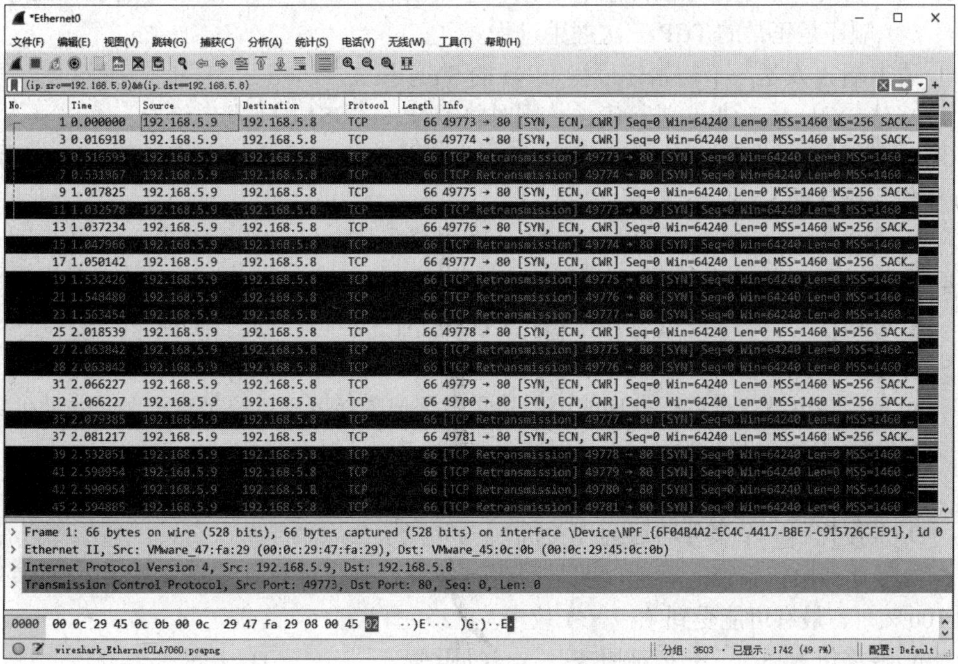

图 5-27　Wireshark 捕获界面

5.5 习 题

一、填空题

1. 在计算机网络安全技术中，DoS 的中文译名是＿＿＿＿＿＿＿＿＿＿＿＿＿＿＿。

2. ＿＿＿＿＿的特点是先用一些典型的黑客入侵手段控制一些高带宽的服务器，然后在这些服务器上安装攻击进程，集数十台、数百台甚至上千台机器的力量对单一攻击目标实施攻击。

3. SYN Floodi 攻击即是利用了＿＿＿＿＿协议设计弱点。

4. ＿＿＿＿＿是一个孤立的系统集合，其首要目的是利用真实或模拟的漏洞或系统配置中的＿＿＿＿＿，引诱攻击者发起攻击。它吸引攻击者，并能记录攻击者的活动，从而更好地理解攻击者的攻击。

二、选择题

1. 网络监听是（　　　）。
    A. 远程观察一个用户的计算机　　　　B. 监视网络的状态、传输的数据流
    C. 监视 PC 系统的运行情况　　　　　D. 监视一个网络的发展方向

2. Wireshark 实际上是在 OSI 模型的（　　　）层抓取数据。
    A. 物理层　　　　　　　　　　　B. 数据链路层
    C. 网络层　　　　　　　　　　　D. 传输层

3. TCP 是攻击者攻击方法的思想源泉，主要问题存在于 TCP 的三次握手协议上，以下（　　　）顺序是正常的 TCP 三次握手过程。

① 请求端 A 发送一个初始序号为 ISNa 的 SYN 报文。

② A 对 SYN+ACK 报文进行确认，同时将 ISNa+1、ISNb+1 发送给 B。

③ 被请求端 B 收到 A 的 SYN 报文后，发送给 A 自己的初始序列号 ISNb，同时将 ISNa+1 作为确认的 SYN+ACK 报文。
    A. ①②③　　　　　B. ①③②　　　　　C. ③②①　　　　　D. ③①②

4. DDoS 攻击破坏网络的（　　　）。
    A. 可用性　　　　B. 保密性　　　　C. 完整性　　　　D. 真实性

5. 拒绝服务攻击（　　　）。
    A. 是用超出被攻击目标处理能力的海量数据包消耗可用系统带宽资源等方法的攻击
    B. 全称是 Distributed Denial of Service
    C. 拒绝来自一个服务器所发送回应请求的命令
    D. 入侵控制一个服务器后远程关机

6. 当感觉到操作系统运行速度明显减慢，而且打开任务管理器后发现 CPU 的使用率达到 100％时，最有可能受到（　　　）攻击。
    A. 特洛伊木马　　　B. 拒绝服务　　　　C. 欺骗　　　　　D. 中间人

7. 死亡之 ping、泪滴攻击等都属于（　　　）攻击。

　A. 漏洞　　　　　　　B. DoS　　　　　　C. 协议　　　　　　　D. 格式字符

三、简答题

1. 什么是网络嗅探？简述在局域网上实现监听的基本原理。

2. 如何防范网络监听？

3. 什么是蜜罐系统？

4. 什么是拒绝服务攻击？

5. 拒绝服务攻击是如何导致的？说明 SYN Flood 攻击导致拒绝服务的原理。

项目6 数据加密

6.1 项目导入

在网络安全日益受到关注的今天，加密技术在各方面的应用也越来越突出和重要，在各方面都表现出举足轻重的作用。本项目主要介绍加密技术的应用。首先概述了加密技术的概念及其分类，然后主要阐述了加密技术在一些方面的应用，主要的应用方面是 PGP 的安装、密钥对的生成、文件加密签名的实现、电子邮件加密/解密等。进行这些操作前必须首先要对该内容有一个大概的理解，才使整个实验做起来不那么盲目，在本次实验后，我们会加深对数字签名及公钥密码算法的理解。

6.2 职业能力目标和要求

和防火墙配合使用的数据加密技术，是为提高信息系统和数据的安全性和保密性，防止秘密数据被外部破译而采用的主要技术手段之一。在技术上分别从软件和硬件两方面采取措施。按照作用的不同，数据加密技术可分为数据传输加密技术、数据存储加密技术、数据完整性的鉴别技术和密钥管理技术。

学习完本项目，可以达到以下职业能力目标和要求。
- 了解并掌握古典与现代密码学的基本原理与简单算法。
- 掌握 Windows 10 加密文件系统的应用。
- 掌握 PGP 的安装、密钥对的生成。
- 掌握使用 PGP 对文件加密/解密及签名。
- 掌握使用 PGP 对电子邮件加密/解密及签名。
- 了解 PKI 与证书服务的工作原理。

6.3 相关知识

6.3.1 密码技术基本概念

加密技术是最常用的安全保密手段，利用技术手段把重要的数据变为乱码（加密）传送，到达目的地后再用相同或不同的手段还原（解密）。

- 明文。采用密码方法可以隐蔽和保护机密消息，使未授权者不能提取信息，被隐蔽的消息称作明文。
- 密文。密码可将明文变换成另一种隐蔽形式，称为密文。
- 加密。这种由明文到密文的变换称为加密。
- 解密（或脱密）。由合法接收者从密文恢复出明文的过程称为解密（或脱密）。
- 破译。非法接收者试图从密文分析出明文的过程称为破译。
- 加密算法。对明文进行加密时采用的一组规则称为加密算法。
- 解密算法。对密文解密时采用的一组规则称为解密算法。
- 密钥。加密算法和解密算法是在一组仅有合法用户知道的秘密信息（称为密钥）的控制下进行的，加密和解密过程中使用的密钥分别称为加密密钥和解密密钥，如图 6-1 所示。

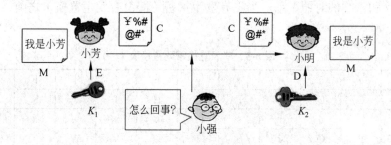

图 6-1　数据加密过程

6.3.2　古典加密技术

密码研究已有数千年的历史。许多古典密码虽然已经经受不住现代手段的攻击，但是它们在密码研究史上的贡献还是不可否认的，甚至许多古典密码思想至今仍然被广泛使用。为了使读者对密码有一个更加直观的认识，这里介绍几种非常简单但却非常著名的古典密码体制。

1. 代替密码

Caesar 密码是传统的代替加密法，当没有发生加密（即没有发生移位）之前，其置换表如表 6-1 所示。

表 6-1　Caesar 置换表 1

a	b	c	d	e	f	g	h	i	j	k	l	m
A	B	C	D	E	F	G	H	I	J	K	L	M
n	o	p	q	r	s	t	u	v	w	x	y	z
N	O	P	Q	R	S	T	U	V	W	X	Y	Z

加密时每一个字母向前推移 k 位，当 $k=5$ 时，置换表如表 6-2 所示。

表 6-2　Caesar 置换表 2

a	b	c	d	e	f	g	h	i	j	k	l	m
F	G	H	I	J	K	L	M	N	O	P	Q	R
n	o	p	q	r	s	t	u	v	w	x	y	z
S	T	U	V	W	X	Y	Z	A	B	C	D	E

于是对于明文：

data security has evolved rapidly

经过加密后就可以得到密文：

IFYF XJHZWNYD MFX JATQAJI WFUNIQD

2. 单表置换密码

单表置换密码也是一种传统的代替密码算法，在算法中维护着一个置换表，这个置换表记录了明文和密文的对照关系。当没有发生加密（即没有发生置换）之前，其置换表如表 6-3 所示。

表 6-3　单表置换密码置换表 1

a	b	c	d	e	f	g	h	i	j	k	l	m
A	B	C	D	E	F	G	H	I	J	K	L	M
n	o	p	q	r	s	t	u	v	w	x	y	z
N	O	P	Q	R	S	T	U	V	W	X	Y	Z

在单表置换算法中，密钥是由一组英文字符和空格组成的，称为密钥词组。例如，当输入密钥词组 I LOVE MY COUNTRY 后，对应的置换表如表 6-4 所示。

表 6-4　单表置换密码置换表 2

a	b	c	d	e	f	g	h	i	j	k	l	m
I	L	O	V	E	M	Y	C	U	N	T	R	A
n	o	p	q	r	s	t	u	v	w	x	y	z
B	D	F	G	H	J	K	P	Q	S	W	X	Z

在表 6-4 中，ILOVEMYCUNTR 是密钥词组 I LOVE MY COUNTRY 略去前面已出现过的字符 O 和 Y 依次写下的。后面 ABD…WXZ 则是密钥词组中未出现的字母按照英文字母表顺序排列成的，密钥词组可作为密码的标志，记住这个密钥词组就能掌握字母加密置换的全过程。

这样对于明文 data security has evolved rapidly，按照表 6-4 的置换关系，就可以得到密文 VIKI JEOPHUKX CIJ EQDRQEV HIFUVRX。

6.3.3　对称加密及 DES 算法

1. 对称加密

如图 6-2 所示，对称加密采用了对称密码编码技术，它的特点是文件加密和解密使用相同的密钥，即加密密钥也可以用作解密密钥，这种方法在密码学中叫作对称加密算法。

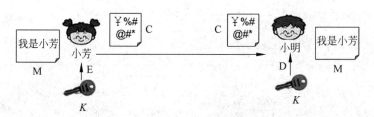

图 6-2　对称加密

2. DES 算法

DES（data encryption standard）是在 20 世纪 70 年代中期由美国 IBM 公司发展出来的，且被美国国家标准局公布为数据加密标准的一种分组加密法。

DES 属于分组加密法，而分组加密法就是对一定大小的明文或密文来做加密或解密动作。在这个加密系统中，其每次加密或解密的分组大小均为 64 位，所以 DES 没有密码扩充问题。一方面，对明文做分组切割时，可能最后一个分组会小于 64 位，此时要在此分组之后附加 0 位。另一方面，DES 所用的加密或解密密钥也是 64 位大小，但因其中有 8 个位是用来做奇偶校验，所以 64 位中真正起密钥作用的只有 56 位。加密与解密所使用的算法除了子密钥的顺序不同之外，其他部分则是完全相同的。

3. DES 算法的原理

DES 算法的入口参数有 3 个：Key、Data 和 Mode。其中 Key 为 64 位，是 DES 算法的工作密钥。Data 也为 64 位，是要被加密或解密的数据。Mode 为 DES 的工作方式有两种，分别为加密或解密。

如 Mode 为加密，则用 Key 对数据 Data 进行加密，生成 Data 的密码形式（64 位），作为 DES 的输出结果。

如果 Mode 为解密，则用 Key 对密码形式的数据 Data 进行解密，还原为 Data 的明码形式（64 位），作为 DES 的输出结果。

4. 算法实现步骤

实现加密需要 3 个步骤，如图 6-3 所示。

（1）变换明文。对给定的 64 位明文 $x.$，首先通过一个置换 IP 表来重新排列 $x.$，从而构造出 64 位的 x_0，x_0=IP（x）=L_0R_0，其中 L_0 表示 x_0 的前 32 位，R_0 表示 x_0 的后 32 位。

（2）按照规则迭代。规则如下：

$$L_i=R_{i-1}$$
$$R_i=L_i \oplus f（R_{i-1}, K_i）（i=1,2,3,\cdots,16）$$

经过第 1 步变换已经得到 L_0 和 R_0 的值，其中符号 $\oplus$ 表示数学运算"异或"，f 表示一种置换，由 S 盒置换构成，K_i 是一些由密钥编排函数产生的比特块。f 和 K_i 将在后面进行介绍。

（3）对 $L_{16}R_{16}$ 利用 IP^{-1} 做逆置换，就得到了密文 y_0 加密过程。

137

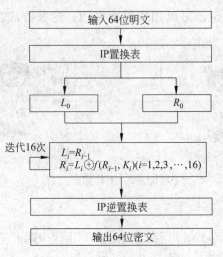

图 6-3　DES 算法加密

1）IP（初始置换）置换表和 IP^{-1} 逆置换表

输入的 64 位数据按 IP 表置换进行重新组合，并把输出分为 L_0 和 R_0 两部分，每部分各 32 位，其 IP 置换表如表 6-5 所示。

表 6-5　IP 置换表

58	50	12	34	26	18	10	2	60	52	44	36	28	20	12	4
62	54	46	38	30	22	14	6	64	56	48	40	32	24	16	8
57	49	41	33	25	17	9	1	59	51	43	35	27	19	11	3
61	53	45	37	29	21	1	35	63	55	47	39	31	23	15	7

将输入的 64 位明文的第 58 位换到第 1 位，第 50 位换到 2 位，依次类推，最后一位是原来的第 7 位。L_0 和 R_0 则是换位输出后的两部分，L_0 是输出的左 32 位，R_0 是右 32 位。比如，置换前的输入值为 $D_1D_2D_3\cdots D_{64}$，则经过初置换后的结果为：$L_0=D_{58}D_{50}\cdots D_8$，$R_0=D_{57}D_{49}\cdots D_7$。

经过 16 次迭代运算后得到 L_{16} 和 R_{16}，将此作为输入进行逆置换，即得到密文输出。逆置换正是初始值的逆运算。例如，第 1 位经过初始置换后，处于第 40 位，而通过逆置换 IP-1，又将第 40 位换回到第 1 位，其 IP^{-1} 逆置换表如表 6-6 所示。

表 6-6　IP^{-1} 逆置换表

40	8	48	16	56	24	64	32	39	7	47	15	55	23	63	31
38	6	46	14	54	22	62	30	37	5	45	13	53	21	61	29
36	4	44	12	52	20	60	28	35	3	43	11	51	19	59	27
34	2	42	10	50	18	58	26	33	1	41	9	49	17	57	25

2）函数 f

函数 f 有两个输入：32 位的 R_{i-1} 和 48 位 K_i。

E 变换的算法是从 R_{i-1} 的 32 位中选取某些位，构成 48 位，即 E 将 32 位扩展为 48 位。变换规则为 E 位选择表，如表 6-7 所示。

表 6-7　E（扩展置换）位选择表

32	1	2	3	4	5	6	5	6	7	8	9	8	9	10	11
12	13	12	13	14	15	16	15	16	17	18	19	20	21	20	21
22	23	24	25	24	25	26	27	28	29	28	29	30	31	32	1

K_i 是由密钥产生的 48 位比特串，具体的算法是：将 E 的选位结果与 K_i 作异或操作，得到一个 48 位输出。分成 8 组，每组 6 位，作为 8 个 S 盒的输入。

每个 S 盒输出 4 位，共 32 位。S 盒的输出作为 P 变换的输入，P 的功能是对输入进行置换，P 换位表如表 6-8 所示。

表 6-8　P（压缩置换）换位表

16	7	20	21	29	12	28	17	1	15	23	26	5	18	31	10
2	8	24	14	32	27	3	9	19	13	30	6	22	11	4	25

3）子密钥 K_i

假设密钥为 K，长度为 64 位，但是其中第 8、16、24、32、40、48、64 位用作奇偶校验位，实际上密钥长度为 56 位。K 的下标 i 的取值范围是 1~16，用 16 轮来构造。

首先，对于给定的密钥 K，应用 PC1 变换进行选位，选定后的结果是 56 位，设其前 28 位为 C_0，后 28 位为 D_0，如表 6-9 所示。

表 6-9　PC1 选位表

57	49	41	33	25	17	9	1	58	50	42	34	26	18
10	2	59	51	43	35	27	19	11	3	60	52	44	36
63	55	47	39	31	23	15	7	62	54	46	38	30	22
14	6	61	53	45	37	29	21	13	5	28	20	12	4

第一轮：对 C_0 做左移 LS1 得到 C_1，对 D_0 做左移 LS1 得到 D_1，其中 LS1 是左移的位数，如表 6-10 所示。

表 6-10　LS（循环左移）移位表

1	1	2	2	2	2	2	2	1	2	2	2	2	2	2	1

如表 6-11 所示，对 C_1D_1 应用 PC2，进行选位，得到 K_1。表的第 1 列是 LS1，第 2 列是 LS2，依次类推。左移的原理是所有二进位向左移动，原来最右边的比特位移动到最左边。

表 6-11　PC2 选位表

14	17	11	24	1	5	3	28	15	6	21	10
23	19	12	4	26	8	16	7	27	20	13	2
41	52	31	37	47	55	30	40	51	45	33	48
44	49	39	56	34	53	46	42	50	36	29	32

第二轮：对 C_1 和 D_1 做左移 LS2 操作，得到 C_2 和 D_2，进一步对 C_2D_2 应用 PC2 进行选位操作，得到 K_2，如此继续，分别得到 K_3、K_4、…、K_{16}。

4）S 盒的工作原理

S 盒以 6 位作为输入，而以 4 位作为输出，现以 S_1 为例说明其过程。假设输入为 $A=a_1a_2a_3a_4a_5a_6$，则 $a_2a_3a_4a_5$ 所代表的数是 0~15 的一个数，记为：$K=a_2a_3a_4a_5$；由 a_1a_6 所代表的数是 0~3 一个数，记为 $h=a_1a_6$。在 S_1 的 h 行、k 列找到一个数 B，B 在 0 到 15 之间，它可以用 4 位二进制表示，为 $B=b_1b_2b_3b_4$，这就是 S_1 的输出。S 盒由 8 张数据表组成，如表 6-12 所示。

表 6-12　S 盒的 8 张数据表

							S_1								
14	4	13	1	2	15	11	8	3	10	6	12	5	9	0	7
0	15	7	4	14	2	13	1	10	6	12	11	9	5	3	8
4	1	14	8	13	6	2	11	15	12	9	7	3	10	5	0
15	12	8	2	4	9	1	7	5	11	3	14	10	0	6	13

							S_2								
15	1	8	14	6	11	3	4	9	7	2	13	12	0	5	10
3	13	4	7	15	2	8	14	12	0	1	10	6	9	11	5
0	14	7	11	10	4	13	1	5	8	12	6	9	3	2	15
13	8	10	1	3	15	4	2	11	6	7	12	0	5	14	9

							S_3								
10	0	9	14	6	3	15	5	1	13	12	7	11	4	2	8
13	7	0	9	3	4	6	10	2	8	5	14	12	11	15	1
13	6	4	9	8	15	3	0	11	1	2	12	5	10	14	7
1	10	13	0	6	9	8	7	4	15	14	3	11	5	2	12

							S_4								
7	13	14	3	0	6	9	10	1	2	8	5	11	12	4	15
13	8	11	5	6	15	0	3	4	7	2	12	1	10	14	9
10	6	9	0	12	11	7	13	15	1	3	14	5	2	8	4
3	15	0	6	10	1	13	8	9	4	5	11	12	7	2	14

							S_5								
2	12	4	1	7	10	11	6	8	5	3	15	13	0	14	9
14	11	2	12	4	7	13	1	5	0	15	10	3	9	8	6
4	2	1	11	10	13	7	8	15	9	12	5	6	3	0	14
11	8	12	7	1	14	2	13	6	15	0	9	10	4	5	3

							S_6								
12	1	10	15	9	2	6	8	0	13	3	4	14	7	5	11
10	15	4	2	7	12	9	5	6	1	13	14	0	11	3	8
9	14	15	5	2	8	12	3	7	0	4	10	1	13	11	6
4	3	2	12	9	5	15	10	11	14	1	7	6	0	8	13

							S_7								
4	11	2	14	15	0	8	13	3	12	9	7	5	10	6	1
13	0	11	7	4	9	1	10	14	3	5	12	2	15	8	6
1	4	11	13	12	3	7	14	10	15	6	8	0	5	9	2
6	11	13	8	1	4	10	7	9	5	0	15	14	2	3	12

							S_8								
13	2	8	4	6	15	11	1	10	9	3	14	5	0	12	7
1	15	13	8	10	3	7	4	12	5	6	11	0	14	9	2

7	11	4	1	9	12	14	2	0	6	10	13	15	3	5	8
2	1	14	7	4	10	8	13	15	12	9	0	3	5	6	11

DES 算法的解密过程是一样的，区别仅仅在于第 1 次迭代时用子密钥 K_{15}，第 2 次用 K_{14}，最后一次用 K_0，算法本身并没有任何变化。DES 的算法是对称的，既可用于加密又可用于解密。

6.3.4 公开密钥及 RSA 算法

1. 公开密钥

如图 6-4 所示,非对称式加密就是加密和解密所使用的不是同一个密钥,通常有两个密钥,称为公钥和私钥,它们两个必须配对使用,否则不能打开加密文件。这里的公钥是指可以对外公布的,私钥则不能,只能由持有人一个人知道。它的优越性就在这里,如果使用对称式的加密方法,在网络上传输加密文件时很难把密钥告诉对方,不管用什么方法都有可能被别人窃听到。而非对称式的加密方法有两个密钥,且其中的公钥是可以公开的,也就不怕被别人知道,收件人解密时只要用自己的私钥即可,这样就很好地避免了密钥的传输安全性问题。

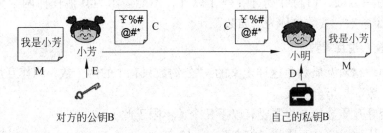

图 6-4 非对称加密

2. RSA 算法

RSA 是较早的、比较完善的公开密钥算法，它既能用于加密，也能用于数字签名。RSA 以它的三个发明者 Ron Rivest、Adi Shamir、Leonard Adleman 的名字首字母命名，如图 6-5 所示。这个算法经受住了多年深入的密码分析，虽然密码分析者既不能证明也不能否定 RSA 的安全性，但这恰恰说明该算法有一定的可信性，目前它已经成为非常流行的公开密钥算法。

图 6-5 RSA 公开密钥算法的发明人（从左到右依次为 Ron Rivest、Adi Shamir、LeonardAdleman，照片摄于 1978 年）

RSA 的安全基于大数分解的难度。其公钥和私钥是一对大素数（100~200 位十进制数或更大）的函数。从一个公钥和密文恢复出明文的难度，等价于分解两个大素数之积（这是公认的数学难题）的难度。

RSA 的公钥、私钥的组成，以及加密/解密的公式如表 6-13 所示。

表 6-13　RSA 的公式

名　　称	说　　　　明
公钥 KU	n：两素数 p 和 q 的乘积（p 和 q 必须保密） e：与（$p-1$）（$q-1$）互质
私钥 KR	n：同公钥 d：e^{-1}（mod（$p-1$）（$q-1$））
加密	$c \equiv m^e \bmod n$
解密	$m \equiv c^d \bmod n$

我们先复习一下数学上的几个基本概念，在后面的介绍中要用到它们。

3. 素数

素数是这样的整数：它除了能表示为它自己和 1 的乘积以外，不能表示为任何其他两个整数的乘积。例如，15＝3×5，所以 15 不是素数；又如，12＝6×2＝4×3，所以 12 也不是素数。另一方面，13 除了等于 13×1 以外，不能表示为其他任何两个整数的乘积，所以 13 是一个素数。素数也称为"质数"。

4. 互质数（或互素数）

小学数学教材对互质数是这样定义的："公约数只有 1 的两个数，叫作互质数。"这里所说的"两个数"是指自然数。

判别是否是互质数的方法主要有以下几个（不限于此）。

（1）两个质数一定是互质数，如 2 与 7，13 与 19。

（2）一个质数如果不能整除另一个合数，则这两个数为互质数，如 3 与 10，5 与 26。

（3）1 不是质数也不是合数，它和任何一个自然数在一起都是互质数，如 1 和 9908。

（4）相邻的两个自然数是互质数，如 15 与 16。

（5）相邻的两个奇数是互质数，如 49 与 51。

（6）大数是质数的两个数是互质数，如 97 与 88。

（7）小数是质数，大数不是小数倍数的两个数是互质数，如 7 和 16。

（8）两个数都是合数（二数差又较大），小数所有的质因数都不是大数的约数，则这两个数是互质数。例如，357 与 715，357＝3×7×17，而 3、7 和 17 都不是 715 的约数，则这两个数为互质数等。

5. 模指数运算

模运算是整数运算，有一个整数 m，以 n 为模做模运算，即 $m \bmod n$。怎样做呢？让 m 去被 n 整除，只取所得的余数作为结果，就叫作模运算。例如，10 mod 3=1；26 mod 6=2；28 mod 2 =0 等。模指数运算就是先做指数运算，取其结果再做模运算，如 5^3 mod 7=125 mod 7=6。

6. 算法描述

（1）选择一对不同的、足够大的素数 p 和 q。

（2）计算 $n=pq$。

（3）计算 $f(n)=(p-1)(q-1)$，同时对 p 和 q 严加保密，不让任何人知道。

（4）找一个与 $f(n)$ 互质的数 e，且 $1<e<f(n)$。

（5）计算 d，使 $de \equiv 1 \bmod f(n)$。这个公式也可以表达为

$$d \equiv e-1 \bmod f(n)$$

式中，$\equiv$ 是数论中表示同余的符号，$\equiv$ 符号的左边必须和符号右边同余，也就是两边模运算结果相同。

显而易见，不管 $f(n)$ 取什么值，符号右边 $1 \bmod f(n)$ 的结果都等于1，所以符号的左边 d 与 e 的乘积做模运算后的结果也必须等于1。这就需要计算出 d 的值，让这个同余等式能够成立。

（6）公钥 KU=(e,n)，私钥 KR=(d,n)。

（7）加密时，先将明文变换成 $0 \sim n-1$ 的一个整数 M。如果明文较长，可先分割成适当的组，然后进行交换。设密文为 C，则加密过程如下：

$$C \equiv Me(\bmod n)$$

（8）解密过程如下：

$$M \equiv Cd(\bmod n)$$

7. 实例描述

我们可以通过一个简单的例子来理解 RSA 的工作原理。为了便于计算，在以下实例中只选取小数值的素数 p、q 以及 e，假设用户 A 需要将明文 key 通过 RSA 加密后传递给用户 B，过程如下。

1）设计公私密钥 (e,n) 和 (d,n)

令 $p=3$，$q=11$，得出 $n=p \times q=3 \times 11=33$；$f(n)=(p-1)(q-1)=2 \times 10=20$；取 $e=3$（3与20互质），则 $e \times d \equiv 1 \bmod f(n)$，即 $3 \times d \equiv 1 \bmod 20$。$d$ 怎样取值呢？可以用试算的办法来寻找。试算结果如表 6-14 所示。

表 6-14 d 的取值

d	$e \times d=3 \times d$	$(e \times d) \bmod (p-1)(q-1)=(3 \times d) \bmod 20$
1	3	3
2	6	6
3	9	9
4	12	12
5	15	15
6	18	18
7	21	1
8	24	3
9	27	6

通过试算我们找到，当 $d=7$ 时，$e \times d \equiv 1 \bmod f(n)$ 同余等式成立。因此，可令

d=7。从而我们可以设计出一对公私密钥，加密密钥（公钥）为：KU =（*e*,*n*）=（3,33），解密密钥（私钥）为：KR =（*d*,*n*）=（7,33）。

2）明文数字化

将明文信息数字化，并将每块两个数字分组。假定明文英文字母编码表为按字母顺序排列数值，如表 6-15 所示。

表 6-15　英文字母编码表

字母	a	b	c	d	e	f	g	h	i	j	k	l	m
码值	01	02	03	04	05	06	07	08	09	10	11	12	13
字母	n	o	p	q	r	s	t	u	v	w	x	y	z
码值	14	15	16	17	18	19	20	21	22	23	24	25	26

则得到分组后的 key 的明文信息为：11，05，25。

3）明文加密

用户加密密钥（3,33）将数字化明文分组信息加密成密文。由 $C \equiv Me(\mathrm{mod}\ n)$ 得

$$M_1 \equiv (c_1)^d (\mathrm{mod}\ n) = 11^7 (\mathrm{mod}\ 33) = 11$$
$$M_2 \equiv (c_2)^d (\mathrm{mod}\ n) = 31^7 (\mathrm{mod}\ 33) = 05$$
$$M_3 \equiv (c_3)^d (\mathrm{mod}\ n) = 16^7 (\mathrm{mod}\ 33) = 25$$

因此，得到相应的密文信息为：11，26，16。

4）密文解密

用户 B 收到密文，如果将其解密，只需要计算 $M \equiv Cd(\mathrm{mod}\ n)$，即

$$M_1 \equiv (c_1)^d (\mathrm{mod}\ n) = 11^7 (\mathrm{mod}\ 33) = 11$$
$$M_2 \equiv (c_2)^d (\mathrm{mod}\ n) = 31^7 (\mathrm{mod}\ 33) = 05$$
$$M_3 \equiv (c_3)^d (\mathrm{mod}\ n) = 16^7 (\mathrm{mod}\ 33) = 25$$

因此，用户 B 得到明文信息为：11，05，25。根据上面的编码表将其转换为英文，我们又得到了恢复后的原文 key。

由于 RSA 算法的公钥私钥的长度（模长度）要到 1024 位甚至 2048 位才能保证安全，因此，*p*、*q*、*e* 的选取，公钥与私钥的生成，加密 / 解密模指数运算都有一定的计算程序，需要计算机高速完成。

6.3.5　数字证书

数字证书又称为数字标识，它提供了一种在 Internet 上进行身份验证的方式，是用来标志和证明网络通信双方身份的数字信息文件，与司机驾照或日常生活中的身份证相似。在网上进行电子商务活动时，交易双方需要使用数字证书来表明自己的身份，并使用数字证书来进行有关的交易操作。通俗地讲，数字证书就是个人或单位在 Internet 的身份证。

数字证书主要包括证书所有者的信息、证书所有者的公开密钥和证书颁发机构的签名。

在获得数字证书之前，你必须向一个合法的认证机构提交证书申请。你需要填写书面的申请表格（试用型数字证书除外），向认证中心的证书申请审核机构提交相关的身份证明材料以供审核。当你的申请通过审核并且交纳相关的费用后，证书申请审核机构会向你返回证书业务受理号和证书下载密码。通过这个证书业务受理号及下载密码，就可以到认证机构的网站上下载和安装证书了。

6.3.6 公钥基础设施（PKI）

1. 基本概念

随着 Internet 的普及，人们通过因特网进行的沟通越来越多，相应的通过网络进行的商务活动（即电子商务）也得到了广泛的发展。然而随着电子商务的飞速发展，也相应地引发了一些 Internet 安全问题。为了解决这些安全问题，世界各国对其进行了多年的研究，初步形成了一套完整的 Internet 安全解决方案，即时下被广泛采用的 PKI（public key infrastructure，公钥基础设施）。PKI 技术采用证书管理公钥，通过第三方可信任机构——认证中心（certificate authority，CA），把用户的公钥和用户的其他标识信息（如名称、E-mail、身份证号等）捆绑在一起，在 Internet 上验证用户的身份。眼下，通用的办法是采用基于 PKI 结构结合数字证书，通过把要传输的数字信息进行加密，保证信息传输的保密性、完整性，通过签名保证身份的真实性和抗抵赖性。

2. PKI 基本组成

PKI 是提供公钥加密和数字签名服务的系统或平台，目的是管理密钥和证书。一个机构通过采用 PKI 框架管理密钥和证书可以建立一个安全的网络环境。一个典型、完整、有效的 PKI 应用系统由以下五个部分组成。

（1）CA。CA 是 PKI 的核心，CA 负责管理 PKI 结构下的所有用户（包括各种应用程序）的证书，把用户的公钥和用户的其他信息捆绑在一起，在网上验证用户的身份。CA 还负责用户证书的黑名单登记和黑名单发布，后面有关于 CA 的详细描述。

（2）X.500 目录服务器。X.500 目录服务器用于发布用户的证书和黑名单信息，用户可通过标准的 LDAP 查询自己或其他人的证书和下载黑名单信息。

（3）具有高强度密码算法 SSL 的安全 WWW 服务器。secure socket layer（SSL）协议最初由 Netscape 企业发展，现已成为网络用来鉴别网站和网页浏览者身份，以及在浏览器使用者及网页服务器之间进行加密通信的全球化标准。

（4）Web（安全通信平台）。Web 有 Web Client 端和 Web Server 端两部分，分别安装在客户端和服务器端，通过具有高强度密码算法的 SSL 协议保证客户端和服务器端数据的机密性、完整性。

（5）自开发安全应用系统。自开发安全应用系统是指各行业自开发的各种具体应用系统，如银行、证券公司的应用系统等。

6.4 项 目 实 施

任务 6-1　使用 Windows 10 加密文件系统

1. EFS 的应用

Windows 2000 以上、NTFS V5 版本格式分区上的 Windows 操作系统提供了一个叫作 EFS（encrypting file system，加密文件系统）的新功能。EFS 加密是基于公钥策略的。在使用 EFS 加密一个文件或文件夹时，系统首先会生成一个由伪随机数组成的 FEK（file encryption key，文件加密钥匙），然后将利用 FEK 和数据扩展标准 X 算法创建加密后的文件，并把它存储到硬盘上，同时删除未加密的原始文件。随后系统利用你的公钥加密 FEK，并把加密后的 FEK 存储在同一个加密文件中。而在访问被加密的文件时，系统首先利用当前用户的私钥解密 FEK，然后利用 FEK 解密出文件。在首次使用 EFS 时，如果用户还没有公钥 / 私钥对（统称为密钥），则会首先生成密钥，然后加密数据。如果你登录域环境中，密钥的生成依赖域控制器，否则它就依赖本地机器。

2. EFS 的设置和使用

1）对文件 / 文件夹进行 EFS 加密操作

在 Windows 10 下对文件或者文件夹进行 EFS 加密很简单，具体操作如下。

步骤 1：在桌面或文件夹中右击需要加密的文件夹或文件，并在弹出的快捷菜单中选择"属性"命令，如图 6-6 所示。在"常规"选项卡中单击"高级"按钮，进入"高级属性"对话框，如图 6-7 所示。

图 6-6　快捷菜单

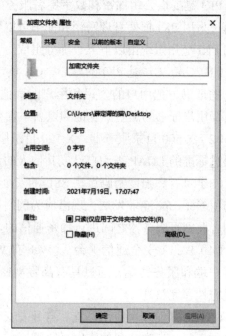

图 6-7　文件属性

步骤2：选中"加密内容以便保护数据"复选框，单击"确认"按钮即可，如图6-8所示。加密后的文件夹图标的右上角会有锁的标志，如图6-9所示。

图6-8 "高级属性"对话框　　　　　　　图6-9 加密后的图标

2）导出账户证书

此时 Windows 10 自动生成了一个对应账户的证书，为了数据的安全，我们可以导出证书。其步骤如下。

步骤1：打开证书。按 Win+R 组合键打开"运行"窗口，输入 certmgr.msc 命令，调出证书管理器，在证书当前用户下找到生成的证书，如图6-10所示。

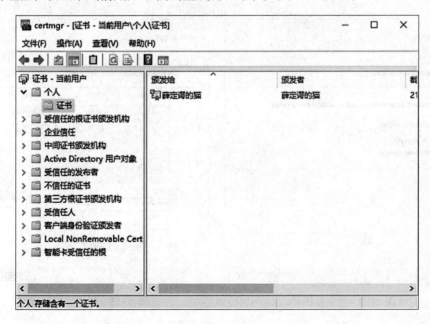

图6-10 证书窗口

步骤2：导出证书。右击证书，并在弹出的快捷菜单中选择"所有任务"命令，打开"证书导出向导"界面，如图6-11所示。

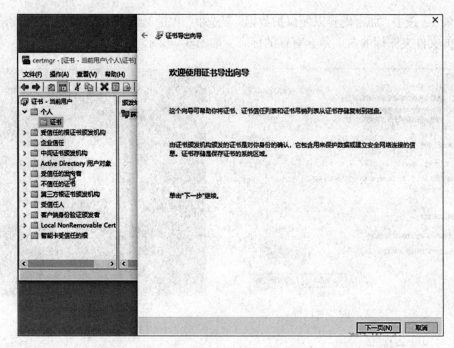

图 6-11　证书导出向导

步骤 3：选中"是，导出私钥"，单击"下一页"按钮，如图 6-12 所示，导出私钥。在"密码"文本框中输入保护私钥的密码，密码可任意设置，这里使用的是 qwertyui，单击"下一页"按钮，如图 6-13 所示。

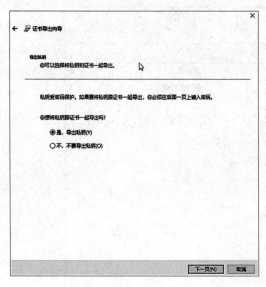

图 6-12　导出私钥

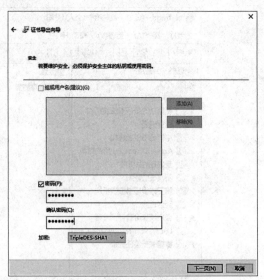

图 6-13　保护私钥的密码

步骤 4：指定要导出的文件名，单击"浏览"按钮，选择导出到加密文件夹下，命名为 secrets，如图 6-14 所示。再单击"下一步"按钮，完成证书导出，单击"完成"按钮，如图 6-15 所示。

图 6-14　导出的文件名

图 6-15　完成证书导出

总之，EFS 加密或依赖域控制器或依赖本地用户账户。如果不考虑 EFS 加密的强度，可以采用这种加密方式。如果采用脱机攻击的方式，破解了域控制器或者本地对应的用户账户，则 EFS 加密不攻自破。不过对于大多数用户来说，EFS 加密是一种操作系统带来的免费加密方式，可以应对大部分的非法偷窥或者复制，因此是一种不错的安全工具。

任务 6-2　安装 PGP 软件

PGP（pretty good privacy）是由美国的 Philip Zimmermann 创造的用于保护电子邮件和文件传输安全的技术，在学术界和技术界都得到了广泛的应用。PGP 的主要特点是使用单向散列算法对邮件 / 文件内容进行签名以保证邮件 / 文件内容的完整性，使用公钥和私钥技术以保证邮件 / 文件内容的机密性和不可否认性，是一款非常好的密码技术学习和应用软件。

本次实验安装的是在 Windows 10 系统下的 PGP 汉化版，软件安装包是从网络获取的资源，具体的安装步骤如下。

步骤 1：首先查看所给的软件包所包含的文件内容，如图 6-16 所示，为一般的 PGP 软件包所包含的文件，双击 setup 文件夹，打开文件夹后运行里面的 64 位安装文件 pgp.exe，本实验安装的版本为 10.0.3。

图 6-16　PGP 软件包

149

步骤 2：进入安装界面，安装并选择默认语言为 English，单击 OK 按钮，如图 6-17 所示。

步骤 3：选中 I accept the license agreement 复选框，接受安装协议，单击 Next 按钮，如图 6-18 所示。然后选中 Do not display the Release Notes 复选框，不显示发行说明，单击 Next 按钮，如图 6-19 所示。

图 6-17　选择语言安装

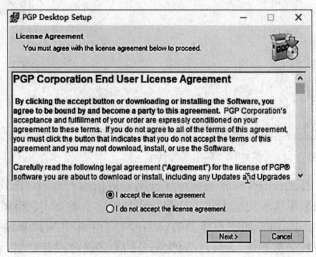

图 6-18　安装协议

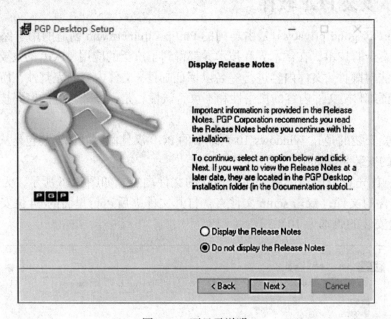

图 6-19　不显示说明

步骤 4：出现重启对话框，单击 No 按钮（不重新启动），如图 6-20 所示。这时回到 PGP 安装包，双击打开 keygen 文件夹里的 .exe 文件，单击 Patch 按钮（建议关闭声音），出现 Patching done 的提示后，单击"确定"按钮。接着重启系统，重启的时候记得关闭网络，如图 6-21 所示。

150

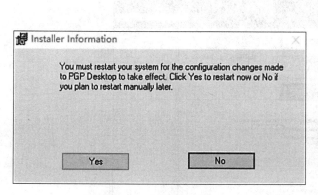

图 6-20 不重新启动   图 6-21 Patching done

步骤 5：进行汉化。双击打开 PGP 安装包的"中文包"文件夹，选择所有文件，右击，并在弹出的快捷菜单中选择"复制"命令，将它们粘贴到 C:\Program Files（x86）\Common Files\PGP Corporation\Strings 文件夹中，如图 6-22 所示。"替换或跳过文件"界面中选择"替换目标中的文件"选项，如图 6-23 所示。

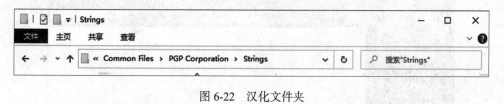

图 6-22 汉化文件夹

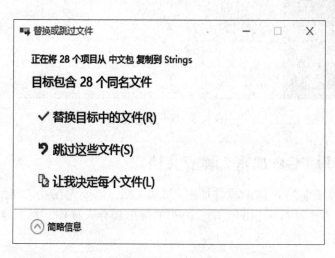

图 6-23 文件替换

步骤 6：PGP 软件安装完成之后，在桌面右下角任务栏找到 PGP 的锁型图标，双击打开。在主界面的菜单栏中单击选择 Tools 选项，在打开的 PGP Options 对话框中单击选中

General 在 Product Language 下拉列表框中选择 Deutsch 选项，即可汉化 PGP 软件，如图 6-24 所示。汉化成功界面如图 6-25 所示。

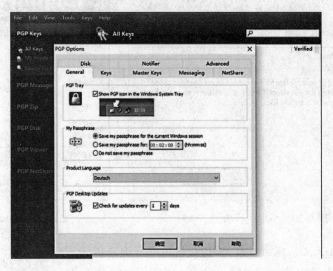

图 6-24　汉化 PGP

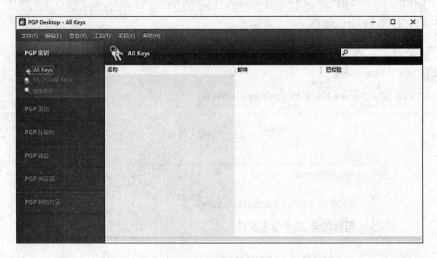

图 6-25　汉化成功界面

任务 6-3　使用 PGP 加密 / 解密文档

如果要使用刚安装好的 PGP 软件加密 / 解密文档，需要先在发送方和接收方的计算机上各自的 PGP 软件上进行密钥的生成、公钥的导出和导入操作，然后才能进行双方文档的加密 / 解密操作。

1. 生成密钥对

PGP 软件使用的是非对称加密，这就意味着密钥是成对出现的，只有相匹配的公钥和私钥才能完成对文件或邮件的加密 / 解密，所以首先就要生成密钥对，这里以发送方计算机密钥生成为例进行介绍，步骤如下。

步骤1：打开 PGP Desktop 软件，选择"文件"→"新建 PGP 密钥"命令，进入"PGP 密钥生成助手"界面，单击"下一页"按钮，如图 6-26 所示。

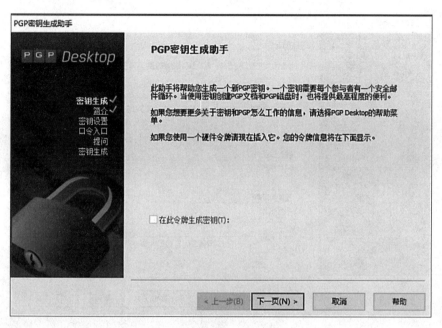

图 6-26　PGP 密钥生成助手

步骤2：进入"分配名称和邮件"界面，在"全名"和"主要邮件"对话框中输入对应的用户名和邮箱地址，然后单击"下一页"按钮，如图 6-27 所示。

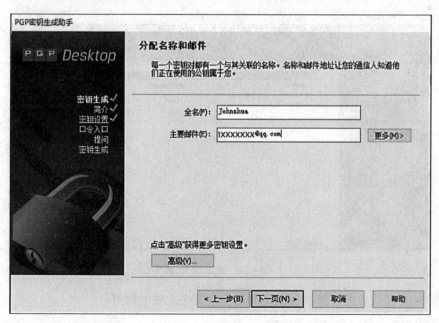

图 6-27　密钥注册

步骤3：进入"创建口令"界面，在"输入口令"文本框中输入私钥的保护密码，并在"重输口令"文本框中再次确认密码，单击"下一页"按钮，如图6-28所示。这里密码可以任意设置，注意密码的隐藏输入和密码长度。

图 6-28　分配密码

步骤4：经过一段时间的等待，会跳转到 PGP 软件主界面，如图6-29所示，这时可发现密钥对已经生成了。

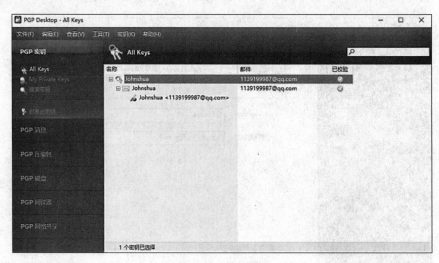

图 6-29　PGP 主界面

步骤5：在接收方的计算机上也要利用上述方法生成密钥对。

2. 导出一方公钥，发送给另一方

虽然 PGP 软件中密钥是成对出现的，但是私钥一定要注意保密，是不可以让别人知道的，这就意味可以将公钥互相发送，让对方用自己的公钥加密，这样用自己的私钥就可以解密，发送公钥的步骤如下。

步骤1：导出公钥。右击已生成的密钥，并在弹出的快捷菜单中选择"导出"命令，进入"导出密钥到文件"界面，选择文件保存的位置，单击"保存"按钮，就可以生成后缀为 .asc 的密钥文件，整个过程如图 6-30~图 6-32 所示。

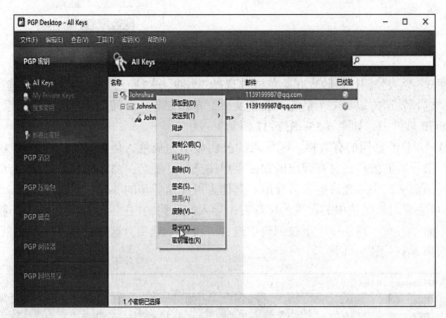

图 6-30　导出公钥

图 6-31　选择保存位置

图 6-32　生成公钥

步骤2：发送方通过邮箱将密钥发送到接收方的计算机，接收方从邮箱下载并保存到桌面即可，如图 6-33 和图 6-34 所示。

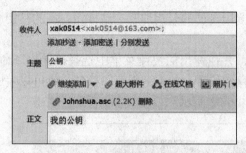

图 6-33　发送公钥　　　　　　　　　图 6-34　发送成功

步骤 3：导入公钥。接收方在菜单栏中选择"文件"→"导入"命令，会弹出"选择密钥"对话框，选择发送方以 .asc 为后缀的公钥文件，单击"导入"按钮，这样就能将公钥导入自己的 PGP 软件中，如图 6-35~ 图 6-37 所示。

步骤 4：验证公钥的有效性。刚导入的公钥显示为灰色，是无效的，有效的颜色应是绿色。右击导入的公钥，并在弹出的快捷菜单中选择"签名"命令，在弹出的"PGP 签名密钥"对话框中选中"允许签名被导出。其他人可能信任您的签名"复选框，单击"确定"按钮，即可完成对签名选项的设置。接着右击导入的公钥，并在弹出的快捷菜单中选择"密钥属性"命令，在"信任度"下拉列表中选择"可信"选项，这样被导入的公钥就可以生效了，如图 6-38~ 图 6-41 所示。

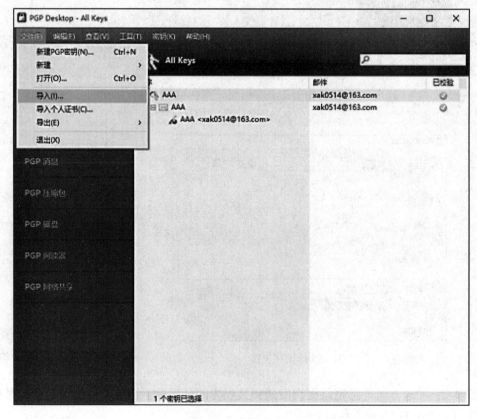

图 6-35　导入公钥

图 6-36 导入操作

图 6-37 导入成功

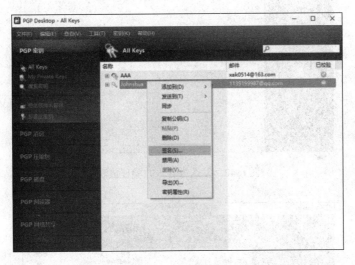

图 6-38 选中签名

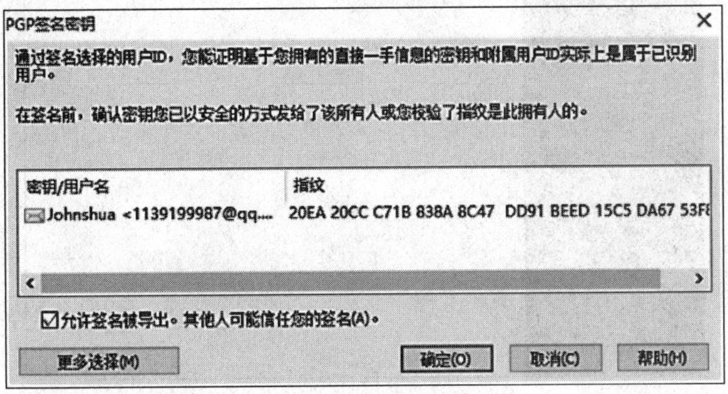

图 6-39 选中允许

图 6-40 确定

图 6-41 选择信任

步骤5：双方都使用上述方法导入对方的公钥，如图 6-42 和图 6-43 所示。

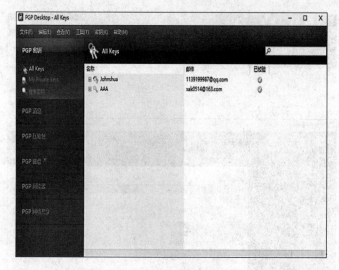

图 6-42 发送方导入并验证成功

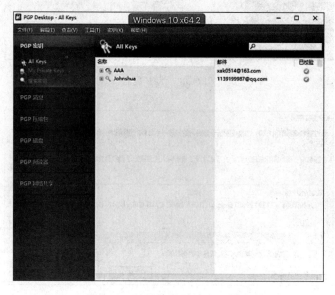

图 6-43 接收方导入并验证成功

3. PGP 软件对文件的加密 / 解密

1）利用 PGP 加密文件

PGP 加密 / 解密文件的流程步骤如下。

步骤 1：PGP 加密。在计算机（桌面或文件夹里）上选择测试文件（.txt），右击该文件，并在弹出的快捷菜单中选择 PGP Desktop →"使用密钥保护'加密文件'"命令，进入"添加用户密钥"界面。因为要发送给对方，所以要添加对方的公钥，单击"添加"按钮，会进入"收件人选择"界面，选中接收方的邮箱，双击，将其添加到右侧，单击"确定"按钮，接着单击"下一步"按钮，就会生成以 .pgp 为后缀的加密文件，文件加密过程如图 6-44~图 6-47 所示。

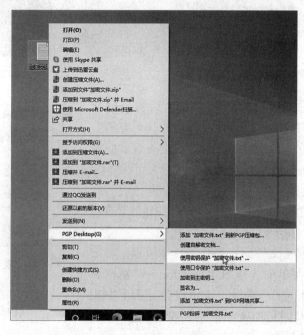

图 6-44　用 PGP 给文件加密

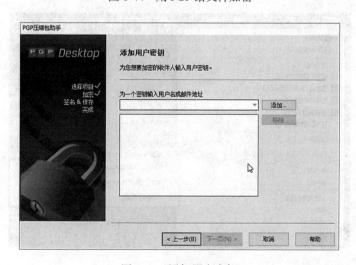

图 6-45　添加用户密钥

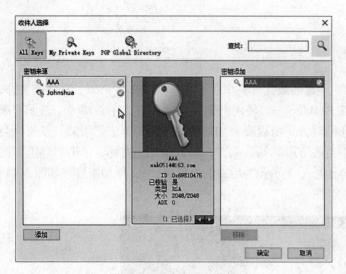

图 6-46 选中发送的公钥

图 6-47 生成 pgp 文件

步骤 2：在发送方的计算机上双击加密后的 .pgp 文件是无法显示文件内容的，因为该文件用的是对方的公钥，所以只能用对方的私钥在对方计算机上查看。应该利用邮箱将文件发送给接收方，如图 6-48 所示。

2）利用 PGP 解密文件

上面介绍了发送方加密文件的流程，下面介绍接收方解密文件的流程。其步骤如下。

接收方接收到加密文件后，保存到具体位置，右击它，并在弹出的快捷菜单中选择 PGP Desktop →"解密 & 校验'加密文件 .txt.pgp'"命令，即可在验证历史中找

图 6-48 发送方计算机无法解密

到该历史消息，打开即是加密的信息，如图 6-49~ 图 6-51 所示。另外，双击加密的 .pgp 文件也可以进入验证界面，该方法更简洁一些。

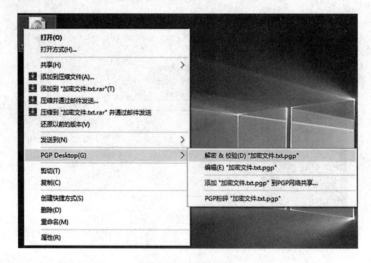

图 6-49 解密文件

160

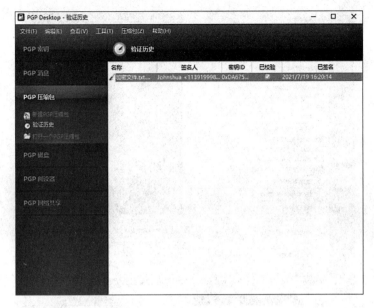

图 6-50 验证历史中查看

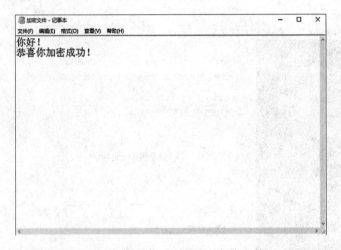

图 6-51 接收方查看发送的加密文件

4. 利用 PGP 生成数字签名

数字签名（又称公钥数字签名）是只有信息的发送者才能产生的，别人无法伪造的一段数字串，这段数字串同时也是对发送信息的真实性的一个有效证明。它是一种类似于写在纸上的普通物理签名，但是使用了公钥加密领域的技术来实现的，用于鉴别数字信息的方法。在 PGP 软件中的使用方法如下。

步骤 1：在发送方的计算机上选中"PGP 测试文件"，右击它并在弹出的快捷菜单中选择 PGP Desktop→"签名为 ..."命令，会弹出"签名并保存"对话框。单击"浏览"按钮以选择文件保存位置。单击"下一页"按钮，然后输入生成密钥时的密码，就得到了后缀为 .sig 的签名文件，如图 6-52 和图 6-53 所示。

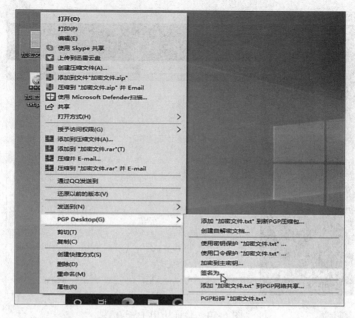

图 6-52　生成电子签名文件

图 6-53　签名并保存

步骤 2：发送方利用邮箱将数字签名文件和原文件一起发送给接收方，一定要注意要将两个文件一起发送，否则接收方没有办法验证数字签名，如图 6-54 所示。

图 6-54　发送两个文件

步骤 3：接收方在接收到两个文件之后，首先验证数字签名。在相应位置（桌面或相应文件夹）选择后缀为 .sig 的签名文件，右击它并在弹出的快捷菜单中选择 PGP Desktop →"校验'加密文件 .txt.sig'"命令，随后在 PGP 软件的验证历史界面会弹出验证成功的提示，即可证明该文件在传输过程中没有被第三方篡改过信息，数字签名验证过程结束，如图 6-55 和图 6-56 所示。

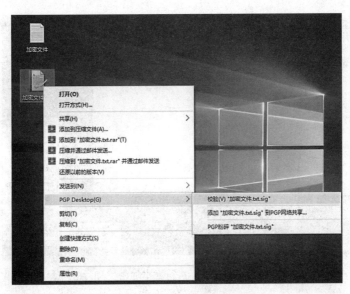

图 6-55 验证数字签名文件

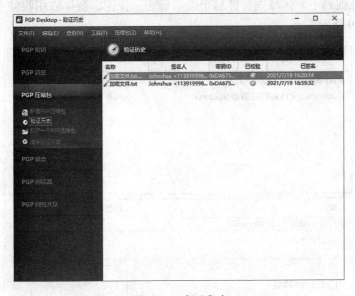

图 6-56 验证成功

任务 6-4 使用 PGP 加密邮件

使用 PGP 进行邮件的加密，可以先对邮件内容进行 PGP 软件加密，然后将加密后的密文当作发件人的邮件内容进行发送，步骤如下。

步骤 1：明确发送方和接收方，在发送方的计算机上将要发送的内容进行 PGP 加密。首先在计算机相应位置（桌面或文件夹内）右击，在弹出的快捷菜单中选择"新建"→"文本文件"命令，在文本文档中输入邮件内容。然后在右下角找到 PGP 软件图标，右击它并在弹出的快捷菜单中选择"当前窗口"→"加密"命令，如图 6-57 所示。

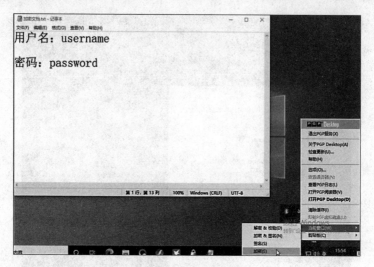

图 6-57　进行文本加密

步骤 2：选中"加密"选项之后会弹出如图 6-58 所示对话框。选中收件人的邮箱，把收件人的邮箱拖拽到下方区域内，然后单击"确定"按钮，会生成用收件人公钥加密过的密文，如图 6-59 所示。

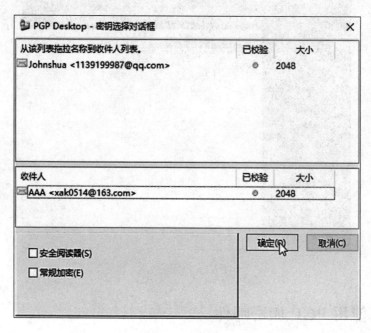

图 6-58　密钥选择

164

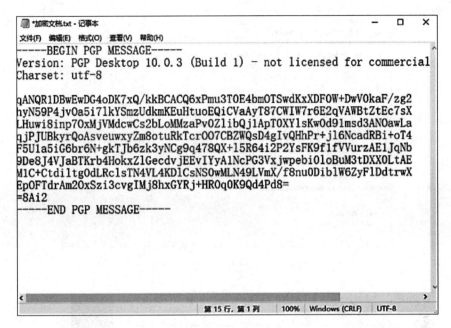

图 6-59 加密后的内容

步骤 3：复制全部的密文内容（从 BEGIN 到 END），粘贴到邮箱的正文部分，通过邮箱进行邮件的发送，如图 6-60 所示。

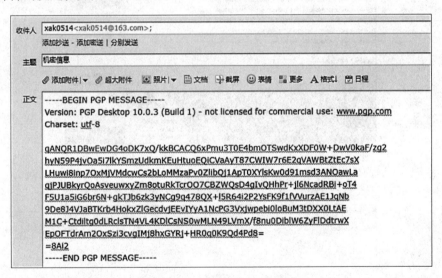

图 6-60 发送加密后的邮件密文

步骤 4：接收方在收到邮件之后，将邮件的内容进行复制，在计算机相应位置（桌面或文件夹内）右击，在弹出的快捷菜单中选择"新建"→"文本文件"命令，在文本文档中将所有的密文内容进行粘贴，注意一定要粘贴从 BEGIN 到 END 的所有内容，如图 6-61 所示。

步骤 5：接收方在计算机桌面右下角任务栏中找到 PGP 软件图标，右击它并在弹出的快捷菜单中选择"当前窗口"→"解密 & 校验"命令，如图 6-62 所示。解密结果如图 6-63 所示。

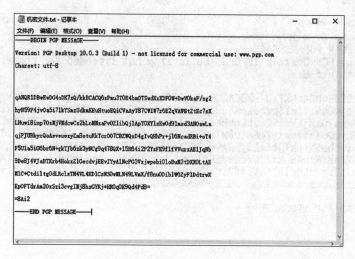

图 6-61　接收方将内容进行粘贴

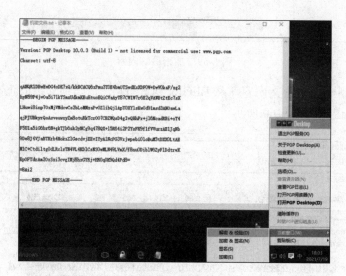

图 6-62　进行解密

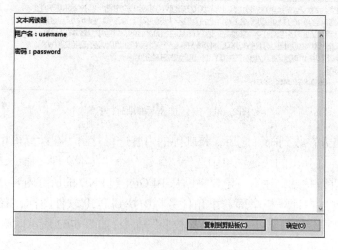

图 6-63　解密结果

6.5　拓展提升　不同加密方式

随着时代的发展和科技的进步，数据加密技术也在不断地提升。加密算法经历了古典加密、近代加密和现代加密三个发展历程，除了本节中介绍的几种加密方式，数据加密在现代又有了几种新的方式。对现有加密方式的总结如表 6-16 所示。

表 6-16　对现有加密方式的总结

发 展 历 程	举　　例
古典加密	替换法、单表置换法
近代加密	无线电报、Enigma、纳瓦霍语
现代加密	对称加密：DES、3DES、AES
	非对称加密：sha1、sha256、sha512、MD5、RSA
	.net 数据加密算法

6.5.1　常见的用于保证安全的加密或编码的算法

1. 常用密钥算法

密钥算法用来对敏感数据、摘要、签名等信息进行加密，常用的密钥算法如下。

（1）DES（data encryption standard）：数据加密标准，速度较快，适用于加密大量数据的场合。

（2）3DES（triple DES）：基于 DES，对一块数据用三个不同的密钥进行三次加密，强度更高。

（3）RC2 和 RC4：用变长密钥对大量数据进行加密，比 DES 快。

（4）IDEA（international data encryption algorithm）：国际数据加密算法，使用 128 位密钥，提供非常强的安全性。

（5）RSA：由 RSA 公司发明，是一个支持变长密钥的公共密钥算法，需要加密的文件块的长度也是可变的。

（6）DSA（digital signature algorithm）：数字签名算法，是一种标准的 DSS（数字签名标准）。

（7）AES（advanced encryption standard）：高级加密标准，是下一代的加密算法标准，速度快，安全级别高。目前 AES 的一个实现是 Rijndael 算法。

（8）BLOWFISH：它使用变长的密钥，长度可达 448 位，运行速度很快。

（9）其他算法：如 ElGamal、Deffie-Hellman、新型椭圆曲线加密（ECC）算法等。

2. 单向散列算法

单向散列函数一般用于产生消息摘要、密钥加密等，常见的单向散列算法如下。

（1）MD5（message digest algorithm 5）：RSA 数据安全公司开发的一种单向散列算法。MD5 被广泛使用，可以用来把不同长度的数据块进行暗码运算成一个 128 位的数值。

（2）SHA（secure hash algorithm）：一种较新的散列算法，可以对任意长度的数据进行运算，生成一个 160 位的数值。

（3）MAC（message authentication code）：消息认证代码，是一种使用密钥的单向函数，可以用它们在系统上或用户之间认证文件或消息。HMAC（用于消息认证的密钥散列法）就是这种函数的一个例子。

（4）CRC（cyclic redundancy check）：循环冗余校验码，CRC 校验由于实现简单，检错能力强，被广泛应用在各种数据校验场合中。它占用系统资源少，用软硬件均能实现，是进行数据传输差错检测的一种很好的手段（CRC 并不是严格意义上的散列算法，但它的作用与散列算法大致相同，所以归于此类）。

3. 其他数据算法

其他数据算法包括一些常用编码算法及其与明文（ASCII、Unicode 等）转换等，如 Base 64、Quoted Printable、EBCDIC 等。

6.5.2 算法的 .NET 实现

常见的加密和编码算法都已经在 .NET Framework 中得到了实现，为编码人员提供了极大的便利性，实现这些算法的命名空间是 System.Security.Cryptography。

System.Security.Cryptography 命名空间提供加密服务，包括安全的数据编码和解码，以及许多其他操作，如散列法、随机数字生成和消息身份验证。System.Security. Cryptography 是按如下方式组织的。

1. 私钥加密

私钥加密又称为对称加密，因为同一密钥既用于加密又用于解密。私钥加密算法非常快（与公钥算法相比），特别适用于对较大的数据流执行加密转换。

- NET Framework 提供以下实现私钥加密算法的类。
- DES：DESCryptoServiceProvider。
- RC2：RC2CryptoServiceProvider。
- Rijndael（AES）：RijndaelManaged。
- 3DES：TripleDESCryptoServiceProvider。

2. 公钥加密和数字签名

公钥加密使用一个必须对未经授权的用户保密的私钥和一个可以对任何人公开的公钥。用公钥加密的数据只能用私钥解密，而用私钥签名的数据只能用公钥验证。公钥可以被任何人使用；该密钥用于加密要发送到私钥持有者的数据。两个密钥对于通信会话都是唯一的。公钥加密算法也称为不对称算法，原因是需要用一个密钥来加密数据而需要用另一个密钥来解密数据。

- NET Framework 提供以下实现公钥加密算法的类。
- DSA：DSACryptoServiceProvider。
- RSA：RSACryptoServiceProvider。

3. 哈希值

哈希（Hash）算法将任意长度的二进制值映射为固定长度的较小二进制值，这个小的二进制值称为哈希值。哈希值是一段数据唯一且极其紧凑的数值表示形式。如果散列一段明文而且哪怕只更改该段落的一个字母，随后的哈希都将产生不同的值。要找到散列为同一个值的两个不同的输入，在计算上是不可能的，所以数据的哈希值可以检验数据的完整性。

NET Framework 提供以下实现数字签名算法的类。

- HMAC：HMACSHA1（HMAC 为一种使用密钥的 Hash 算法）。
- MAC：MACTripleDES。
- MD5：MD5CryptoServiceProvider。
- SHA1：SHA1Managed、SHA256Managed、SHA384Managed、SHA512Managed。

4. 随机数生成

加密密钥需要尽可能地随机，以便使生成的密钥很难再现，所以随机数生成是许多加密操作不可分割的组成部分。

在 .NET Framework 中，RNGCryptoServiceProvider 是随机数生成器算法的实现，对于数据算法，其中的 .NETFramework 则在其他命名空间中实现，如 Convert 类实现 Base 64 编码，System.Text 实现编码方式的转换等。

6.6　习　　题

一、填空题

1. 密码按密钥方式划分，可分为_____式密码和_____式密码。

2. DES 加密算法主要采用_____和_____的方法加密。

3. 非对称密码技术也称为_____密码技术。

4. DES 算法的密钥为_____位，实际加密时仅用到其中的_____位。

5. 数字签名技术实现的基础是_____技术。

二、选择题

1. 所谓加密，是指将一个信息经过（　　　）及加密函数转换，变成无意义的密文，而接收方则将此密文经过解密函数及（　　　）还原成明文。

　　A. 加密钥匙、解密钥匙

　　B. 解密钥匙、解密钥匙

　　C. 加密钥匙、加密钥匙

　　D. 解密钥匙、加密钥匙

2. 以下关于对称密钥加密说法正确的是（　　　）。

　　A. 加密方和解密方可以使用不同的算法

　　B. 加密密钥和解密密钥可以是不同的

C. 加密密钥和解密密钥必须是相同的

D. 密钥的管理非常简单

3. 以下关于非对称密钥加密说法正确的是（　　　）。

A. 加密方和解密方使用的是不同的算法

B. 加密密钥和解密密钥是不同的

C. 加密密钥和解密密钥是相同的

D. 加密密钥和解密密钥没有任何关系

4. 以下算法中属于非对称算法的是（　　　）。

A. DES　　　　　　B. RSA 算法　　　　C. IDEA　　　　　D. 三重 DES

5. CA 指的是（　　　）。

A. 证书授权　　　　　　　　　　B. 加密认证

C. 虚拟专用网　　　　　　　　　D. 安全套接层

6. 以下关于数字签名说法正确的是（　　　）。

A. 数字签名是在所传输的数据后附加上一段和传输数据毫无关系的数字信息

B. 数字签名能够解决数据的加密传输，即安全传输问题

C. 数字签名一般采用对称加密机制

D. 数字签名能够解决篡改、伪造等安全性问题

7. 以下关于 CA 认证中心说法正确的是（　　　）。

A. CA 认证是使用对称密钥机制的认证方法

B. CA 认证中心只负责签名，不负责证书的产生

C. CA 认证中心负责证书的颁发和管理，并依靠证书证明一个用户的身份

D. CA 认证中心不用保持中立，可以随便找一个用户来作为 CA 认证中心

8. 关于 CA 和数字证书的关系，以下说法不正确的是（　　　）。

A. 数字证书是保证双方之间通信安全的电子信任关系，由 CA 签发

B. 数字证书一般依靠 CA 中心的对称密钥机制来实现

C. 在电子交易中，数字证书可以用于表明参与方的身份

D. 数字证书能以一种不能被假冒的方式证明证书持有人身份

三、简答题

1. 恺撒（Caesar）密码是一种基于字符替换的对称式加密方法，它是通过对 26 个英文字母循环移位和替换来进行编码的。设待加密的消息为 UNIVERSITY，密钥 k 为 5，试给出加密后的密文。

2. 明文为：We will graduate from the university after four years hard study（不考虑空格）。试采用传统的古典密码体系中的恺撒密码（$k=3$）写出密文。

3. 简述对称密钥密码和非对称密钥密码体制及其特点。

4. PGP 软件的功能是什么？可应用在什么场合？

5. 简述数字签名的功能。

项目 7　Windows Server 系统安全

7.1　项目导入

　　确保网络系统稳定正常运行是网络管理员的首要工作，往往很多用户认为网络系统够正常运行就万事大吉，其实很多网络故障的发生正是由于平时的忽视所致。为了能够让网络稳定正常运行，需要经常对网络操作系统进行监测和维护，让操作系统始终处于最佳工作状态。网络操作系统监测与性能优化是保证网络安全的基础。

7.2　职业能力目标和要求

　　操作系统安全是指计算机信息系统在自主访问控制、强制访问控制、标记、身份鉴别、客体重用、审计、数据完整性、隐蔽信道分析、可信路径、可信恢复 10 个方面满足相应的安全技术要求。

　　操作系统安全主要特征有以下几个方面。

　　（1）最小特权原则，即每个特权用户只拥有能进行他工作的权力。

　　（2）自主访问控制。

　　（3）强制访问控制，包括保密性访问控制和完整性访问控制。

　　（4）安全审计。

　　（5）安全域隔离。

　　只要有了这些最底层的安全功能，各种混为"应用软件"的病毒、木马程序、网络入侵和人为非法操作才能被真正抵制，因为它们违背了操作系统的安全规则，也就失去了运行的基础。

　　学习完本项目，可以达到以下职业能力目标和要求。

- 了解操作系统安全的概念。
- 掌握账户安全的配置。
- 掌握密码安全的配置。
- 掌握系统安全的配置。
- 掌握服务安全的配置。
- 掌握使用 SSL 保护 Web 站点。
- 掌握禁用注册表编辑器的方法。

7.3　相　关　知　识

7.3.1　操作系统安全的概念

从操作系统上看，企业网络客户端基本上是 Windows 平台，中小型企业服务器一般采用 Windows Server 2016 系统。部分行业或大型企业的关键业务应用服务器采用 UNIX/Linux 操作系统。Windows 平台的特点是具有良好的图形用户界面。而 Linux 系统的稳定性和大数据量可靠处理能力使它更适用于关键性业务应用。

目前，基于网络服务器应用情况和我国网络安全措施综合分析，网络操作系统安全级别主要如下。

1. 服务器基本安全策略

网络服务器安全配置的基本安全策略宗旨是"最小权限＋最少应用＋最细设置＋日常检查＝最高的安全"。具体如下。

- 最小权限是指各种服务与应用程序运行在最小的权限范围内。
- 最少应用是指服务器仅安装必须的应用软件与程序。
- 最细设置是指在应用安全策略时必须做到周全、细心。
- 日常检查是指服务器的日常检查、系统优化、垃圾临时文件清理、日志文件数据的分析等常规工作。

2. 网络操作系统本身安全

操作系统刚推出时，肯定会存在不少漏洞。对于网络服务器系统，应时刻关注是否将所有系统补丁都完全更新到最新。如果不是特别原因，可以将补丁的更新设置为自动进行，不断检查网络操作系统本身存在的一些已知或者未知的漏洞与隐患是否进行了修正或补充。

3. 密码与口令安全

网络操作系统口令和各种应用程序、服务器等口令是否是强悍的密码或口令。

4. Web 服务器自身的安全

如用户在设置时的安全级别的高低、虚拟主机的安全、网页目录读写权限等。

5. TCP/IP 相关安全

采用 TCP/IP 的相关安全主要包括 TCP/UDP 端口安全、ACL（访问控制列表）、防火墙安全策略等。

7.3.2　服务与端口

端口是计算机和外部网络相连的逻辑接口，也是计算机的第一道屏障。端口配置正确与否直接影响到主机的安全，一般来说，只打开需要使用的端口会比较安全。

在网络技术中，端口大致有两种含义：一是物理意义上的端口，比如 ADSL Modem 集线器、交换机、路由器用于连接其他网络设备的接口，如 RJ-45 端口、SC 端口等；二是逻辑意义上的端口，一般是指 TCP/IP 中的端口，端口号的范围为 0~65535，如用于浏览网页服务的 80 端口、用于 FTP 服务的 21 端口等。

逻辑意义上的端口有多种分类标准，下面将介绍两种常见的分类。

1. 按端口号分类

1）知名端口

知名端口（well known port）是众所周知的端口号，也称为"常用端口"，范围为 0~1023，这些端口一般固定分配给一些服务。比如，80 端口分配给 HTTP 服务，21 端口分配给 FTP 服务，25 端口分配给 SMTP（简单邮件传输协议）服务等。这类端口通常不会被木马之类的黑客程序所利用。

2）动态端口

动态端口（dynamic port）的范围为 1024~65535，这些端口号一般不固定分配给某个服务，也就是说许多服务都可以使用这些端口。只要运行的程序向系统提出访问网络的申请，那么系统就可以从这些端口中分配一个供该程序使用。比如，1024 端口就是分配给第一个向系统发出申请的程序。在关闭程序进程后，就会释放所占用的端口。

这样，动态端口也常常被病毒木马程序所利用，如冰河默认连接端口是 7626，WAY 2.4 端口是 8011，Netspy 3.0 端口是 7306，YAI 病毒端口是 1024 等。

2. 按协议类型分类

按协议类型划分，可以分为 TCP、UDP、IP 和 ICMP（Internet 控制消息协议）等端口。

下面主要介绍 TCP 和 UDP 端口。

1）TCP 端口

TCP 端口，即传输控制协议端口，需要在客户端和服务器之间建立连接，这样可以提供可靠的数据传输。常见的包括 FTP 服务的 21 端口、Telnet 服务的 23 端口、SMTP 服务的 25 端口以及 HTTP 服务的 80 端口等。

2）UDP 端口

UDP 端口，即用户数据报协议端口，无须在客户端和服务器之间建立连接，安全性得不到保障。常见的有 DNS 服务的 53 端口、SNMP（简单网络管理协议）服务的 161 端口、QQ 使用的 8000 和 4000 端口等。

3. 查看端口

在局域网的使用中，经常会发现系统中开放了一些莫名其妙的端口，给系统的安全带来隐患。Windows 提供的 netstat 命令，能够查看到当前端口的使用情况。具体操作步骤如下。

选择"开始"→"所有程序"→"附件"→"命令提示符"命令，在打开的对话框中输入 netstat -na 命令并按 Enter 键，就会显示本机连接的情况和打开的端口，如图 7-1 所示。

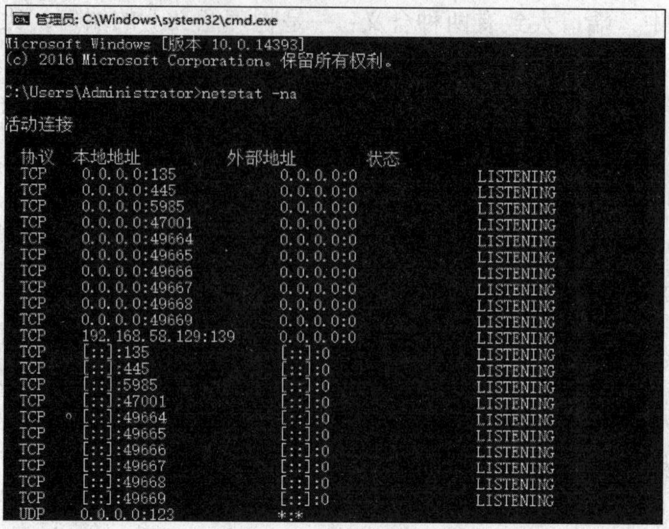

图 7-1　netstat –na 命令

其显示了以下统计信息。

（1）Proto：协议的名称（TCP 或 UDP）。

（2）Local Address：本地计算机的 IP 地址和正在使用的端口号。如果不指定 -n 参数，就显示与 IP 地址和端口名称相对应的本地计算机名称。如果端口尚未建立，则端口以星号（*）显示。

（3）Foreign Address：连接该接口的远程计算机的 IP 地址和端口号。如果不指定 -n 参数，就显示与 IP 地址和端口相对应的名称。如果端口尚未建立，则端口以星号（*）显示。

（4）State：表明 TCP 连接的状态。

如果输入的是 netstat -nab 命令，还将显示每个连接是由哪些进程创建的以及该进程一共调用了哪些组件来完成创建工作。

除了用 netstat 命令之外，还有很多端口监视软件也可以查看本机打开了哪些端口，如端口查看器、TCPView、FPort 等。

7.3.3　组策略

1. 组策略基础

注册表是 Windows 系统中保存系统软件和应用软件配置的数据库，而随着 Windows 功能越来越丰富，注册表里的配置项目也越来越多，很多配置都可以自定义设置。但这些配置分布在注册表的各个角落，如果是手工配置，可以想象是多么困难和繁杂。而组策略则将系统重要的配置功能汇集成各种配置模块，供用户直接使用，从而达到方便管理计算机的目的。

实际上，组策略是一种让管理员集中计算机和用户的手段或方法。组策略适用于众多方面的配置，如软件、安全性、IE、注册表等。在活动目录中，利用组策略可以在站点、域、OU 等对象上进行配置，以管理其中的计算机和用户对象，可以说组策略是活动目录的一个非常大的功能体现。

2. 组策略基础架构

如图 7-2 所示，组策略分为两大部分：计算机配置和用户配置。每一部分都有自己的独立性，因为它们配置的对象类型不同。计算机账户部分控制计算机账户，同样用户配置部分控制用户账户。其中有部分配置在计算机部分有，在用户部分也有，它们是不会跨越执行的。假设某个配置选项你希望计算机账户和用户账户都启用，那么就必须在计算机配置和用户配置部分都进行设置。总之计算机配置下的设置仅对计算机对象生效，用户配置下的设置仅对用户对象生效。

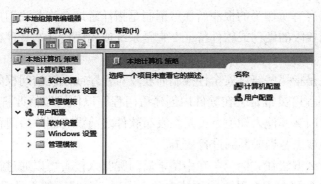

图 7-2　组策略构架

7.3.4　账户与密码安全

系统用户账户和用户账户不适当的安全问题是攻击侵入系统的主要手段之一。其实小心的账户管理员可以避免很多潜在的问题，如选择强固的密码、有效的策略加强通知用户的习惯，分配适当的权限等。所有这些要求一定要符合安全结构的尺度。介于整个过程实施的复杂性，需要多个用户共同来完成，而当处理小的入侵时就不需要麻烦所有的用户。

7.3.5　加密文件系统（EFS）

EFS 是一个功能强大的工具，用于对客户端计算机和远程文件服务器上的文件和文件夹进行加密。它使用户能够防止其数据被其他用户或外部攻击者未经授权地访问。它是 NTFS 的一个组件，只有拥有加密密钥和故障恢复代理，才可以读取数据。

1. EFS 的应用条件

（1）操作系统采用 NTFS。

（2）具有系统属性的文件无法加密。

（3）故障恢复代理，即指定用于进行 EFS 文件恢复的用户账户。该账户将申请一张文件故障恢复的证书，同时还持有与这张证书相应的公钥、私钥对，用于对加密文件进行故障恢复。

2. EFS 加密过程

（1）当一个用户第一次加密某个文件时，EFS 会在本地证书产生一个 EFS 证书（非

175

对称）。

（2）EFS 也会随机产生一个 FEK（文件加密密钥，对称）。

（3）EFS 会用第一步产生证书的公钥对 FEK 进行加密。

（4）EFS 会将加密后的 FEK 存储在 DDF（数据解压区，DDF 区域能够存储 700 多个经过用户公钥加密的 FEK）。

7.3.6 漏洞与后门

网络漏洞是黑客有所作为的根源所在。漏洞是指任意地允许非法用户未经授权地获得访问或提高其访问权限的硬件或软件特征。它是系统或程序设计本身存在的缺陷，当然也源于人为系统配置上的不合理。

后门程序一般是指那些绕过安全性控制而获取对程序或系统访问权的程序和方法。在软件的开发阶段，程序员常常会在软件内创建后门程序以便可以修改程序设计中的缺陷。但是，如果这些后门被其他人知道，或是在发布软件之前没有删除后门程序，那么它就成了安全风险，容易被黑客当成漏洞进行攻击。

入侵者通过什么方法在"肉鸡"在中留下后门呢？入侵者可以通过在系统中建立后门账户，在系统中添加漏洞，在系统中种植木马来实现。后门一般不外乎"账户后门""漏洞后门"和"木马后门"三类。

账户后门常用手段是克隆账户，它是把管理员权限复制给一个普通用户，简单来说就是把系统内原有的账户（如 Guest 账户）变成管理员权限的账户。黑客通过一些典型的服务器漏洞后门（如 Unicode、.ida 和 .idq），可以很轻易地控制远程服务器的操作系统。

黑客可以制作一种 SQL 木马后门，只要把该后门文件放入远程的 Web 根目录下，就可以通过 IE 浏览器在远程服务器中执行任何命令。另外，网络防火墙不会过滤掉发往 Web 服务器的连接请求，所以该后门对于那些提供 Web 服务和 SQL 服务的远程服务器来说特别实用。

7.4 项目实施

任务 7-1 配置账户安全

配置用户账户安全的过程如下。

1. 重命名和禁用默认的账户

安装好 Windows Server 2016 后，系统会自动建立两个账户：Administrator 和 Guest。

右击桌面上"此电脑"图标，并在弹出的快捷菜单中选择"管理"命令。打开"服务器管理器"窗口，在右上侧选择"工具"，打开"计算机管理"窗口。在左边列表中找到并展开"本地用户和组"，单击"用户"，可以看到系统中的账户。

（1）Administrator 账户。Administrator（管理员）账户拥有计算机的最高管理权限，每一台计算机至少需要一个拥有管理员权限的账户，但不一定必须使用 Administrator 这个名称。黑客入侵计算机系统的常用手段之一就是试图获得管理员账户的密码。如果系统管理员账户的名称没有修改，那么黑客将轻易得知管理员账户的名称，接下来就是寻找密码了。比较安全的做法是对系统管理员账户的名称进行修改，这样，如果黑客要得到计算机系统的管理员权限，需要同时猜测账户的名称和密码，增加了黑客入侵的难度。

（2）DefaultAccount 账户。DefaultAccount 账户是默认账户，该账户是微软公司为了防止开机自检阶段出现卡死等问题而设置的。

（3）Guest 账户。在 Windows Server 2016 中，Guest 账户即所谓的来宾账户，只有基本的权限并且默认是禁用的。如果不需要 Guest 账户，一定禁用它，因为 Guest 也为黑客入侵提供了方便。

禁用 Guest 账户的方法是：在右边窗口中（见图 7-3）双击 Guest，在弹出的"Guest 属性"对话框中单击选中"常规"选项卡，选中"账户已禁用"复选框。

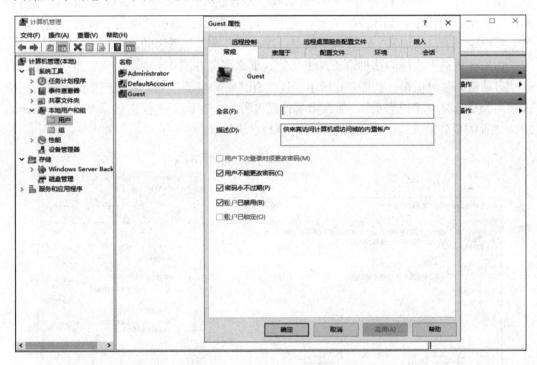

图 7-3　禁用 Guest 账户

2. 可靠的密码

（1）密码策略。尽管绝对安全的密码是不存在的，但是相对安全的密码还是可以实现的。在开始菜单中打开"运行"对话框，输入 gpedit.msc，打开"本地组策略编辑器"。在左侧栏依次选择"计算机配置"→"Windows 设置"→"安全设置"→"账户策略"→"密码策略"命令，右侧有 6 项关于密码的设置策略，通过这些策略的配置，就可以建立完备密码策略，这样密码就可以得到最大限度的保护。6 个关于密码的位置策略如图 7-4 所示。

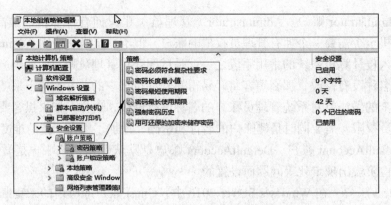

图 7-4　6 个关于密码的设置策略

（2）给账户双重加密。虽然为账户设置了复杂的密码，但密码总有被破解的可能。此时可以为账户设置双重加密。

在"开始"菜单中打开"运行"对话框，输入 syskey，打开"保证 Windows 账户数据库的安全"对话框，如图 7-5 所示。选中"启用加密"，单击"确定"按钮，这样程序就对账户完成了双重加密，不过这个加密过程对用户来说是透明的。

如果想更进一步体验这种双重加密功能，那么可以在图 7-5 中单击"更新"按钮，打开"启动密码"对话框，如图 7-6 所示，这里有"密码启动"和"系统产生的密码"两个选项。如果选择"密码启动"，那么需要自己设置一个密码，这样在登录 Windows Server 2016 之前需要先输入这个密码，然后才能选择登录的账户。

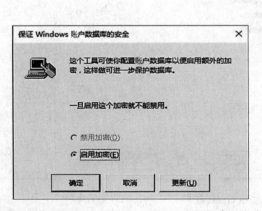

图 7-5　保证 Windows Server 2016 账户数据库的安全

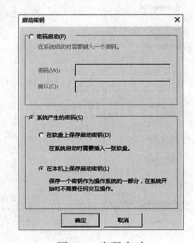

图 7-6　密码启动

任务 7-2　配置密码安全

用户密码是保证计算机安全的第一道屏障，是计算机安全的基础。如果用户账户（特别是管理员账户）没有设置密码，或者设置的密码非常简单，那么计算机将很容易被非授权用户登录，进而访问计算机资源或更改系统配置。目前互联网上的攻击很多都是因为密码设置过于简单或根本没设置密码造成的，因此应该设置合适的密码和密码设置原则，从而保证系统的安全。

　　Windows Server 2016 的密码原则主要包括以下 4 项：启用"密码必须符合复杂性要求"、设置"密码长度最小值"、密码使用期限和"强制密码历史"等。

　　（1）启用"密码必须符合复杂性要求"。对于工作组环境的 Windows 系统，默认密码没有设置复杂性要求，用户可以使用空密码或简单密码，如 123、abc 等，这样黑客很容易通过一些扫描工具得到系统管理员的密码。对于域环境的 Windows Server 2016，默认启用了密码复杂性要求。要使本地计算机启用密码复杂性要求，只要依次选择"计算机配置"→"Windows 设置"→"安全设置"→"账户策略"→"密码策略"命令，双击右窗格中的"密码必须符合复杂性要求"选项，打开其属性对话框，单击选中"本地安全设置"选项卡，选中"已启用"单选按钮即可，如图 7-7 所示。

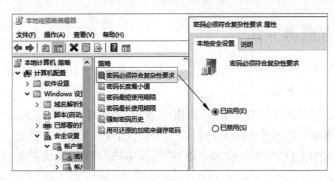

图 7-7　启用密码复杂性要求

　　启用密码复杂性要求后，则所有用户设置的密码，必须包含字母、数字和标点符号等。例如，密码 ab%&3D80 符合要求，而密码 asdfgh 不符合要求。

　　（2）设置"密码长度最小值"。默认密码长度最小值为 0 个字符。在设置密码复杂性要求之前，系统允许用户不设置密码。但为了系统的安全，最好设置最小密码长度为 6 或更长的字符。双击"密码长度最小值"，在打开的对话框中输入密码最小长度即可。

　　（3）设置密码使用期限。默认的密码最长有效期为 42 天，用户账户的密码必须在 42 天之后修改，也就是说密码会在 42 天之后过期。默认的密码最短有效期为 0 天，即用户账户的密码可以立即修改。

　　（4）设置"强制密码历史"。默认强制密码历史为 0 个。如果将强制密码历史改为 3 个，即系统会记住最后 3 个用户设置过的密码。当用户修改密码时，如果为最后 3 个密码之一，系统将拒绝用户的要求，这样可以防止用户重复使用相同的字符来组成密码。

任务 7-3　配置系统安全

　　启用 EFS 既可以在图形界面完成，也可以通过命令 Cipher 完成。相比图形界面，Cipher 更为强大。EFS 图形界面操作其实很简单。在计算机里面选择要进行 EFS 的文件，然后右击，并在弹出的快捷菜单中选择"属性"命令，在"常规"选项卡中单击"高级"按钮，显示如图 7-8 所示。

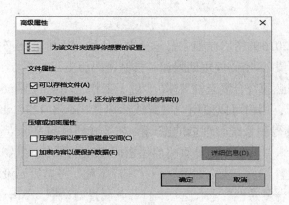

图 7-8　EFS 高级属性

任务 7-4　配置服务安全

配置服务安全的过程如下。

1. 关闭 137 和 139 端口

关闭这些端口的方法是：在"网络和拨号连接"中的"本地连接"中选中"Internet 协议（TCP/IP）"选项，如图 7-9 所示，进入"高级 TCP/IP 设置"对话框，在"WINS 设置"选项卡中有一项"禁用 TCP/IP 上的 NetBIOS"，选中该选项，确认并重启系统后，就关闭了 137 和 139 端口。

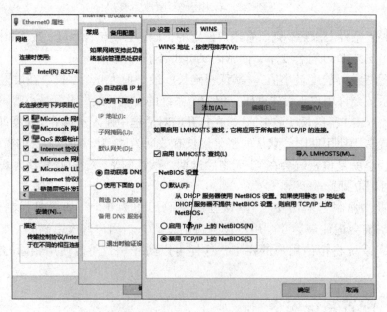

图 7-9　禁用 137 和 139 端口

2. 关闭 IPC$ 默认共享

（1）选择"开始"→"运行"命令，在弹出的"运行"对话框中输入 regedit 后按 Enter 键，打开注册表编辑器。

（2）展开 HKEY_LOCAL_MACHINE\SYSTEM\CurrentControlSet\Control\Lsa 注 册表项。

（3）双击 DWORD 类型 restrictanonymous，将其键值设为 1 即可（注意不是 0，是 1）。关闭 IPC$ 默认共享如图 7-10 所示。

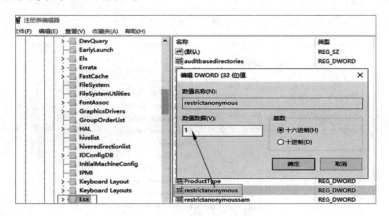

图 7-10　关闭 IPC$ 默认共享

任务 7-5　使用 Nmap 检测网络系统的安全性

Nmap（network mapper，网络映射器）是一款开源的网络探测和安全审核工具，用来扫描网上计算机开放的网络连接端。确定哪些服务运行在哪些连接端，并且推断计算机运行哪个操作系统。它是网络管理员必用的软件之一，以及用以评估网络系统安全。它的图形化界面是 Zenmap，分布式框架为 Dnamp。使用 Nmap 检测可以查看整个网络的信息，管理服务升级计划等。

1. 运行 Nmap

双击打开已经安装好的 Nmap 的桌面快捷方式图标，即可看到 Nmap 的图形化界面——Zenmap 主程序界面，如图 7-11 所示。

图 7-11　Zenmap 主界面

Zenmap 界面功能如下。

（1）Zenmap 的"目标"文本框中写需要扫描的 IP 信息。

（2）上述命令可以直接写在 Zenmap 的命令行，也可选择配置中自带的命令。

（3）写好目标与命令后，单击"扫描"按钮即可。

（4）也可在 cmd 中执行 nmap 命令。

2. 下拉框的选项使用功能

单击"配置"下拉框，出现 10 个选项，如图 7-12 所示。

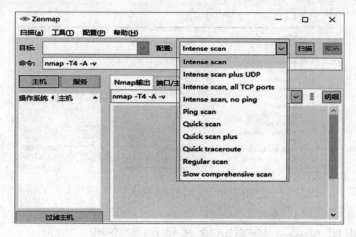

图 7-12 "配置"下拉框

下拉框选项说明如下。

（1）Intense scan（如 nmap -T4 -A -v）表示一般扫描。参数说明如下。

• -T：加快执行速度。

• -A：操作系统及版本探测。

• -v：显示详细的输出。

（2）Intense scan plus UDP（如 nmap -sS -sU -T4 -A -v）表示 UDP 扫描。参数说明如下。

• -sS：TCP SYN 扫描。

• -sU：UDP 扫描。

（3）Intense scan, all TCP ports（如 nmap -p 1-65536 -T4 -A -v）表示扫描所有 TCP 端口，范围为 1~65535，试图扫描所有端口的开放情况，速度比较慢。参数 -p 指定端口扫描范围。

（4）Intense scan, no ping（如 nmap -T4 -A -v -Pn）表示非 ping 扫描。参数 -Pn 表示非 ping 扫描。

（5）ping scan（如 nmap -sn）表示 ping 扫描。优点是速度快；缺点是容易被防火墙屏蔽，导致无扫描结果。参数 -sn 表示只 ping 扫描。

（6）Quick scan（如 nmap -T4 -F）表示快速的扫描。参数 -F 表示快速模式。

（7）Quick scan plus（如 nmap -sV -T4 -O -F --version-light）表示快速扫描加强模式。参数说明如下。

• -sV：探测端口及版本服务信息。

• -O：开启 OS 检测。

• --version-light：设定侦测等级为 2。

（8）Quick traceroute（如 nmap -sn --traceroute）表示路由跟踪。参数说明如下。

- -sn：ping 扫描，关闭端口扫描。
- --traceroute：显示本机到目标的路由跃点。

（9）Regular scan 表示规则扫描。

（10）Slow comprehensive scan（如 nmap -sS -sU -T4 -A -v -PE -PP -PS80,443,-PA3389,PU40125 -PY -g 53 --script all）表示慢速、全面扫描。

3. 实用案例介绍

（1）Nmap 输出。这里以扫描本机为例。已知本机的 IP 地址为 192.168.168.128，将其作为目标地址；"配置"选择 Intense scan。单击"扫描"按钮，则显示 Nmap 输出，如图 7-13 所示。

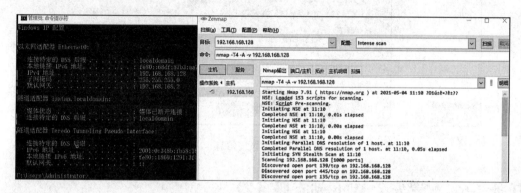

图 7-13　Nmap 输出

（2）端口/主机。"端口/主机"选项卡中显示的是目标主机开放的端口和提供的相应服务协议内容，如图 7-14 所示。这里显示 135、139 和 445 端口呈开放状态。

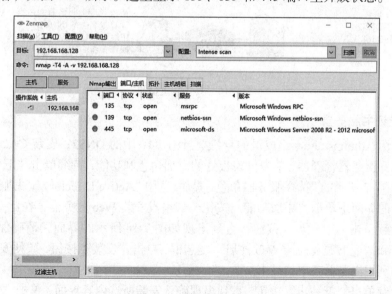

图 7-14　端口开放情况

（3）主机明细。"主机明细"选项卡下可以看到目标主机的操作系统信息，如图 7-15 所示。

183

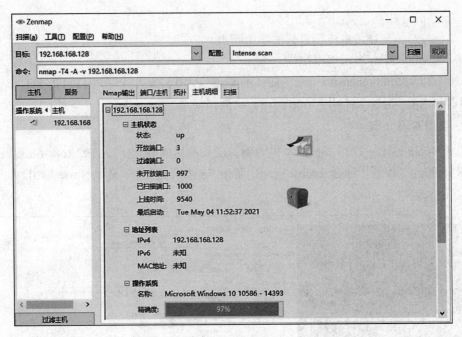

图 7-15　系统信息

任务 7-6　配置安全 Web 站点服务器

本次实验配置 1 台虚拟机，配置 1 台物理机作为客户端（Windows 10），具体配置信息如图 7-16 所示。

角色：Web服务器、独立根CA
计算机名：DNS2
IP地址：192.168.1.20/24
首选DNS：192.168.1.20
操作系统：Windows Server 2016

角色：证书服务器客户端、Web客户端
计算机名：WIN10-1
IP地址：192.168.1.28/24
操作系统：Windows 10
首选DNS:192.168.1.20

图 7-16　具体配置信息

1. 安装证书服务器

（1）利用 Administrators 组成员的身份登录图 7-16 中的 DNS2，安装 CA2。

（2）打开服务器管理器，单击仪表板处的添加角色和功能，持续单击"下一步"按钮，直到出现图 7-17 所示的"选择服务器角色"界面，选中"Active Directory 证书服务"复选框，随后在弹出的界面中单击"添加功能"按钮（如果没安装 Web 服务器，在此一并安装）。

（3）持续单击"下一步"按钮，直到出现如图 7-18 所示的界面，请确保选中"证书颁发机构"和"证书颁发机构 Web 注册"复选框，单击"安装"按钮，顺便安装 IIS 网站，以便让用户利用浏览器来申请证书。

（4）持续单击"下一步"按钮，直到出现确认安装所选内容界面，单击"安装"按钮。

（5）单击"关闭"按钮，重新启动计算机。

2. 架设独立根 CA

（1）单击"配置目标服务器上的 Active Directory 证书服务"选项，如图 7-19 所示。

184

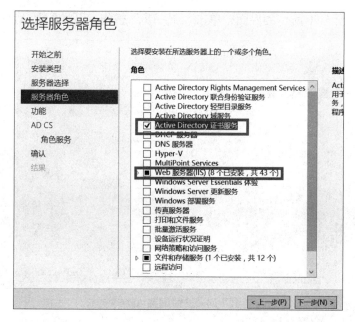

图 7-17 添加 AD CS 和 Web 服务器角色

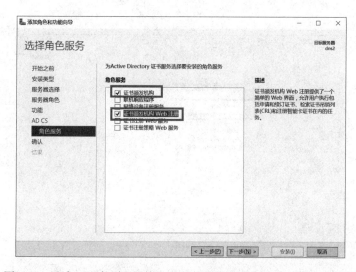

图 7-18 选中"证书颁发机构"和"证书颁发机构 Web 注册"复选框

图 7-19 配置目标服务器上的 Active Directory 证书服务

（2）弹出如图 7-20 所示的界面，单击"下一步"按钮，开始配置 AD CS。

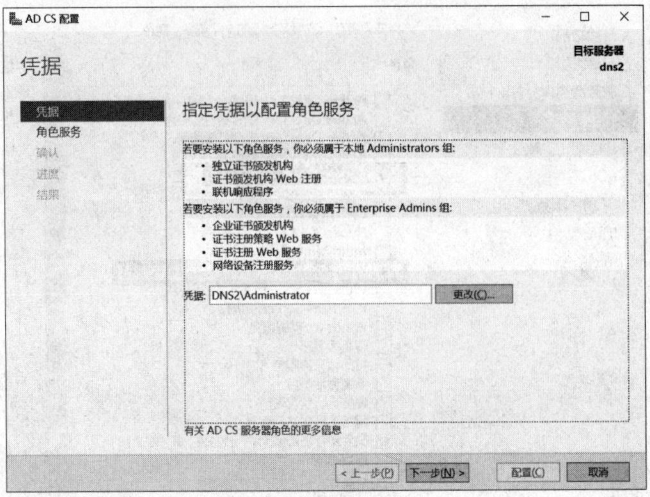

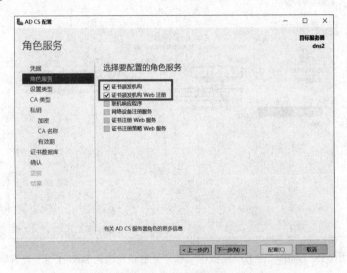

图 7-20　开始配置 AD CS

（3）选中"证书颁发机构"和"证书颁发机构 Web 注册"复选框，如图 7-21 所示，单击"下一步"按钮。

图 7-21　角色服务

（4）在图 7-22 中选择 CA 的类型后，单击"下一步"按钮。

（5）在图 7-23 中选中"根 CA"后，单击"下一步"按钮。

（6）在图 7-24 中选中"创建新的私钥"单选按钮后单击"下一步"按钮。此为 CA 的私钥，CA 必须拥有私钥后，才可以给客户端发放证书。

（7）出现"指定加密选项"界面时直接单击"下一步"按钮，采用默认的建立私钥的方法即可。

（8）出现"指定 CA 名称"界面时，为此 CA 设置名称（假设是 DNS2-CA）后，单击"下一步"按钮。

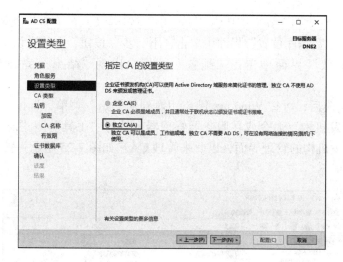

图 7-22　设置类型

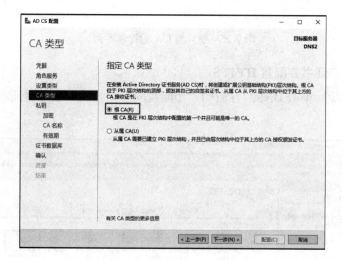

图 7-23　指定 CA 的类型

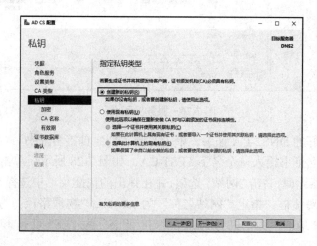

图 7-24　创建新的私钥

（9）在"指定有效期"界面中单击"下一步"按钮。CA 的有效期默认为 5 年。

（10）在"指定数据库位置"界面中单击"下一步"按钮，采用默认值即可。

（11）在"确认"界面中单击"配置"按钮，出现"结果"界面时单击"关闭"按钮。

（12）安装完成后，可按 Windows 键，切换到"开始"菜单，选择"Window 管理工具"→"证书颁发机构"命令或在服务器管理器中选择"工具"→"证书颁发机构"命令，打开证书颁发机构的管理界面，以此来管理 CA。如图 7-25 所示为独立根 CA 的管理界面。

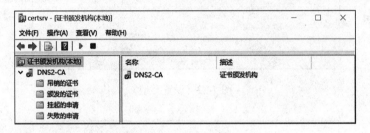

图 7-25　独立根 CA 的管理界面

3. 新建自签名证书并配置 HTTPS

打开 IIS 管理器，单击 DNS2，在右侧"功能视图"中找到"服务器证书"并双击进入，如图 7-26 所示。

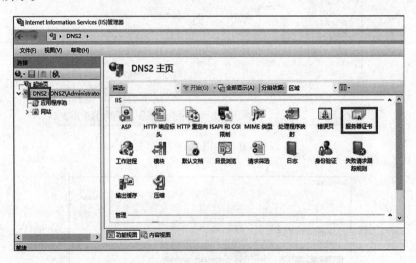

图 7-26　服务器证书

选中前面配置好的 DNS2-CA 证书，单击右侧"创建自签名证书"，如图 7-27 所示。

给创建的自签名证书输入一个名字 TEST-CA，如图 7-28 所示，单击"确定"按钮。

返回 IIS 管理器界面，右击"网站"选项，并在弹出的快捷菜单中选择"添加网站"命令。弹出"添加网站"对话框，指定"网站名称"为 sslweb，"物理路径"为 C:\myweb，绑定的类型为 https，"IP 地址"为本机 IP 地址，"SSL 证书"为 TEST-CA，单击"确定"按钮，如图 7-29 所示。

图 7-27　创建自签名证书

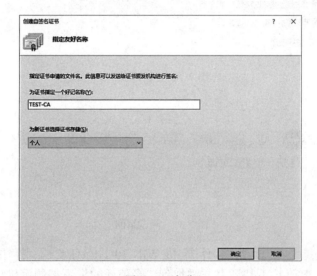

图 7-28　名称

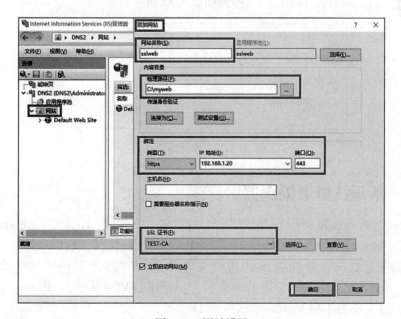

图 7-29　网站设置

在 IIS 中运行 index.html 页面，效果如图 7-30 所示，单击"继续浏览此网站"，结果如图 7-31 所示，成功显示内容，HTTPS 配置成功。

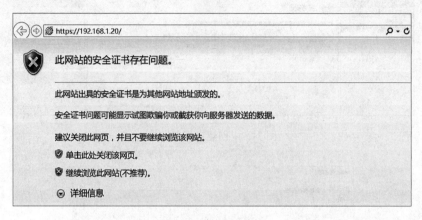

图 7-30 证书问题

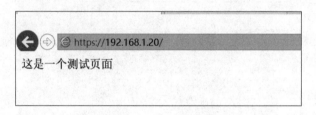

图 7-31 测试页面

证书故障排除：让浏览器计算机 WIN 10-1 信任 CA。打开浏览器，输入 http://192.168.1.20/certsrv，下载证书并添加到"受信任的根证书颁发机构"节点。重新打开浏览器，输入 https://192.168.1.20/，得到如图 7-32 所示效果。

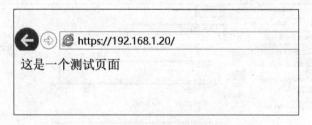

图 7-32 验证效果

任务 7-7 禁用注册表编辑器

首先通过运行 regedit 命令打开注册表，查找到以下位置：HKEY_CURRENT_USER\
SOFTWARE\Microsoft\Windows\CurrentVersion\Policies，如图 7-33 所示。

在 Policies 上右击，并在弹出的快捷菜单中选择"新建"→"项"命令，输入 System，选中 System，在右侧空白的地方右击，新建 DWORD 值为 DisableregistryTools，并设置其值为 1，如图 7-34 所示。

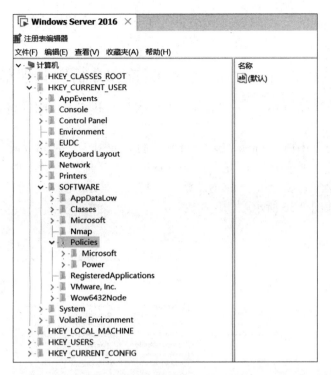

图 7-33　Policies 图

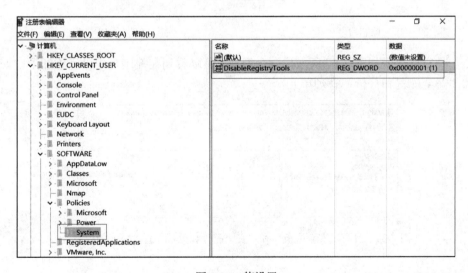

图 7-34　值设置

7.5　拓展提升　Windows 系统的安全模板

安全模板是一种可以定义安全策略的文件表示方式，它能够配置账户策略、本地策略、事件日志、受限制的组、文件系统、注册表以及系统服务等项目的安全设置。安全模板都是以 .inf 格式的文本文件存在，用户可以方便地复制、粘贴、导入或导出安全模板。此外，安全模板并不引入新的安全参数，而只是将所有现有的安全属性组织到一个位置以简化安全性管理，并且提供了一种快速批量修改安全选项的方法。

7.5.1 添加"安全模板"和"安全配置和分析"管理单元

在微软管理控制台（MMC）中添加"安全模板"和"安全配置和分析"管理单元，具体步骤如下。

（1）在"运行"中输入 mmc，按 Enter 键，打开如图 7-35 所示界面。

（2）在"文件"菜单中选择"添加/删除管理单元"命令，在弹出的对话框中选择"安全模板"和"安全配置和分析"，单击"添加"按钮将其添加到右边窗口，再单击"确定"按钮完成添加，如图 7-36 所示。

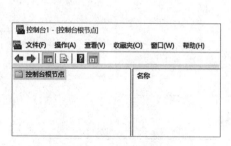

图 7-35　控制台

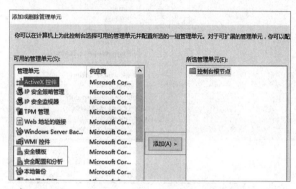

图 7-36　添加模块

（3）确定后返回如图 7-37 所示控制台界面，可以看到在控制台中已经添加了"安全模板"和"安全配置和分析"管理单元。

图 7-37　具有"安全模板"和"安全配置和分析"管理单元的控制台

7.5.2 创建和保存安全模板

在具有"安全模板"管理单元的控制台中创建安全模板 anquan，并将其保存，具体步骤如下。

1. 创建安全模板

（1）在控制台中展开"安全模板"节点，右击准备创建安全模板的模板路径 C:\Users\Administrator\Documents\Security\Templates，并在弹出的快捷菜单中选择"新加模板"命令，打开如图 7-38 所示的对话框，在该对话框中输入模板的名称和描述，最后单击"确定"按钮，即可完成安全模板的创建。

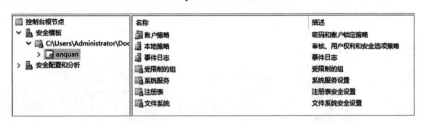

图 7-38　创建安全模板

（2）返回控制台，双击安全模板 anquan，可以看到如图 7-39 所示界面。

控制台根节点	名称	描述
安全模板	账户策略	密码和账户锁定策略
C:\Users\Administrator\Doc	本地策略	审核、用户权利和安全选项策略
anquan	事件日志	事件日志
安全配置和分析	受限制的组	受限制的组
	系统服务	系统服务设置
	注册表	注册表安全设置
	文件系统	文件系统安全设置

图 7-39　创建完安全模板后的效果检查

（3）修改"密码最短使用期限"为"30 天"，修改"密码最长使用期限"为"100 天"。

2. 保存包含安全模板的控制台

在关闭具有"安全模板"管理单元的控制台时，将出现如图 7-40 所示的"保存安全模板"对话框，选择相应安全模板，然后单击"是"按钮，即可保存该安全模板。

7.5.3　导出安全模板

将当前计算机所使用的安全模板导出，并设置名称为 daochu，具体步骤如下。

依次选择"开始"→"管理工具→"本地安全策略"命令，打开"本地安全策略"控制台。右击"安全设置"，并在弹出的快捷菜单中选择"导出策略"命令，在打开的"将策略导出到"对话框中，指定安全模板将要导出的路径和文件名，如图 7-41 所示，最后单击"保存"按钮，即可导出计算机当前安全模板。

7.5.4　导入安全模板

将安全模板 anquan 导入当前计算机并使用，具体步骤如下。

（1）依次选择"开始"→"管理工具→"本地安全策略"命令，打开"本地安全策略"控制台，右击"安全设置"，并在弹出的快捷菜单中选择"导入策略"命令。

（2）在打开的"策略导入来源"对话框中，指定要导入的安全模板路径和文件名，如图 7-42 所示。最后单击"打开"按钮，即可导入安全模板。本例中创建的 anquan.inf 安全模板导入的路径是 C:\Users\Administrator\Documents\Security\Templates。

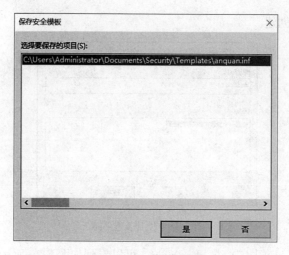

图 7-40　保存安全模板

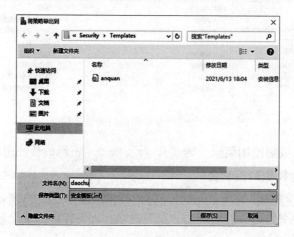

图 7-41　导出安全模板

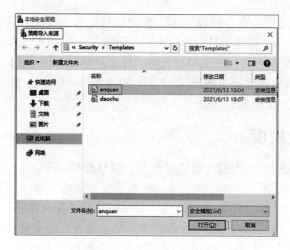

图 7-42　导入安全模板

7.6 习　　题

一、填空题

1. 操作系统安全的主要特征是：_____、_____、_____、_____、_____。

2. 网络服务器安全配置的基本安全策略宗旨是_____。

3. 在 Windows 中可以使用_____命令来查看端口。

4. 加密文件系统是一个功能强大的工具，用于对_____和_____上的文件和文件夹进行_____。

5. 后门一般也不外乎_____、_____和_____三类。

二、选择题

1. 下面选项中属于计算机网络里最大安全弱点的是（　　）。

   A. 网络木马　　　　B. 计算机病毒　　　C. 用户账户　　　　D. 网络连接

2. SSL 提供的安全机制可以在分布式数据库中被采用的安全技术是（　　）。

   A. 身份验证　　　　B. 保密通信　　　　C. 访问控制　　　　D. 库文加密

3. 软件漏洞包括如下几个方面，最能够防治缓冲区溢出的是（　　）。

   A. 操作系统、应用软件　　　　　　　B. TCP/IP

   C. 数据库、网络软件和服务　　　　　D. 密码设置

4. （　　）是指有关管理、保护和发布敏感消息的法律、规定和实施细则。

   A. 安全策略　　　　B. 安全模型　　　　C. 安全框架　　　　D. 安全原则

5. 终端服务是 Windows 操作系统自带的，可以通过图形界面远程操纵服务器。在默认的情况下，终端服务的端口号是（　　）。

   A. 2　　　　　　　B. 3389　　　　　　C. 80　　　　　　　D. 1399

三、简答题

1. 简述 EFS 加密过程。

2. 简述端口的两种常见分类和组成。

3. Windows 安全模板可以批量修改哪些和安全有关的设置？

4. 简述 Windows 安全配置有哪些方面。

项目8 防火墙技术

8.1 项目导入

    防火墙是一种隔离控制技术，由软件和硬件设备组合而成。它在某个机构的网络和不安全的网络之间设置屏障，阻止对信息资源的非法访问，也可以阻止重要信息从企业的网络上被非法输出。

    作为 Internet 的安全性保护软件，防火墙已经得到广泛的应用。通常企业为了维护内部的信息系统安全，在企业网和 Internet 间设立防火墙。企业信息系统对于来自 Internet 的访问，采取有选择的接收方式。它可以允许或禁止一类具体的 IP 地址访问，也可以接收或拒绝 TCP/IP 上的某一类具体的应用。如果在某一台 IP 主机上有需要禁止的信息或危险的用户，则可以通过设置使用防火墙过滤从该主机发出的包。如果一个企业只是使用 Internet 的电子邮件和 WWW 服务器向外部提供信息，那么就可以在防火墙上设置使只有这两类应用的数据包可以通过。这对于路由器来说，不仅要分析 IP 层的信息，而且要进一步了解 TCP 传输层甚至应用层的信息以进行取舍。防火墙一般安装在路由器上以保护一个子网，也可以安装在一台主机上，保护这台主机不受侵犯。

8.2 职业能力目标和要求

    防火墙技术是设置在被保护网络和外部网络之间的一道屏障，实现网络的安全保护，以防止发生不可预测的、有潜在破坏性的侵入。防火墙本身具有较强的抗攻击能力，它是提供信息安全服务、实现网络和信息安全的基础设施。

    学习完本项目，可以达到以下职业能力目标和要求。

- 通过项目理解防火墙的功能和工作原理。
- 掌握操作系统内置互联网连接防火墙的配置。
- 掌握天网防火墙个人版的配置和使用。
- 灵活运用防火墙的配置，保证系统的安全。

8.3 相关知识

8.3.1 防火墙的定义

    防火墙是一个由计算机硬件和软件组成的系统，部署于网络边界，是内部网络和外部网络之间的连接桥梁，同时对进出网络边界的数据进行保护，防止恶意入侵、恶意代码的传播等，保障内部网络数据的安全。防火墙技术是建立在网络技术和信息安全技术基础上的应用性安全技术，几乎所有的企业内部网络与外部网络（如因特网）相连接的边界设都会放置防火墙。防火墙能够起到安全过滤和安全隔离外网攻击、入侵等有害的网络安全信息和行为的作用。

8.3.2　防火墙简介

1. 防火墙的功能

（1）防火墙是网络安全的屏障。

（2）防火墙可以强化网络安全策略。

（3）对网络存取和访问进行监控审计。

（4）防止内部信息的外泄。

2. 防火墙的优点

（1）防火墙保护脆弱的服务。

（2）防火墙控制对系统的访问。

（3）防火墙进行集中的安全管理。

（4）防火墙增强保密性。

（5）防火墙有效地记录 Internet 上的活动。

3. 防火墙的缺点

（1）防火墙防外不防内。

（2）防火墙难于管理和配置，易造成安全漏洞。

（3）很难为用户在防火墙内外提供一致的安全策略。

（4）防火墙只实现了粗粒度的访问控制。

（5）防火墙不能防范未知的威胁。

（6）防火墙不能防范不通过它的连接。

8.3.3　防火墙的实现技术

1. 包过滤技术

包过滤是防火墙的最基本过滤技术，它对内外网之间传输的数据包按照事先设置一系列的安全规则进行过滤或筛选。包过滤防火墙检查每一条规则直至发现数据包中的信息与某些规则能符合，则允许这个数据包穿过防火墙进行传输。如果没有一条规则能符合，则防火墙使用默认规则，一般情况下，要求丢包。

包过滤防火墙可视为一种 IP 封包过滤器，运作在底层的 TCP/IP 栈上。我们可以以枚举的方式，只允许符合特定规则的封包通过，其余的一概禁止穿越防火墙，这些规则通常可以经由管理员定义或修改，不过某些防火墙设备只能套用内置的规则。我们也能以另一种较宽松的角度来制订防火墙规则，只要封包不符合任何一项"否定规则"就予以放行。较新的防火墙能利用封包的多样属性来进行过滤，如源 IP 地址、源端口号、目的 IP 地址、目的端口号、服务类型、通信协议、TTL 值、来源的网络或网段等属性。包过滤技术防火墙原理如图 8-1 所示。

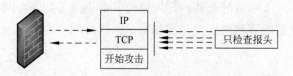

图 8-1　包过滤技术防火墙原理

2. 应用级网关

应用级网关即代理服务器，代理服务器通常运行在两个网络之间，它为内部网的客户提供 HTTP、FTP 等某些特定的因特网服务。代理服务器相对于内部网的客户来说是一台服务器；对于外部网的服务器来说，它又相当于客户机。当代理服务器接收到内部网的客户对某些因特网站点的访问请求后，首先会检查该请求是否符合事先制订的安全规则，如果符合，代理服务器会将此请求发送给因特网站点，从因特网站点反馈回的响应信息再由代理服务器转发给内部网的客户。代理服务器会将内部网的客户和因特网隔离。

对于内外网转发的数据包，代理服务器在应用层对这些数据进行安全过滤，而包过滤技术与 NAT 技术主要在网络层和传输层进行过滤。由于代理服务器在应用层对不同的应用服务进行过滤，所以可以对常用的高层协议做更细的控制。

由于安全级网关不允许用户直接访问网络，因而使效率降低，而且安全级网关需要对每一个特定的因特网服务安装相应的代理服务软件，内部网的客户要安装此软件的客户端软件。此外，并非所有的因特网应用服务都可以使用代理服务器。应用级网关技术防火墙原理如图 8-2 所示。

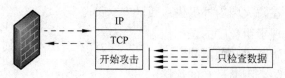

图 8-2　应用级网关防火墙原理

3. 状态检测技术

状态检测防火墙不仅像包过滤防火墙仅考查数据包的 IP 地址等几个孤立的信息，而且增加了对数据包连接状态变化的额外考虑。它在防火墙的核心部分建立数据的连接状态表，将在内外网间传输的数据包以会话角度进行检测，利用状态表跟踪每一个会话状态。

例如，防火墙会在连接状态表中加以标注某个内网主机访问外网的连接请求。当此连接请求的外网响应数据包返回时，防火墙会将数据包的各层信息和连接状态表中记录的信息相匹配，如果从外网进入内网的这个数据包和连接状态表中的某个记录在各层状态信息一一对应，防火墙则判断此数据包是外网正常返回的响应数据包，会允许这个数据包通过防火墙进入内网。按照这个原则，防火墙将允许从外部响应此请求的数据包以及随后两台主机间传输的数据包通过，直到连接中断，而将由外部发起的企图连接内部主机的数据包全部丢弃，因此状态检测防火墙提供了完整的对传输层的控制能力。

状态检测防火墙对每一个会话的记录、分析工作可能会造成网络连接的迟滞，当存在大量安全规则时尤为明显，采用硬件实现方式可有效改善这方面的缺陷。状态检测防火墙原理如图 8-3 所示。

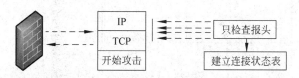

图 8-3　状态检测防火墙原理

8.3.4　网络防火墙和主机防火墙（系统防火墙）

根据防火墙保护的对象不同，防火墙可分为网络防火墙和主机防火墙。主机防火墙也称为个人防火墙或系统防火墙，它主要对主机系统进行全面的防护。

系统防火墙与我们传统意义上的防火墙（也就是网络防火墙）有着本质上的区别。传统意义上的网络防火墙，是对计算机的网络通信请求及数据进行监控，阻止有可能对计算机造成威胁的访问或数据，从而有效地避免黑客的入侵或者其他病毒的攻击。它只允许经过用户许可的网络进行传输，而阻断其他任何形式的网络访问。

系统防火墙在用户的操作形式上与网络防火墙相似，但针对的目标却完全不同。系统防火墙拦截或阻断的是所有对操作系统构成威胁的操作，如对系统目录或系统文件进行的添加、修改、删除，或者对注册表的修改等。阻止了所有针对系统所进行的破坏操作，自然也就能够保障系统正常而稳定地运行了。

系统防火墙按照功能划分，可以分为应用程序防御、注册表防御和文件防御三类，能够分别实现某个监视和防御功能的小软件有很多，但通常我们只把能够实现所有防御功能的综合型防御软件称为系统防火墙软件，如天网防火墙、Windows 防火墙、360 安全卫士等。

8.4　项 目 实 施

任务 8-1　简易系统防火墙配置

本任务使用 IPSec 来完成，下面介绍在 Windows 10 中使用 IPSec 来实现简易防火墙。

1. 创建 IPSec 筛选器列表

（1）单击任务栏"搜索"按钮，在搜索框中输入 mmc 命令，在搜索结果中单击 mmc 程序，打开"控制台 1-[控制台根节点]"界面，如图 8-4 所示。

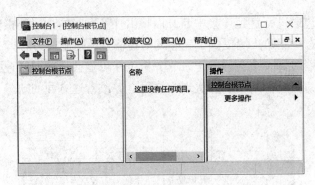

图 8-4 "控制台 1-[控制台根节点]"界面

（2）在"控制台 1-[控制台根节点]"界面中，选择"文件"→"添加 / 删除管理单元"命令，如图 8-5 所示。

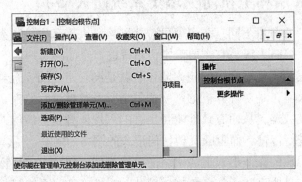

图 8-5 控制台操作界面

（3）在图 8-6 所示的"添加或删除管理单元"窗口的"可用的管理单元"列表中选择"IP 安全策略管理"选项，单击"添加"按钮。在弹出的对话框中选中"本地计算机"单选按钮，单击"完成"按钮，如图 8-7 所示。

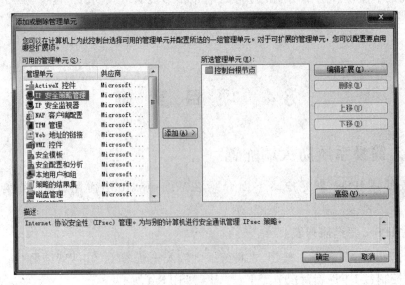

图 8-6 添加 / 删除管理单元界面

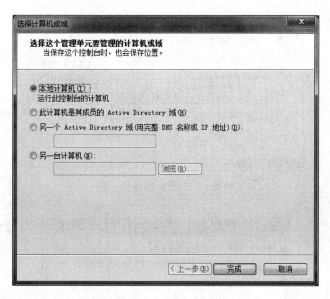

图 8-7 "选择计算机或域"对话框

（4）单击"确定"按钮，返回"控制台 1-[控制台根节点]"界面，完成"IP 安全策略，在本地计算机"的设置，如图 8-8 所示。

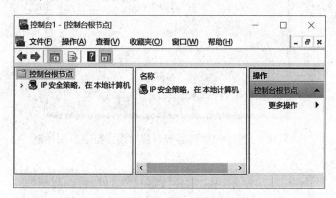

图 8-8 完成 IP 安全策略设置界面

2. 添加 IP 筛选器表

在本机中添加一个指定 IP（192.168.1.112）的筛选器表。

（1）在"控制台 1-[控制台根结点]"中右击左窗格中的"IP 安全策略，在本地计算机"选项，并在弹出的快捷菜单中选择"管理 IP 筛选器列表和筛选器操作"命令，如图 8-9 所示，出现"管理 IP 筛选器列表和筛选器操作"对话框。

（2）单击选中"管理 IP 筛选器列表"选项卡，如图 8-10 所示，然后单击"添加"按钮，出现"IP 筛选器列表"对话框。

（3）在打开的"IP 筛选器列表"对话框，输入 IP 筛选器的"名称"和"描述"，如"名称"为"屏蔽特定 IP"，"描述"为"屏蔽 192.168.1.112"，并且取消选中"使用'添加向导'"，如图 8-11 所示。单击"添加"按钮，出现"IP 筛选器 属性"对话框。

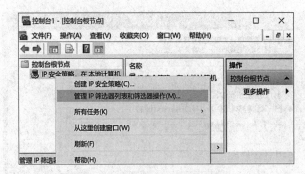

图 8-9　管理 IP 筛选器列表

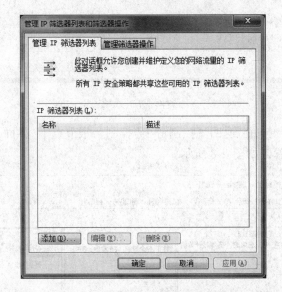

图 8-10　"管理 IP 筛选器列表和筛选器操作"对话框

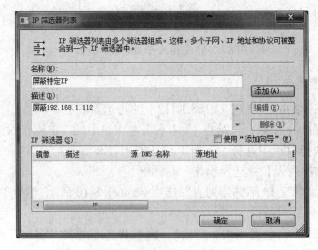

图 8-11　"IP 筛选器列表"对话框

（4）在"IP 筛选器 属性"对话框中，单击选中"地址"选项卡，在"源地址"下拉菜单中选择"我的 IP 地址"选项，在"目标地址"下拉菜单中选择"一个特定的 IP 地址或子网"选项。当选择"一个特定的 IP 地址或子网"时，会出现"IP 地址或子网"文本框，可输入要屏蔽的 IP 地址，如 192.168.1.112，如图 8-12 所示。

图 8-12 "地址"选项卡

（5）在"IP 筛选器 属性"对话框的"协议"选项卡中，选择协议类型及设置 IP 端口，如图 8-13 所示。

图 8-13 "协议"选项卡

（6）在"IP 筛选器 属性"对话框的"描述"选项卡中的"描述"文本框中，输入描述文字，作为筛选器的详细描述，如图 8-14 所示。单击"确定"按钮，返回到"IP 筛选器列表"对话框，"屏蔽特定 IP"被填入了筛选器列表。

图 8-14 "描述"选项卡

3. 添加 IP 筛选器动作

在添加 IP 筛选器表中，只添加了一个表，它没有防火墙功能，只有再加入动作后，才能发挥作用。下面将建立一个"阻止"动作，通过动作与刚才建立的列表相结合，就可以屏蔽指定的 IP 地址。

（1）在"控制台 1-[控制台根节点]"窗口的"控制台根节点"中，右击"IP 安全策略，在本地计算机"选项，并在弹出的快捷菜单中选择"管理 IP 筛选器列表和筛选器操作"命令，进入"管理 IP 筛选器列表和筛选器操作"对话框。

（2）在"管理 IP 筛选器列表和筛选器操作"对话框的"管理 IP 筛选器列表"选项卡中选中"屏蔽特定 IP"选项，如图 8-15 所示。然后在"管理筛选器操作"选项卡中单击"添加"按钮，出现"新筛选器操作属性"对话框，如图 8-16 所示。

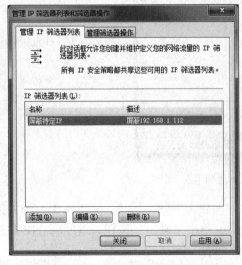

图 8-15 选择"屏蔽特定 IP"选项

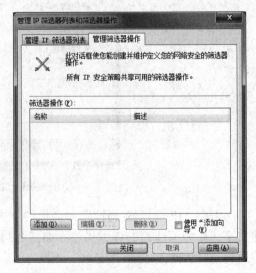

图 8-16 "管理筛选器操作"选项面板

（3）在"新筛选器操作 属性"对话框的"安全方法"选项卡中，选中"阻止"单选按钮，如图8-17所示。在"常规"选项卡中，在"名称"文本框中输入"阻止"，如图8-18所示。

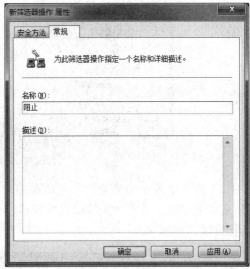

图8-17 "安全方法"选项卡 　　　　　图8-18 "常规"选项卡

（4）单击"确定"按钮，"阻止"加入"筛选器操作"中，如图8-19所示。

图8-19 筛选器操作完成

4. 创建IP安全策略

筛选器表和筛选器动作已建立完成，下面任务中将它们结合起来以发挥防火墙的作用。

（1）在"控制台1-[控制台根节点\IP安全策略,在本地计算机]"窗口的"控制台根节点"中，右击"IP安全策略,在本地计算机"选项，并在弹出的快捷菜单中选择"创建IP安全策略"命令，如图8-20所示，出现"IP安全策略向导"对话框。

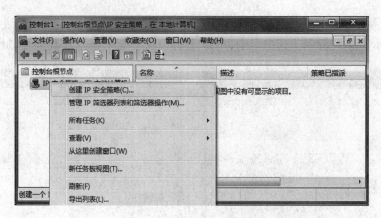

图 8-20　创建 IP 安全策略

（2）在"IP 安全策略向导"对话框的"名称"文本框中输入"我的安全策略"，在"描述"文本框中输入对安全策略设置的描述，如图 8-21 所示，单击"下一步"按钮，出现"安全通讯请求"对话框。

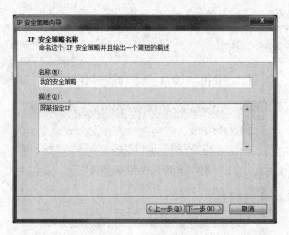

图 8-21　安全策略名称

（3）取消选中"激活默认响应规则"复选框，单击"下一步"按钮，如图 8-22 所示。

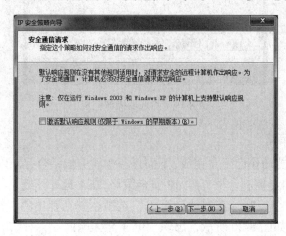

图 8-22　安全通信请求

（4）在"IP 安全策略向导"对话框中，选中"编辑属性"复选框，单击"完成"按钮，如图 8-23 所示。

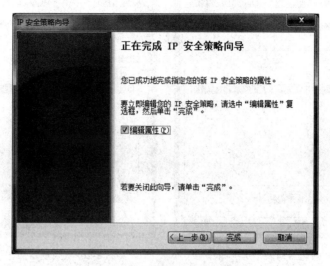

图 8-23　完成安全策略向导

（5）在"我的安全策略 属性"对话框的"规则"选项卡中，单击"添加"按钮，如图 8-24 所示。

图 8-24　"我的安全策略 属性"对话框

（6）出现"新规则 属性"对话框，在"IP 筛选器列表"选项卡中，单击选中"屏蔽特定 IP"单选按钮，如图 8-25 所示。在"筛选器操作"选项卡中，单击选中"阻止"单选按钮，如图 8-26 所示，单击"确定"按钮，新规则已建立。

（7）在刚建立的"我的安全策略"上右击，并在弹出的快捷菜单中选择"分配"命令，如图 8-27 所示。屏蔽特定 IP 地址的操作已完成。

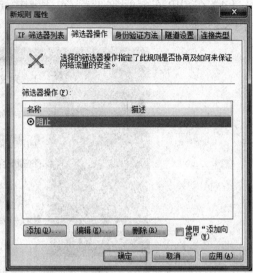

图 8-25 "IP 筛选器列表"选项面板   图 8-26 "筛选器操作"选项面板

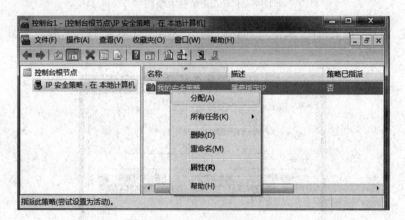

图 8-27 指派策略

最后，我们可以通过 ping 192.168.1.112 主机来验证防火墙。

任务 8-2　配置 Windows 10 系统防火墙并禁止 ping 服务

1. 任务需求

通过配置 Windows 10 操作系统防火墙，防止其他用户使用 ping 命令侦测本地 Windows 10 主机。

2. 任务实施

1）方法一

（1）单击任务栏"搜索"按钮，在文本框中输入 Windows，在搜索结果中单击"Windows 安全中心设置"或"Windows Defender 防火墙"选项。如果单击"Windows 安全中心设置"，在"Windows 安全中心"窗口中单击"防火墙和网络保护"选项，如图 8-28 所示。在"防火墙和网络保护"窗口中选择"高级设置"选项，如图 8-29 所示。如果单击"Windows Defender 防火墙"，在"Windows Defender 防火墙"窗口中选择"高级设置"选项，如图 8-30 所示。

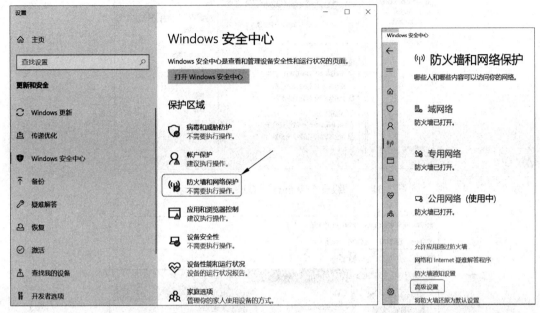

图 8-28　Windows 安全中心　　　　　　　　　　　　　　图 8-29　高级设置

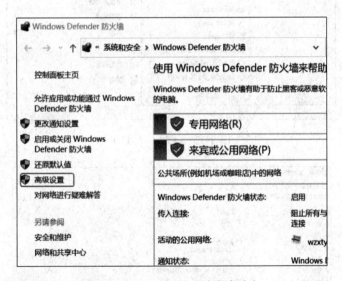

图 8-30　Windows Defender 防火墙窗口

（2）在图 8-30 中单击"高级设置"选项后，进入"高级安全 Windows Defender 防火墙"窗口，如图 8-31 所示。

（3）单击窗口左侧"入站规则"选项，然后在右侧窗格中找到并单击"新建规则"，如图 8-32 所示。在"新建入站规则向导"中单击选中"自定义"单选按钮，单击"下一步"按钮，如图 8-33 所示。

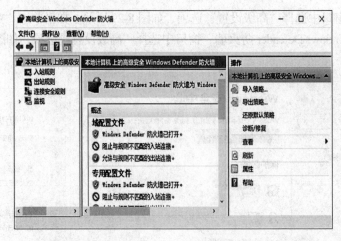

图 8-31 "高级安全 Windows Defender 防火墙"窗口

图 8-32 新建入站规则

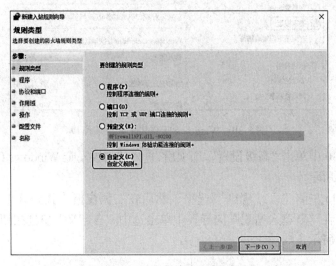

图 8-33 选择自定义规则

（4）该规则应用于所有程序，单击选中"所有程序"单选按钮，单击"下一步"按钮，如图 8-34 所示。指定规则应用于 ICMPv4，在"协议类型"中选择 ICMPv4 选项，然后单击"下一步"按钮，如图 8-35 所示。

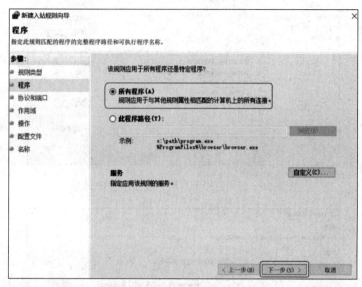

图 8-34　该规则应用于所有程序

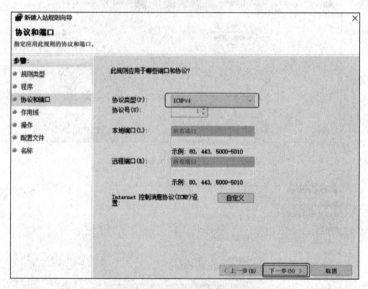

图 8-35　指定规则应用于 ICMPv4

（5）指定规则应用于本地和远程任何 IP 地址，默认选中"任何 IP 地址"单选按钮，单击"下一步"按钮，如图 8-36 所示。指定规则为阻止连接，选中"阻止连接"单选按钮，单击"下一步"按钮，如图 8-37 所示。

（6）依次选中"域""专用""公用"复选框，然后依次单击"下一步"按钮，如图 8-38 所示。根据任务需求对规则进行命名和描述，让规则一目了然，单击"完成"按钮，如图 8-39 所示。

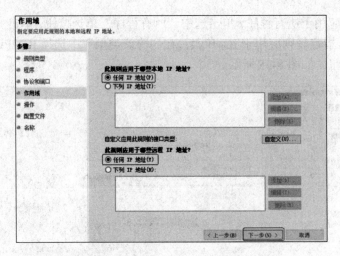

图 8-36　规则应用于本地和远程任何 IP 地址

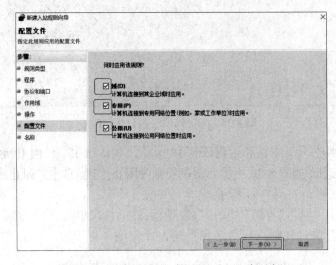

图 8-37　指定规则为阻止连接

图 8-38　选中"域""专用""公用"复选框

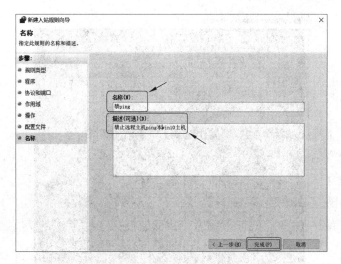

图 8-39 对规则命名和描述

（7）验证结果，远程 192.168.1.103 主机 ping 本地 Windows 10 主机 192.168.1.104，验证结果为不能 ping 通，规则配置成功，如图 8-40 所示。禁用规则并关闭防火墙，如图 8-41所示。禁用规则再进行验证，验证结果为能 ping 通，如图 8-42 所示。

图 8-40 远程主机 ping 验证

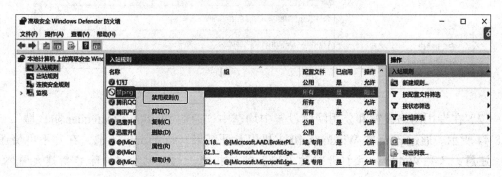

图 8-41 禁用规则

图 8-42　禁用规则后验证

2）方法二

（1）单击任务栏"搜索"按钮，在文本框中输入 Windows，在搜索结果中单击"Windows Defender 防火墙"选项，选择"启用或关闭 Windows Defender 防火墙"选项，如图 8-43 所示。

图 8-43　启用或关闭 Windows Defender 防火墙

（2）在专用网络设置和公用网络设置中均选中"启用 Windows Defender 防火墙"，如图 8-44 所示。通过 ping 本 Windows 10 主机以验证结果，结果 ping 不通，在此不再赘述。

注意：只要 Windows 主机开启防火墙，默认拒绝一切入站协议，除非新建允许入站规则。

图 8-44 启用 Windows Defender 防火墙

任务 8-3 配置 Windows Server 2016 防火墙只开放 80 端口

1. 任务需求

为了保证 Windows Server 2016 Web 服务器的安全,通过配置 Windows Server 2016 Web 服务器本地高级安全 Windows 防火墙,只允许服务器开放 TCP 为 80 端口对外服务。

2. 任务实施

(1)要保证 Windows Server 2016 Web 服务器安全,首先要开启防火墙,拒绝一切开放的端口。单击任务栏左侧"搜索"按钮,在文本框中输入"控制面板"文本,在搜索结果中单击"控制面板"图标,找到并单击"Windows 防火墙"程序,单击左侧"启用或关闭 Windows 防火墙"选项,如图 8-45 所示。在"专用网络设置"和"公用网络设置"中全选中"启用 Windows 防火墙",单击"确定"按钮,如图 8-46 所示。此时未经过授权的所有端口均已经拒绝服务。

图 8-45 打开 Windows 防火墙

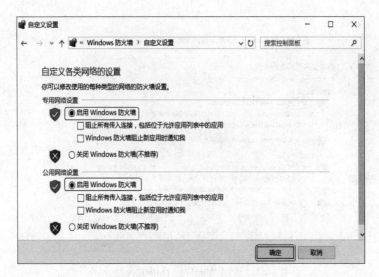

图 8-46　启用 Windows 防火墙

（2）选择"高级设置"选项后，进入"高级安全 Windows 防火墙"界面，单击左侧"入站规则"选项，再单击右侧"新建规则"选项，如图 8-47 所示。

图 8-47　新建入站规则

（3）选择要创建防火墙的规则类型，选中"端口"单选按钮，单击"下一步"按钮，如图 8-48 所示。

（4）指定应用此规则的端口，选中 TCP 单选按钮后，再选中"特定本地端口"单选按钮，在右侧文本框中输入 80，单击"下一步"按钮，如图 8-49 所示。

（5）指定规则条件相匹配时要执行的操作，选中"允许连接"单选按钮后，单击"下一步"按钮，如图 8-50 所示。

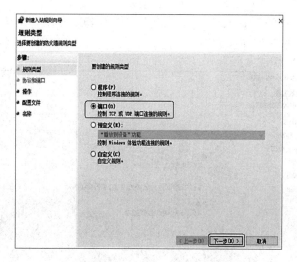

图 8-48 选择要创建防火墙规则类型

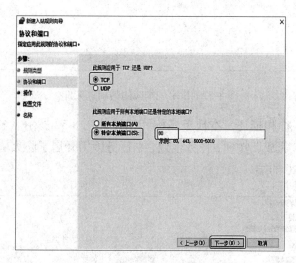

图 8-49 指定应用此规则的端口

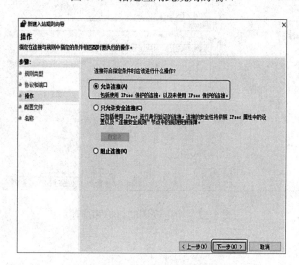

图 8-50 指定应用此规则的端口

（6）指定规则应用的配置文件，取消选中"域"和"专用"复选框，只保留"公用"复选框，单击"下一步"按钮，如图 8-51 所示。

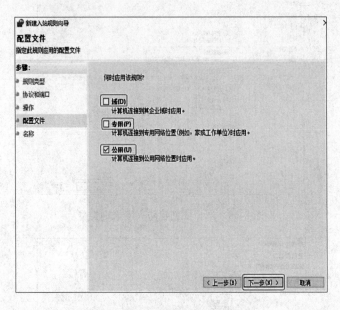

图 8-51 指定规则应用的配置文件

（7）指定规则名称和描述，本任务名称和描述如图 8-52 所示（名称和描述尽量使语义一目了然），单击"完成"按钮，任务生效，本任务因为开启了防火墙，拒绝了所有端口，此处开启了 TCP 为 80 的端口。

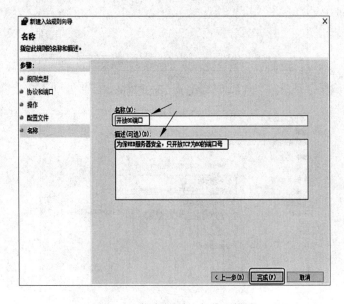

图 8-52 指定规则的名称和描述

8.5 习　　题

一、填空题

1. IPSec 的中文译名是_____。

2. _____是一种网络安全保障技术，它用于增强内部网络安全性，决定外界的哪些用户可以访问内部的哪些服务，以及哪些外部站点可以被内部人员访问。

3. 常见的防火墙有_____、应用代理防火墙和状态检测防火墙。

4. 防火墙按组成组件分为_____和_____。

5. 包过滤防火墙的过滤规则基于_____。

二、选择题

1. 防火墙技术可以分为（ ① ）3 大类型，防火墙系统通常由（ ② ）组成，防止不希望的、未经授权的信息进入被保护的内部网络，是一种（ ③ ）网络安全措施。

① A. 包过滤、入侵检测和数据加密

　 B. 包过滤、入侵检测和应用代理

　 C. 包过滤、应用代理和入侵检测

　 D. 包过滤、状态监测和应用代理

② A. 杀病毒卡和杀病毒软件　　　　　B. 代理服务器和入侵检测系统

　 C. 过滤路由器和入侵检测系统　　　D. 过滤路由器和代理服务器

③ A. 被动的　　　　　　　　　　　　B. 主动的

　 C. 能够防止内部犯罪的　　　　　　D. 能够解决所有问题的

2. 防火墙是建立在内外网络边界上的一类安全保护机制，其安全构架基于（ ① ）。一般作为代理服务器的堡垒主机上装有（ ② ），其上运行的是（ ③ ）。

① A. 流量控制技术　　　　　　　　　B. 加密技术

　 C. 信息流填充技术　　　　　　　　D. 访问控制技术

② A. 一块网卡且只有一个 IP 地址　　B. 两个网卡且有两个不同的 IP 地址

　 C. 两个网卡且有相同的 IP 地址　　D. 多个网卡且动态获得 IP 地址

③ A. 代理服务器软件　　　　　　　　B. 网络操作系统

　 C. 数据库管理系统　　　　　　　　D. 应用软件

3. 以下不属于 Windows 2000 中的 IPSec 过滤行为的是（　　　）。

　 A. 允许　　　　　B. 阻塞　　　　　C. 协商　　　　　D. 证书

4. 以下关于防火墙的设计原则说法正确的是（　　　）。

　 A. 保持设计的简单性

　 B. 不单单要提供防火墙的功能，还要尽量使用较大的组件

　 C. 保留尽可能多的服务和守护进程，从而能提供更多的网络服务

D. 一套防火墙就可以保护全部的网络

5. 下列关于防火墙的说法正确的是（　　　）。

A. 防火墙的安全性能是根据系统安全的要求而设置的

B. 防火墙的安全性能是一致的，一般没有级别之分

C. 防火墙不能把内部网络隔离为可信任网络

D. 一个防火墙只能用来对两个网络之间的互相访问实行强制性管理

6. 为确保企业局域网的信息安全，防止来自 Internet 的黑客入侵，采用（　　　）可以实现一定的防范作用。

A. 网络管理软件　　　　　　　　B. 邮件列表

C. 防火墙　　　　　　　　　　　D. 防病毒软件

7.（　　　）不是防火墙的功能。

A. 过滤进出网络的数据包　　　　B. 保护储存数据安全

C. 封堵某些禁止的访问行为　　　D. 记录通过防火墙的信息内容和活动

三、简答题

1. 什么是防火墙？请简述防火墙的必要性。

2. 防火墙主要作用是什么？它有哪些局限性？

3. 简述包过滤防火墙的工作原理。

4. 防火墙按照技术分成哪几类？

5. 什么是 IPSec？IPSec 提供了哪几种保护数据传输的形式？

项目 9　无线局域网安全

9.1　项目导入

随着无线技术运用的日新月异，无线网络的安全问题越来越受到人们的关注。通常网络的安全性主要体现在访问控制和数据加密两个方面。访问控制保证敏感数据只能由授权用户进行访问，而数据加密则保证发射的数据只能被所期望的用户接收和理解。对于有线网络来说，访问控制往往以物理端口接入方式进行监控，它的数据通过电缆传输到特定的目的地，一般情况下，只有在物理链路遭到破坏的情况下，数据才有可能被泄露。而无线网络的数据传输则是利用微波在空气中进行辐射传播，因此只要在 AP（access point，接入点）覆盖的范围内，所有的无线终端都可以接收到无线信号，AP 无法将无线信号定向到一个特定的接收设备，因此无线的安全保密问题就显得尤为突出。

无线局域网在带来巨大应用便利的同时，也存在许多安全上的问题。由于局域网通过开放性的无线传输线路传输高速数据，很多有线网络中的安全策略在无线方式下不再适用，在无线发射装置功率覆盖的范围内任何接入用户均可接收到数据信息，而将发射功率对准某一特定用户在实际中难以实现。这种开放性的数据传输方式在带来灵便的同时也带来了安全性方面的新挑战。

9.2　职业能力目标和要求

无线局域网是于 20 世纪 90 年代出现在现实生活中的。当它出现时，就有人预言完全取消电缆和线路连接方式的时代即将来临。目前，随着无线网络技术的日趋完善，无线网络产品价格持续下调，无线局域网的应用范围也迅速扩展。过去，无线局域网（wireless local area network，WLAN）仅限于工厂和仓库使用，现在已进入办公室、家庭乃至其他公共场所。

无线局域网是指以无线信道作传输媒介的计算机局域网。它是无线通信、计算机网络技术相结合的产物，是有线联网方式的重要补充和延伸，并逐渐成为计算机网络中一个至关重要的组成部分。

学习完本项目，可以达到以下职业能力目标和要求。

• 掌握无线网络安全防范。
• 掌握无线局域网常见的攻击。
• 掌握 WEP 的威胁。
• 掌握无线安全机制。

9.3　相　关　知　识

9.3.1　无线网络概述

目前，无线通信一般有两种传输手段，即无线电波和光波。无线电波包括短波、超短波和微波。光波指激光、红外线。

短波、超短波类似电台或电视台广播采用的调幅、调频或调相的载波，通信距离可达数十千米。这种通信方式速率慢、保密性差、易受干扰、可靠性差，一般不用于无线局域网。激光、红外线由于易受天气影响，不具备穿透的能力，在无线局域网中一般不用。

因此，微波是无线局域网通信传输媒介的最佳选择。目前，使用微波作传输介质通常以扩频方式传输信号。这种扩频通信最早始于军事通信，由于扩频通信在提高信号接收质量、抗干扰、保密性、增加系统容量方面都有突出的优点，扩频通信迅速地在民用、商用通信领域普及开来。在国内，近年来扩频通信技术已经应用于室内局域网互联和室外城域网互联等领域。

9.3.2　Wi-Fi 在全球范围迅速发展的趋势

随着万物互联时代的到来，Wi-Fi 的价值从单一地连接数据，变成多样化地连接业务和商业智能。在目前疫情防控任务下，大量企业园区启用 AI 口罩识别系统、门禁管理系统，以及设备，这些新设备、新技术的快速添加，使数据传输能力成为重点，也意味着无线局域网面临着众多的全新挑战，让 Wi-Fi 升级变成了重点需求。

2020 年 2 月 13 日小米 10 新品直播发布会召开，此次发布会还带来了小米首款支持 Wi-Fi 6 网络技术的路由器（小米 AIoT 路由器 AX3600）。据不完全统计，到 2020 年，全球 Wi-Fi 6 设备出货量达到 16 亿部。与此同时，2019 年年末到 2020 年年初，所有主要智能手机和接入点的 Wi-Fi 6 支持量都将大增。目前，华为、思科、Netgear、华硕和 TP-LINK 的设备已经早期实现了 Wi-Fi 接入点。2019 年 8 月发布的三星 Galaxy Note 10 是全球首款支持 Wi-Fi CERTIFIED 6 的智能手机。Wi-Fi 标准变革及发展趋势如表 9-1 所示。

表 9-1　Wi-Fi 标准变革及发展趋势

IEEE 标准变革	宽带速率 /（Mb/s）	时　　间	频率 /GHz
Wi-Fi 6（IEEE 802.11ax）	600~9608	2019 年	2.4/5
Wi-Fi 5（IEEE 802.11ac）	433~6933	2014 年	1~6
Wi-Fi 4（IEEE 802.11n）	72~600	2009 年	5
IEEE 802.11g	3~54	2003 年	2.4
IEEE 802.11a	1.5~54	1999 年	5
IEEE 802.11b	1~11	1999 年	2.4

Wi-Fi 6 与 Wi-Fi 5 相比，大幅提高传输容量和速率，该性能可促进物联网的发展。根据 Wi-Fi 联盟报告，2018 年全球 Wi-Fi 贡献的经济价值为 19.6 万亿美元。预计到 2023 年，

全球 Wi-Fi 的产业经济价值将达到 34.7 万亿美元。

简单地讲，Wi-Fi 6 可视为 5G 很好的互补品，不但节省成本，而且能帮助企业达到最高的性能级别。在新基建时代，互联的挑战，始于实际场景的业务需求，如智能时代带来的极致速率的需求、自动驾驶等新兴领域对于超低延时的需求、海量互联的需求、业务融合的需求等。

Wi-Fi 技术发展迅猛，Wi-Fi 相关的安全话题充斥着电视新闻的大屏幕，先是曝出了路由器劫持的消息，而后又有报道提到黑客可以控制在同一个 Wi-Fi 下的其他计算机，所以公共 Wi-Fi 并不安全。紧接着是家用监控摄像头被劫持，用户的大量隐私被曝光。所以 Wi-Fi 安全也越来越受到人们的重视。

9.3.3 无线局域网安全机制

无线局域网有以下 4 种安全机制。

1. 没有安全

图 9-1 中采用开放的接入，没有 WEP 加密，多采用广播模式，采用公共接入。

2. 基本安全

图 9-1 中采用基本的安全性：WEP（wired equivalent protection，有线等效保密）是一种将资料加密的处理方式，WEP 40bit 或 128bit 的加密乃是 IEEE 802.11 的标准规范。通过 WEP 的处理便可让我们的资料在传输中更加安全。但静态 WEP 密钥是一种在会话过程中不发生变化也不针对各个用户而变化的密钥。远程办公及 SOHO 采用基本安全。

3. 增强安全

如图 9-1 中采用增强的安全性：动态密钥管理、LEAP（也被称为 EAP Cisco Wireless，可扩展身份认证协议）、TKIP、MIC、AES，多应用于中型和大型企业。

4. 专业安全

如图 9-1 中采用虚拟专用网（VPN）：多应用于金融机构，需要 VPN 终端，造价高。

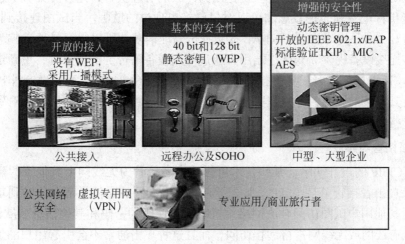

图 9-1 4 种 WLAN 安全机制

9.3.4 无线局域网常见的攻击

由于无线局域网采用公共的电磁波作为载体，电磁波能够穿过天花板、玻璃、楼层、砖、墙等物体，因此在一个 AP 所服务的区域中，任何一个无线客户端都可以接收到此接入点的电磁波信号，一些恶意用户也可能接收到其他无线数据信号。这样恶意用户在无线局域网中相对于在有线局域网中，去窃听或干扰信息就容易得多。

WLAN 所面临的安全威胁主要有以下 8 类。

1. 窃听、截取和监听

窃听是指偷听流经网络的计算机通信的电子形式。它是以被动和无法觉察的方式入侵检测设备的。即使网络不对外广播网络信息，只要能够发现任何明文信息，攻击者仍然可以使用一些网络工具，如 Ethreal 和 TCP Dump 来监听和分析通信量，从而识别出可以破坏的信息。使用 VPN、SSL（secure sockets layer，安全套接字层）和 SSH（secure shell1，安全外壳协议）有助于防止无线拦截。

2. AP 中间人欺骗

在没有足够的安全防范措施的情况下，是很容易受到利用非法 AP 进行的中间人欺骗攻击。解决这种攻击的通常做法是采用双向认证方法（即网络认证用户，同时用户也认证网络）和基于应用层的加密认证（如 HTTPS + Web）。

3. WEP 破解（WEP 中存在的弱点）

现在互联网上存在一些程序，能够捕捉位于 AP 信号覆盖区域内的数据包，收集到足够的用 WEP 弱密钥加密的包，并进行分析以恢复 WEP 密钥。根据监听无线通信的机器速度、WLAN 内发射信号的无线主机数量，以及由于 IEEE 802.11 帧冲突引起的 IV 重发数量，最快可以在两个小时内攻破 WEP 密钥。

4. 欺骗和非授权访问

因为 TCP/IP 的设计缺陷，几乎无法防止 MAC/IP 地址欺骗。只有通过静态定义 MAC 地址表才能防止这种类型的攻击。但是，因为巨大的管理负担，这种方案很少被采用。只有通过智能事件记录和监控日志才可以对付已经出现过的欺骗。当试图连接到网络上时，简单地通过让另外一个节点重新向 AP 提交身份验证请求就可以很容易地欺骗无线网身份验证。许多无线设备提供商允许终端用户通过使用设备附带的配置工具，重新定义网卡的 MAC 地址。使用外部双因子身份验证，如 RADIUS 或 SecureID，可以防止非授权用户访问无线网及其连接的资源，并且在实现的时候，应该对需要经过强验证才能对资源进行的访问进行严格的限制。

5. 网络接管与篡改

因为 TCP/IP 的设计缺陷，某些技术可供攻击者接管为无线网上其他资源建立的网络连接。如果攻击者接管了某个 AP，那么所有来自无线网的通信量都会传输到攻击者的机器上，包括其他用户试图访问合法网络主机时需要使用的密码和其他信息。欺诈 AP 可以让攻击者从有线网或无线网进行远程访问，而且这种攻击通常不会引起用户的重视。用户通常是在毫无防范的情况下输入自己的身份验证信息，甚至在接到许多 SSL 错误或其他密钥错误的通知之后，仍像是看待自己机器上的错误一样看待它们，这让攻击者可以继续接管连接，而不必担心被别人发现。

6. 拒绝服务攻击

无线信号传输的特性和专门使用扩频技术，使无线网络特别容易受到 DoS（denial of service,拒绝服务）攻击的威胁。拒绝服务是指攻击者恶意占用主机或网络几乎所有的资源，使合法用户无法获得这些资源。要造成这类攻击，第一种手段最简单，是通过让不同的设备使用相同的频率，从而造成无线频谱内出现冲突。第二种可能的攻击手段是发送大量非法（或合法）的身份验证请求。第三种手段是如果攻击者接管 AP，并且不把通信量传递到恰当的目的地，那么所有的网络用户都将无法使用网络。在防止 DoS 攻击方面可以做的事情很少。无线攻击者可以利用高性能的方向性天线，从很远的地方攻击无线网。已经获得有线网访问权的攻击者，可以通过发送无线 AP 无法处理的通信量来攻击它。此外只要利用 NetStumbler 就可以获得与用户的网络配置发生冲突的网络。

7. 恶意软件

凭借用技巧订制的应用程序，攻击者可以直接到终端用户上查找访问信息，如访问用户系统的注册表或其他存储位置，以便获取 WEP 密钥并把它发送到攻击者的机器上。注意让软件保持更新，并且遏制攻击的可能来源（Web 浏览器、电子邮件、运行不当的服务器服务等），这是唯一可以获得的保护措施。

8. 偷窃用户设备

只要得到了一块无线网网卡，攻击者就可以拥有一个无线网使用的合法 MAC 地址。也就是说，如果终端用户的笔记本电脑被盗，他丢失的不仅是计算机本身，还包括设备上的身份验证信息，如网络的 SSID 及密钥。而对于别有用心的攻击者而言，这些往往比计算机本身更有价值。

9.3.5 WEP 密钥缺陷

WEP 密钥缺陷主要源于以下 3 个方面。

1. WEP 帧的数据负载

由于 WEP 加密算法实际上是利用 RC4 流密码算法作为伪随机数产生器，并将初始向量和 WEP 密钥组合而生成 WEP 密钥流，再将该密钥流与 WEP 帧的数据负载进行异或运算来实现加密运算。RC4 流密码算法是将输入密钥进行某种置换和组合运算来生成 WEP 密钥流。由于 WEP 帧的数据负载的第一个字节是逻辑链路控制的 IEEE 802.2 头信息，这个头信息对于每个 WEP 帧的数据都是相同的，攻击者很容易猜测到，利用猜的第一个明文字节和 WEP 帧的数据负载密文，即可通过异或运算得到伪随机数发生器生成的密钥流中的第一个字节。

2. CRC-32 算法在 WEP 密钥中的缺陷

IEEE 802.1.1.b 协议允许初始向量被重复多次使用，使恶意攻击者可以充分利用 CRC-32 算法在 WEP 密钥中的缺陷进行数据窃听和攻击。

于 WEP 而言，CRC-32 算法的作用在于对数据进行完整性检验。但是 CRC-32 校验和并不是 WEP 中的加密函数，它只是负责检查原文是否完整。也就是说在整个过程中，恶意的攻击者可以截获 CRC-32 数据明文，并可重构自己的加密数据，结合初始向量一起发给接受者。

3. 在 WEP 过程中，无身份验证机制

恶意攻击者通过简单的手段就可以实现与无线局网客户端的伪链接，可获取相应的异或文件，并通过 CRC-32 进行完整性校验。从而攻击者能用异或文件伪造 ARP 包，然后依靠这个包去捕获无线局网中的大量有效数据。

9.3.6　基于 WEP 密钥缺陷引发的攻击

目前基于 WEP 密钥缺陷引发的攻击可大致分为以下两类。

1. 被动无线网络窃听，破解 WEP 密码

这种攻击模式的主要特征：在无线网络中进行大量的数据窃听，收集到足够多的有效数据帧，并利用这些信息对 WEP 密码进行还原。从这个数据帧里攻击者可以提取初始向量值和密文。对应明文的第一个字节是逻辑链路控制的 IEEE 802.2 头信息。通过这一个字节的明文和密文，攻击者做异或运算就能得到一个字节的 WEP 密钥流，由于 RC4 流密码产生算法只是把原来的密码打乱次序，攻击者获得的这一字节的密码仅是初始向量和密码的一部分。但由于 RC4 的打乱，攻击者并不知道这一个字节具体的位置和排列次序。当攻击者收集到足够多的初始向量值和密码之后，就可以进行统计分析运算。对上面的密码碎片重新排序，最终得到密码碎片正确的顺序，从而分析出 WEP 的密码。

2. ARP 请求攻击模式

ARP 请求攻击模式的主要特征：攻击者抓取合法无线局域网客户端的数据请求包。如果截获到合法客户端发给无线访问接入点的 ARP 请求包，攻击者便会向无线访问接入点重发 ARP 包。由于 IEEE 802.1.1.b 允许初始向量值重复使用，所以无线访问接入点接到这样的 ARP 请求后就会自动回复到攻击者的客户端。这样攻击者就能搜集到更多的初始向量值。当捕捉到足够多的初始向量值后，就可以进行被动无线网络窃听并进行 WEP 密码破解。但当攻击者没办法获取 ARP 请求时，其通常采用的模式即使用 ARP 数据包欺骗，让合法的客户端和无线访问接入点断线，然后在其重新连接的过程中截获 ARP 请求包，从而完成 WEP 密码破解。

9.3.7　对应决策

目前针对 WEP 密钥的破解技术和相应工具已经相当成熟。通过互联网搜索引擎可以找到大量的相关信息，使任意一个用户都可能成为恶意攻击者，并对使用 WEP 密钥的无线网络造成威胁。

为此越来越多的用户开始转向于使用 WPA 加密方案，但是由于其完整的 WPA 实现比较复杂，操作过程较为困难（微软针对这些设置过程还专门开设了一门认证课程），一般用户不容易掌握。对于企业和政府来说，很多设备和客户端并不支持 WPA，最重要的是 TKIP（暂时密钥集成协议）加密并不能满足一些更高要求的加密需求，还需要更高的加密方式，所以 WPA 的使用出现了较多的问题。同时公认较为安全的 WPA 加密方案的破解技术也已经出现，仅因为目前计算机运算速度等多方面原因使破解 WPA 加密需花费大量的时间。但我们可以预见的是在不久之后 WPA 加密方案也会如 WEP 加密一样脆弱。

当今比较成熟的无线网络安全方案通常不仅仅局限于一种安全策略的方案。这是源于其单一策略的功能局限性。在本文中我们提出了安全策略组（见图 9-2）的概念。根据这些策略自身的特点构建出一个安全的无线环境。

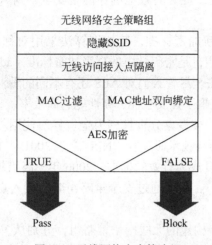

图 9-2　无线网络安全策略组

1. 隐藏 SSID 策略

SSID（service set identifier，服务集标识符）让无线客户端对不同无线网络进行识别，客户端只有收到这个参数或者手动设定与无线访问接入点相同的 SSID 才能连接到无线网络。SSID 策略可以保障在当前网络中的无线信道中的数据不被窃听，从而保障了对应的无线网络密码安全。这一策略为无线网络策略组的第一步，仅当通过这一策略之后，才能进入无线访问接入点隔离阶段。

2. 无线访问接入点隔离策略

无线访问接入点隔离策略类似于 VLAN，即将所有的无线客户端设备完全隔离，使其只能访问无线访问接入点连接的固定网络。不同的 VLAN 之间不能直接通信，从而降低了无线接入点被恶意攻击者攻击的概率。当无线用户接入点进入访问接入点隔离策略阶段时，根据各自接入交换机将会被自动划分到相应的 VLAN 上。划分完毕之后，策略组就自动对各个接入点进行第三步策略判断。

3. MAC 地址策略

在 MAC 地址策略中包含以下两个规则。

（1）MAC 地址过滤：通过对无线访问接入点的设定，将指定的无线网卡的物理 MAC 地址输入无线访问接入点中。而访问接入点对收到的每个数据包都会做出判断，只有符合设定标准的才能被转发，否则将会被丢弃。这样就从很大程度上保障了非当前的无线网络中注册的计算机不能登录网络。

（2）MAC 地址双向绑定：多用于企业内部针对 ARP 欺骗病毒进行防御，不过对于伪造 MAC 地址非法入侵无线网络来说同样奏效。其从根本上防御无线网络中的 ARP 请求攻击。在这一策略过程中，仅当接入点设备满足如上两个规则后，才能进行最终的无线通信，并在通信的过程中使用 AES 加密策略。

4. AES 加密策略

AES 加密策略是整个策略组中非常重要的策略，虽然上面三种策略能从一定程度上保障整个网络的安全，但是为了更为有效地确保网络安全，则 AES 加密策略是整个策略组的核心部分。

AES 加密作为一种全新加密标准，其加密算法采用对称块加密技术，提供比 WEP 中 RC4 算法更高的加密性能，是密码学中的高级加密标准（advanced encryption standard，AES），又称 Rijndael 加密法。尽管人们对 AES 还有不同的看法，但总体来说，AES 作为新一代的数据加密标准，汇聚了强安全性、高性能、高效率、易用和灵活等优点。这个标准已经替代了原先的 DES，被多方分析且广为全世界所使用。经过五年的甄选流程，高级加密标准由美国国家标准与技术研究院（NIST）于 2001 年 1 月 26 日发布于 FIPS PUB 197，并在 2002 年 5 月 26 日成为有效的标准。2006 年，高级加密标准已然成为对称密钥加密中非常流行的算法之一。仅当通过安全策略组时，接入点才能正常地进行网络信息通信。

采用上面四种安全策略构建的无线网络策略组，分别从 VLAN、MAC 两个方面来降低无线接入点被恶意攻击的风险。隐藏 SSID 策略则降低了接入点信息被窃听的风险。其安全系数已经完全能够抵御大多数无线网络攻击，并保证其正常工作以及无线接入点的各个用户的数据安全。

9.3.8　无线安全机制

由于无线网络没有网线的束缚，任何在无线网络范围之中的无线设备，都可搜索到无线网络，并共享连接无线网络，这就对我们自己的网络和数据造成了安全问题。如何解决这种不安全问题呢？这就需要对我们的无线网络进行安全设置，详细过程及步骤描述如下。

只要在路由器中进行无线网络安全设置即可，现在路由器多是使用 Web 设置，因此在浏览器地址栏中输入路由器的 IP 地址，进入路由器设置；对路由器进行无线安全设置，可通过取消 SSID 广播（无线网络服务用于身份验证的 ID，只有 SSID 号相同的无线主机才可以访问本无线网络）或采用无线数据加密的方法。

1. 设置取消 SSID 广播

SSID 也可以写为 ESSID，用来区分不同的网络，最多可以有 32 个字符，无线网卡设置了不同的 SSID，可以进入不同网络，SSID 通常由 AP 广播出来，通过 Windows 自带的扫描功能可以查看当前区域内的 SSID。出于安全考虑，可以不广播 SSID，此时用户就要手工设置 SSID 才能进入相应的网络。简单来说，SSID 就是一个局域网的名称，只有设置为名称相同 SSID 值的计算机才能互相通信。

2. 禁止 SSID 广播

通俗地说，SSID 便是你给自己的无线网络所取的名字。需要注意的是，同一生产商推出的无线路由器或 AP 都使用了相同的 SSID，一旦那些企图非法连接的攻击者利用通用的初始化字符串来连接无线网络，就极易建立起一条非法的连接，从而给我们的无线网络带来威胁。因此，笔者建议你最好能够将 SSID 命名为一些较有个性的名字。

无线路由器一般都会提供"允许 SSID 广播"功能。如果你不想让自己的无线网络被别人通过 SSID 名称搜索到，那么最好"禁止 SSID 广播"。你的无线网络仍然可以使用，只是不会出现在其他人所搜索到的可用网络列表中。

进入路由器设置，选择无线参数，取消选中"允许 SSID 广播"，厂家都会默认使用厂家的标识或机型来设置 SSID，因此，如果不想别人猜出无线网络的 SSID，我们可手动修改 SSID，可指定任意个性化的名称，但也可不指定，采用默认的 SSID。

注意：禁止 SSID 广播后，无线网络的效率会受到一定的影响，但以此换取安全性的提高，还是值得的。而且由于没有进行 SSID 广播，该无线网络被无线网卡忽略了，尤其是在使用 Windows 管理无线网络时，达到了"掩人耳目"的目的。

9.4 项目实施

任务 9-1 SOHO 无线局域网安全配置

1. 任务需求

为了无线路由器上网的安全性，需求解决问题如下：①采用无线加密协议防止未授权用户；②改变服务集标识符并且禁止 SSID 广播；③关闭 DHCP 功能；④静态 IP 与 MAC 地址绑定。

2. 任务实施

SOHO 路由器选择当下应用广泛的 Wi-Fi 5 无线路由器（以 TP-LINK AC1200 双频千兆无线路由器为例），路由器实物与连接状态如图 9-3 所示。配置步骤如下。

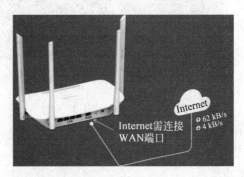

图 9-3 TP-LINK AC1200 路由器实物与连接状态

（1）打开浏览器，输入 tplogin.cn 或 http://192.168.1.1/，进入路由器的登录页面。

（2）设置管理员密码：密码尽量复杂以防止暴力破解（6~32 个字符，最好是数字、字母、符号的组合），在"确认密码"文本框中再次输入，单击"确定"按钮，如图 9-4 所示。

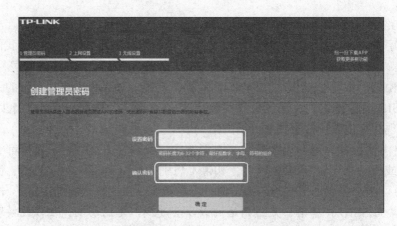

图 9-4 TP-LINK AC1200 登录界面

注意： 如果忘记了管理员密码，请单击登录页面上的"忘记密码"并根据提示将路由器恢复出厂设置。一旦将路由器恢复出厂设置，你需要重新对路由器进行配置才能上网。

（3）上网设置：登录配置页面后，找到"路由设置"选项并单击，再单击左侧"上网设置"，右侧的上网方式用默认项，"宽带账户"和"宽带密码"按安装宽带的账户和宽带密码输入（图 9-5 中宽带的账户和宽带密码打了马赛克），单击"连接"按钮即可，如图 9-5 所示（本截图是已经连上了 Internet 的状态）。

图 9-5 TP-LINK AC1200 上网设置

（4）无线设置 2.4G（禁止 SSID 广播）：单击左侧"无线设置"选项，在右侧输入无线名称和无线密码（根据自己喜好输入，图 9-6 中的无线名称和无线密码打了马赛克），取消选中"开启无线广播"复选框（默认选中），其他默认就可以了，单击"保存"按钮，如图 9-6 所示。

（5）无线设置 5G（禁止 SSID 广播）：拖动图 9-6 右侧滑块，出现"5G 无线设置"界面，5G 与 2.4G 类似，无线名称不要设置得一样就可以了，在此不再赘述，如图 9-7 所示。

（6）LAN 口 IP 设置（防止 IP 探测）：单击左侧"LAN 口设置"选项，右侧的"LAN 口 IP 设置"选择"手动"选项，"IP 地址"修改成其他网段私网地址（如 192.168.1.1），单击"保存"按钮，如图 9-8 所示。

图 9-6　TP-LINK AC1200 2.4G 无线设置

图 9-7　TP-LINK AC1200 5G 无线设置

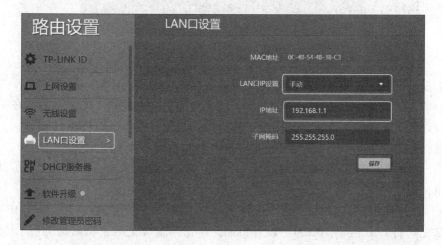

图 9-8　TP-LINK AC1200 LAN 口 IP 设置

（7）关闭 DHCP 服务器（防止自动获取 IP）：单击左侧"DHCP 服务器"选项，右侧的"DHCP 服务器"选中"关"单选按钮，单击"保存"按钮，如图 9-9 所示。

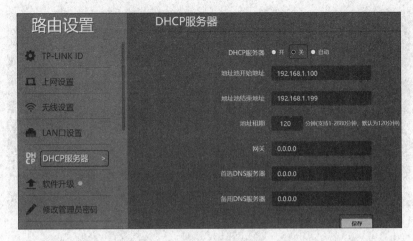

图 9-9　TP-LINK AC1200 关闭 DHCP 服务器

（8）设置访客网络（保证内网安全）：依次选择"应用管理"→"已安装应用"→"访客网络"命令，打开"访客网络"设置页面，根据自己需求和喜好设置，单击"保存"按钮，如图 9-10 所示。

图 9-10　设置访客网络

（9）控制无线设备接入（拒绝非法无线设备接入）：依次选择"应用管理"→"已安装应用"→"无线设备接入控制"命令，打开"无线设备接入控制"设置页面，在"接入控制功能"处选择"开启"选项，并单击"选择设备添加"按钮，如图 9-11 所示。

注意：也可以单击"输入 MAC 地址添加"按钮手动添加无线设备。

在弹出页面中选择需要添加到列表中的设备，单击"确定"按钮，如图 9-12 所示，单击"保存"按钮，完成设置。

（10）IP 与 MAC 绑定设置：依次选择"应用管理"→"已安装应用"→"IP 与 MAC 绑定"命令，打开 IP 与 MAC 绑定设置页面，单击需要绑定的主机后面的 ➕ 图标，操作成功后，"IP 与 MAC 绑定设置"处将会显示相关信息，如图 9-13 所示。

注意：要想找到新加入的无线设备列表，单击"刷新"按钮；根据界面提示可编辑主机信息；如果在 IP 与 MAC 映射表中未找到你需要绑定的主机信息，可单击"添加"按钮手动添加主机信息。

图 9-11　控制无线设备接入

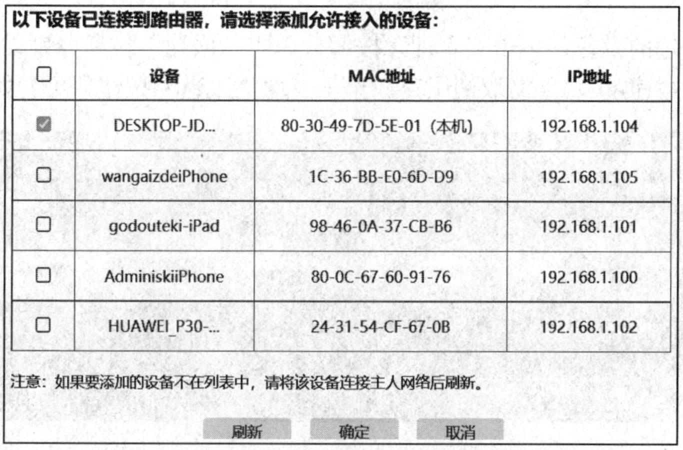

以下设备已连接到路由器，请选择添加允许接入的设备:

	设备	MAC地址	IP地址
☑	DESKTOP-JD...	80-30-49-7D-5E-01 (本机)	192.168.1.104
☐	wangaizdeiPhone	1C-36-BB-E0-6D-D9	192.168.1.105
☐	godouteki-iPad	98-46-0A-37-CB-B6	192.168.1.101
☐	AdminiskiiPhone	80-0C-67-60-91-76	192.168.1.100
☐	HUAWEI_P30-...	24-31-54-CF-67-0B	192.168.1.102

注意: 如果要添加的设备不在列表中，请将该设备连接主人网络后刷新。

刷新　　确定　　取消

图 9-12　选择需要添加的列表

图 9-13　IP 与 MAC 绑定设置

（11）上网速度和上网时间设置：单击"设备管理"按钮，当前已连接设备会罗列在界面上，如图9-14所示。

注意： "禁用"按钮是禁用访问网络和路由器，本机已经登录，所以不显示"禁用"。

图9-14　已连接设备列表

选取需要管理的设备，单击"管理"按钮，单击"限速"按钮分别设置"最大上传速度"和"最大下载速度"。如需取消限速，单击"取消限速"按钮即可，如图9-15所示。

图9-15　上网速度限制

单击"上网时间设置"下的"添加允许上网时间段"选项，在弹出的界面单击"添加新的时间规则"选项，在弹出的界面设置如图9-16所示的"周末上网"规则，单击"确定"按钮完成设置。选择刚刚添加的"周末上网"规则，单击"确定"按钮完成设置，如图9-17所示。

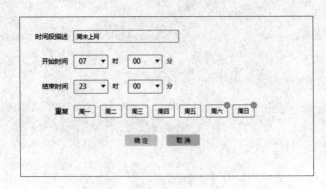

图9-16　添加允许上网时间段

图 9-17　应用上网时间规则

（12）单击图 9-17"网站访问限制"下的"添加禁止访问的网站"选项，在弹出的界面单击"添加新的网站"按钮，如图 9-18 所示，输入网址为 www.hao123.com 的站点，单击"确定"按钮完成设置。选择刚刚添加的 www.hao123.com 网址，如图 9-19 所示，单击"确定"按钮完成设置，如图 9-20 所示。

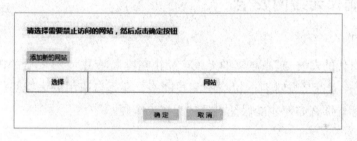

图 9-18　添加新的网站

图 9-19　选中网站

图 9-20　网站访问限制结果

注意：可以统一设置上网时间规则管理和禁止访问网站管理，单击页面上的"上网时间规则管理"或"禁止访问网站管理"即可，如图9-21所示。设置同上，不再赘述。

图 9-21　网站访问限制结果

任务9-2　确保无线网安全

1. 任务需求

随着科技时代的发展，越来越多的无线产品正在投入使用，无线安全的概念也不是"风声大，雨点小"，无论是咖啡店、机场的无线网络，还是自家用的无线路由，都已经成为黑客进攻的目标。那么如何才能保证自己的无线安全呢？

2. 任务实施

正确放置网络的接入点设备从基础做起：在网络配置中，要确保无线接入点放置在防火墙范围之外。

利用MAC阻止黑客攻击。利用基于MAC地址的ACL以确保只有经过注册的设备才能进入网络。MAC过滤技术就如同给系统的前门再加一把锁，设置的障碍越多，越会使黑客知难而退，不得不转而寻求其他低安全性的网络。

所有无线局域网都有一个默认的SSID或网络名。立即更改这个名字，用文字和数字符号来表示。如果企业具有网络管理能力，应该定期更改SSID。不要到处使用这个名字：即取消SSID自动播放功能。

WEP（不能将加密保障都寄希望于WEP）是IEEE 802.11b无线局域网的标准网络安全协议。在传输信息时，WEP可以通过加密无线传输数据来提供类似有线传输的保护。在简便地安装和启动之后，应立即更改WEP密钥的默认值。最理想的方式是WEP的密钥能够在用户登录后进行动态改变，这样，黑客想要获得无线网络的数据就需要不断跟踪这种变化。基于会话和用户的WEP密钥管理技术能够实现最优保护，为网络增加另外一层防范，确保无线安全。

尽管现在无线局域网的构建已经相当方便，非专业人员可以在自己的办公室安装无线路由器和接入点设备，但是，他们在安装过程中很少考虑到网络的安全性，只要通过网络探测工具扫描网络就能够给黑客留下攻击的后门。因而，在没有专业系统管理员同意和参与的情况下，要限制无线网络的构建，这样才能保证无线安全。

注意事项如下。

（1）MAC：表示 MAC 地址或 MAC 位址、硬件地址，用来定义网络设备的位置。

（2）WEP：来源于名为 RC4 的 RSA 数据加密技术，以满足用户更高层次的网络安全需求。

（3）ACL（access control list，访问控制列表）：ACL 是路由器和交换机接口的命令列表，用来控制端口进出的数据包。

（4）VPN：在公用网络上建立专用网络的技术。之所以称为虚拟网，主要是因为整个 VPN 的任意两个节点之间的连接并不是通过传统专网所需的端到端的物理链路，而是通过架构在公用网络服务商所提供的网络平台（如 Internet、ATM、Frame Relay 等）之上的逻辑网络，用户数据在逻辑链路中传输。它涵盖了跨共享网络或公共网络的封装、加密和身份验证链接的专用网络的扩展。VPN 主要采用了隧道技术、加解密技术、密钥管理技术和使用者与设备身份认证技术。

（5）RADIUS（remote authentication dial in user service，远程认证拨号用户服务）：由 RFC 2865、RFC 2866 定义，是目前应用最广泛的 AAA 协议。

（6）SSID：可以将一个无线局域网分为几个需要不同身份验证的子网络，每一个子网络都需要独立的身份验证，只有通过身份验证的用户才可以进入相应的子网络。

任务 9-3   企业无线路由器 PPTP VPN 安全设置

1. 任务需求

企业路由器可以帮助中小型企业搭建高性价比、稳定的企业办公网络，灵活满足企业对 VPN 的需求。PPTP VPN 支持构建企业分部与总部的安全隧道，也可以为出差人员提供访问总部的 PPTP VPN 的服务。

要求企业出差人员在移动办公环境（如家里、酒店、户外、咖啡厅等）接入 Internet 后，可以与总部网络建立 PPTP VPN 隧道，实现访问内网资源的需求。

2. 任务实施

1）配置 PPTP VPN 服务器

（1）分析网络拓扑结构。企业 VPN 路由器提供多类 VPN 功能。其中 PPTP VPN 的 PC 到站点模式可以为终端提供接入总部的安全隧道。终端可以通过宽带、专网、3G、WLAN 等各类接入方式接入 Internet，使用终端自带的 VPN 客户端拨号与总部路由器连接，建立安全隧道进行数据传输。网络拓扑结构如图 9-22 所示。

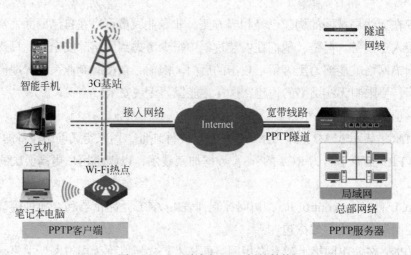

图 9-22　PC 到站点 VPN 拓扑结构

（2）企业无线 VPN 路由器选型：采用企业级 450M 无线 VPN 路由器 TL-WAR458 型号，如图 9-23 所示。

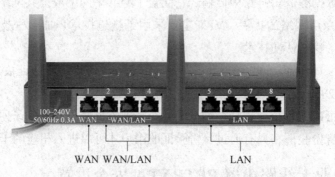

图 9-23　企业级 450M 无线 VPN 路由器 TL-WAR458

注意：VPN 接入端口务必使用第一个 WAN 端口。

（3）TP-LINK 企业级无线 VPN 路由器 VPN 服务器参数设置参考表 9-2 所示参数。

表 9-2　VPN 服务器参数

参　　数	设　　置
PPTP VPN 类型	PPTP
加密（MPPE）	开启
PPTP 账号	zhangsan
PPTP 密码	123456
地址池	10.0.0.100～130

（4）增加 PPTP 地址池：登录路由器管理界面，依次选择 VPN → L2TP/PPTP → "隧道地址池管理"命令，进入"隧道地址池管理"选项卡，输入地址池名称以及地址池范围，单击"新增"按钮，设置如图 9-24 所示。

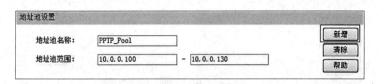

图 9-24 增加 PPTP 地址池

（5）配置 PPTP 服务器：依次选择 VPN → PPTP/L2TP → "服务器设置"命令，设置 PPTP 服务器参数，单击"新增"按钮，隧道设置如图 9-25 所示。

图 9-25 PPTP 服务器配置

（6）启用 VPN-to-Internet 通道：在 L2TP/PPTP 中的"全局管理设置"中选中"启用 VPN-to-Internet 通道"复选框，如图 9-26 所示。

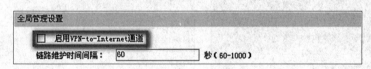

图 9-26 启用 VPN-to-Internet 通道

2）配置 PPTP VPN 客户机

注意：不同 PPTP 客户端的配置方式有所差异，本任务选择 Windows 10 客户端操作系统。

（1）依次选择"开始"→"设置"→"网络和 Internet"命令，再在打开界面中选择 VPN 选项，如图 9-27 所示。

（2）单击右侧"添加 VPN 连接"选项，进入"添加 VPN 连接"界面，按照如图 9-28 所示选择和输入相关信息，单击"保存"按钮，成功添加连接，依次单击"PC- 站点 VPN"→"连接"按钮，如图 9-29 所示，开始远程连接 VPN 路由器。

3）连接成功，可以连通企业局域网

终端连接成功后，依次选择 VPN → PPTP → "PPTP 服务器隧道"命令，信息列表中会显示对应条目，如图 9-30 所示。

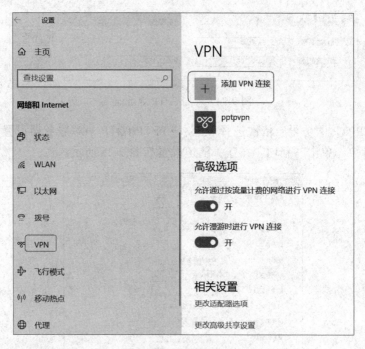

图 9-27 Windows 10 网络和 Internet 界面

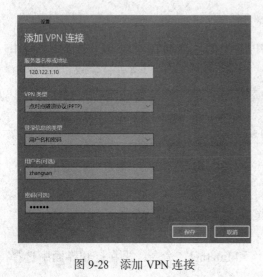

图 9-28 添加 VPN 连接

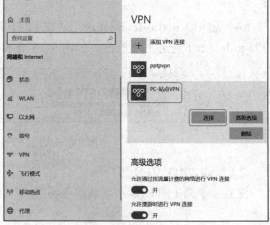

图 9-29 VPN 拨号连接

图 9-30 VPN 连接成功信息

9.5　习　　题

一、填空题

1. 无线通信一般有两种传输手段，即_____和_____。

2. 到目前，IEEE 802对Wi-Fi标准变革已经经过了六代，分别是：_____、_____、_____、_____、_____、_____。

3. 无线局域网的安全分为4种安全机制，分别是：_____、_____、_____、_____。

4. 常用无线局域网常见的攻击类型分为8类：_____、_____、_____、_____、_____、_____、_____、_____。

5. 针对WEP密钥缺陷引发的攻击大致分为两类：_____、_____。

二、选择题

1. IEEE 802.11规定MAC层采用（　　）协议来实现网络系统的集中控制。
   A. CSMA/CA　　　B. CSMA/CD　　　C. CDMA　　　　D. OFDM

2. 下列认证方式是属于硬件认证而非用户认证的是（　　）。
   A. 共享密钥认证　B. EAP认证　　　C. MAC认证　　　D. SSID认证

3. 无线局域网采用直序扩频接入技术，使用户可以在（　　）GHz的ISM频段上进行无线Internet连接。
   A. 2.0　　　　　B. 2.4　　　　　C. 3.0　　　　　D. 5.0

4. WLAN常用的传输介质为（　　）。
   A. 无线电波　　　B. 红外线　　　　C. 地面微波　　　D. 激光

5. WLAN上的两个设备之间使用的标识码叫作（　　）。
   A. BSS　　　　　B. ESS　　　　　C. NID　　　　　D. SSID

6. 不属于无线网络安全策略的是（　　）。
   A. 隐藏SSID策略　　　　　　　　B. MAC地址过滤
   C. 加密策略　　　　　　　　　　D. 防火墙

三、简答题

1. 简述Wi-Fi的应用现状及发展趋势。
2. 简述WLAN的安全机制。
3. 简述基于WEP密钥缺陷及对应解决方案。
4. 简述无线VPN的解决方案。

项目 10　Internet 安全与应用

10.1　项 目 导 入

Internet 是全球最大的、开放的、由众多网络互联而成的计算机网络，现在无论做什么，都要和 Internet 打交道。网络的开放性和共享性在方便了人们使用的同时，也使网络很容易遭受到攻击，而攻击的后果是严重的，诸如数据被人窃取，服务器不能正常提供服务等，所以我们应该加强安全意识。

10.2　职业能力目标和要求

泰泉公司早已应用计算机作为生产管理的工具，因为公司经营有道，目前已经建立了三十多个分公司（办事处）。各分支机构内部也全部采用计算机作为业务工具，并建立自己的局域网络，所有的子公司都需要接入 Internet，需要互相发邮件，访问网站等，但是对于整个公司来说，分公司仍然是"信息孤岛"。如果想通过 Internet 访问，有时速度是很慢的，泰泉公司的信息网络建设已经滞后于业务发展的步伐。新的 ERP 系统的使用也迫切地需要将各分公司与总公司的局域网连接在一起，形成一个大的内部 Intranet。为了解决上面的问题，我们需要通过 Internet 安全与应用相关技术来解决泰泉公司所面临的问题。

学习完本项目，可以达到以下职业能力目标和要求。

- 了解电子邮件安全。
- 了解 Internet 电子欺骗防范。
- 了解 VPN 概念。
- 掌握电子邮件的安全应用。
- 掌握 Internet 电子欺骗的防范方法。
- 了解 IE 的安全应用。

10.3　相 关 知 识

10.3.1　电子邮件安全

电子邮件已经成为现代商业及日常生活通信中的重要部分。快客邮件统计资料显示，在全球范围内，目前平均每秒就有 300 万封电邮被发送出去。由于中国的网民数位居世界之冠，其电邮通信量相当多。由于许多用户对电子邮件的安全风险漏洞认识不够透彻，甚至有更多的人根本没有防范意识，以致各种威胁乘虚而入。

1. 电子邮件的安全漏洞

传统的邮件系统在传输、保存、管理上均无安全性控制，存在着泄密、易被监听和破解等严重安全隐患，电子邮件已经成为近年来从国家机密到个人隐私泄密事件的主要通道。

1）电子邮件协议

常见的电子邮件协议有 SMTP 和 POP3，它们都属于 TCP/IP 簇。默认状态下，分别通过 TCP 端口 25 和 110 建立连接。其中 SMTP 是一组用于从源地址到目的地址传输邮件的规范，用来控制邮件的中转方式。POP 负责从邮件服务器中检索电子邮件。

2）电子邮件的安全漏洞

- 缓存漏洞。
- Web 信箱漏洞。
- 历史记录漏洞。
- 密码漏洞。
- 攻击性代码漏洞。

2. 电子邮件安全技术与策略

1）电子邮件安全技术

（1）端到端的安全电子邮件技术。端到端的安全电子邮件技术可保证邮件从被发出到被接收的整个过程中，内容保密，无法修改，并且不可否认。目前，成熟的端到端安全电子邮件标准有 PGP 和 S/MIME。

（2）传输层的安全电子邮件技术。目前主要有两种方式实现电子邮件在传输过程中的安全，一种是利用 SSL SMTP 和 SSL POP；另一种是利用 VPN 或者其他的 IP 通道技术，将所有的 TCP/IP 传输（包括电子邮件）封装起来。

2）电子邮件安全策略

- 选择安全的客户端软件。
- 利用防火墙技术。
- 对邮件进行加密。
- 利用杀毒软件。
- 对邮件客户端进行安全配置。

10.3.2　Internet 电子欺骗与防范

2002 年 1 月 12 日，广东省阳江市公安局网络安全监察科接到当地一位李女士的报案：她收到了一封附有 7 张色情图片的电子邮件。公安部门接到报案后，迅速展开了调查，通过查询电信部门的 IP 记录，找到了发送色情邮件的 IP 地址，顺藤摸瓜找到了梁某某。梁某某称有黑客盗用他的计算机管制权限而向外乱发色情图片，他据此向阳江市城区法院递交行政起诉状，请求撤销阳江市公安局对他的处罚。法院审理后认为，根据 IP 地址、网上账户和口令在网络上的唯一性、排他性，认为该色情邮件就是梁某某家的计算机发出的。

2018 年夏天，美国联邦调查局对全球组织发布了关于商业电子邮件欺诈（business E-mail compromise, BES）日益增长的危险警报。当时，联邦调查局表示，自 2013 年以来，商业电子邮件欺诈已经给全球经济造成了 120 亿美元的损失。自那以后，这种威胁形势日益严峻，变得更加可怕。安全行业的研究人员已经证明，随着攻击者不断完善其攻击策略以瞄准全球越来越多的受害者，BEC 欺诈的影响范围和复杂性都在与日俱增。

如今，Internet 的普及使其几乎时时刻刻都遭受着各种各样的有意或无意的电子攻击，Internet 的安全性受到了严重威胁，也干扰了人们正常使用 Internet。因此，如何有效地防范电子攻击、增强网络安全性是一个不容忽视的研究课题。由于电子欺骗是一种非常专业化的攻击，而一般网民对其攻击机制并不了解，由此造成了防范此类攻击的困难性。电子欺骗可以用一句话来概括：通过伪造源于一个可信任地址的数据可以使一台机器认证另一台机器的电子攻击手段。它可分为 ARP 电子欺骗、DNS 电子欺骗和 IP 电子欺骗三种类型。下面对这三种电子欺骗分别进行介绍。

1. ARP 电子欺骗

1）ARP

ARP 是负责将 IP 地址转化成对应的 MAC 地址的协议。

为了得到目的主机的 MAC 地址，源主机就要查找其 ARP 缓存，如果没有找到，源主机就会发送一个 ARP 广播请求数据包。此 ARP 请求数据包包含源主机的 IP 地址、MAC 地址和目的主机的 IP 地址。它向以太网上的每一台主机询问"如果你是这个 IP 地址，请回复你的 MAC 地址"。只有具有此 IP 地址的主机收到这份广播报文后，才向源主机回送一个包含其 MAC 地址的 ARP 应答。

2）ARP 欺骗攻击原理

ARP 请求是以广播方式进行的，主机在没有接到请求的情况下也可以随意发送 ARP 响应数据包，且任何 ARP 响应都是合法的，无须认证，自动更新 ARP 缓存，这些都为 ARP 欺骗提供了条件。

当 LAN 中的某台主机 B 向主机 A 发送一个自己伪造的 ARP 应答时，如果这个应答是 B 冒充 C 伪造的，即 IP 地址为 C 的 IP 地址，而 MAC 地址是 B 的。当 A 接收到 B 伪造的 ARP 应答后，就会更新本地的 ARP 缓存，建立新的 IP 地址和 MAC 地址的映射关系，从而，B 取得了 A 的信任。这样，以后 A 要发送给 C 的数据包就会直接发送到 B 的手里。

举一个简单的例子：一个入侵者想非法进入某台主机，他知道这台主机的防火墙只对 192.168.1.1 开放 23 号端口（Telnet 为远程终端协议，端口为 23），所以必须使用 Telnet，需要进行如下操作。

（1）研究 192.168.1.1 主机，发现如果他发送一个洪泛（flood）包给 192.168.1.1 的 139 端口，该机器就会应包而死。

（2）主机发到 192.168.1.1 的 IP 包将无法被机器应答，系统开始更新自己的 ARP 对应表，将 192.168.1.1 的项目删去。

（3）入侵者把自己的 IP 地址改成 192.168.1.1，再发一个 ping 命令给主机，要求主机更新 ARP 转换表。

（4）主机找到该 IP 地址，然后在 ARP 表中加入新的 IP 地址与 MAC 地址的映射关系。

（5）这样，防火墙就失效了，入侵者 MAC 地址变成合法，可以使用 Telnet 进入主机。

现在如果该主机不只提供 Telnet，还提供 r 命令（如 rsh、rcopy、rlogin），那么，所有的安全约定都将无效，入侵者可放心地使用该主机的资源而不用担心被记录什么。

3）ARP 欺骗攻击的防御

采用如下措施可有效地防御 ARP 攻击。

（1）不要把网络的安全信任关系仅建立在 IP 地址或 MAC 地址的基础上，而是应该建立在 IP+MAC 基础上（即将 IP 和 MAC 两个地址绑定在一起）。

（2）设置静态的 MAC 地址到 IP 地址的对应表，不要让主机刷新设定好的转换表。

（3）除非很有必要，否则停止使用 ARP，将 ARP 作为永久条目保存在对应表中。

（4）使用 ARP 服务器，通过该服务器查找自己的 ARP 转换表来响应其他机器的 ARP 广播，确保这台 ARP 服务器不被攻击。

（5）定期清除计算机中的 ARP 缓存信息，达到防范 ARP 欺骗攻击的目的。

（6）使用 ARP 监控服务器。当进行数据传输时，客户端把 ARP 数据包捕获，发送给服务器端，由服务器端进行处理。

（7）划分多个范围较小的 VLAN，一个 VLAN 内发生的 ARP 欺骗不会影响到其他 VLAN 内的主机通信，缩小了 ARP 欺骗攻击影响的范围。

（8）使用交换机的端口绑定功能。

（9）使用防火墙连续监控网络。

2. DNS 电子欺骗

1）DNS 欺骗

DNS 欺骗是攻击者冒充域名服务器的一种欺骗行为。DNS 欺骗攻击是危害性较大、攻击难度较小的一种攻击技术。当攻击者危害 DNS 服务器并明确地更改主机名与 IP 地址映射表时，DNS 欺骗就会发生。

2）DNS 欺骗攻击原理

在域名解析过程中，客户端首先以特定的标识（ID）向 DNS 服务器发送域名查询数据报，在 DNS 服务器查询之后以相同的 ID 给客户端发送域名响应数据报。这里，客户端会将收到的 DNS 响应数据报的 ID 和自己发送的查询数据报的 ID 相比较，两者相匹配，则表明接收到的正是自己等待的数据报；如果不匹配，则丢弃。

攻击者的欺骗条件只有一个，那就是发送的与 ID 匹配的 DNS 响应数据报在 DNS 服务器发送响应数据报之前到达客户端。

在主要由交换机搭建的网络环境下，要想实现 DNS 欺骗，攻击者首先要向攻击目标实施 ARP 欺骗。

假设用户、攻击者和 DNS 服务器在同一个 LAN 内，则其攻击过程如下。

（1）攻击者通过向攻击目标以一定的频率发送伪造 ARP 应答包来改写目标机的 ARP 缓存中的内容，并通过 IP 续传方式使数据通过攻击者的主机再流向目的地；攻击者配合嗅探器软件监听 DNS 请求包，取得 ID 和端口号。

（2）取得 ID 和端口号后，攻击者立即向攻击目标发送伪造的 DNS 应答包。用户收到后确认 ID 和端口号无误，以为收到了正确的 DNS 应答包。而其实际的地址很可能被导向攻击者想让用户访问的恶意网站，用户的信息安全受到威胁。

（3）当用户再次收到 DNS 服务器发来的 DNS 应答包时，由于晚于伪造的 DNS 应答包，因此被用户抛弃；用户的访问被导向攻击者设计的地址，一次完整的 DNS 欺骗完成。

3）DNS 欺骗攻击的防范

（1）直接使用 IP 地址访问。对少数信息安全级别要求高的网站，应直接使用（输入）IP 地址进行访问，这样可以避开 DNS 对域名的解析过程，也就避开了 DNS 欺骗攻击。

（2）DNS 服务器冗余。借助于"冗余"思想，可在网络上配置两台或多台 DNS 服务器，并将其放置在网络的不同地点。

（3）MAC 与 IP 地址绑定。DNS 欺骗是攻击者通过改变或冒充 DNS 服务器的 IP 地址实现的，所以将 DNS 服务器的 MAC 地址与 IP 地址绑定，保存在主机内。这样，每次主机向 DNS 发出请求后，都要检查 DNS 服务器应答中的 MAC 地址是否与保存的 MAC 地址一致。

（4）加密数据。防止 DNS 欺骗攻击最根本的方法是加密传输的数据，对服务器来说应尽量使用 SSH 等支持加密的协议，对一般用户来说则可使用 PGP 之类的软件，加密所有发到网络上的数据。

在一些例外情况下不存在 DNS 欺骗：如果 IE 中使用代理服务器，那么 DNS 欺骗就不能进行，因为此时客户端并不会在本地进行域名请求；如果访问的不是本地网站主页，而是相关子目录文件，这样在自定义的网站上不会找到相关的文件，DNS 欺骗也会以失败告终。

3. IP 电子欺骗

1）IP 电子欺骗原理

IP 电子欺骗是建立在主机间的信任关系上的。

由于 IP 不是面向链接的，所以 IP 层不保存任何连接状态的信息。因此，可以在 IP 包的源地址和目标地址字段中放入任意的 IP 地址。假如某人冒充主机 B 的 IP 地址，就可以使用 rlogin 登录主机 A，而不需要任何口令认证。这就是 IP 电子欺骗的理论依据。

2）IP 电子欺骗过程

（1）使被信任主机丧失工作能力。由于攻击者将要代替真正地被信任主机，他必须确保真正地被信任主机不能收到任何有效的网络数据，否则将会被揭穿。比如，使用 SYN 洪泛攻击使被信任主机失去工作能力。

（2）序列号取样和推测。先与被攻击主机的一个端口（如 25）建立起正常连接，并将目标主机最后所发送的初始序列号（ISN）存储起来；然后还需要估计他的主机与被信任主机之间的往返时间。

（3）对目标主机的攻击。攻击者可伪装成被信任主机的 IP 地址，然后向目标主机的 513 端口（rlogin 的端口号）发送连接请求。目标主机立刻对连接请求做出反应，发送 SYN/ACK 确认数据包给被信任主机。此时被信任主机处于瘫痪状态，无法收到该包。随后攻击者向目标主机发送 ACK 数据包，该包在前面估计的序列号加上 1。如果攻击者估计正确，目标主机将会接收该 ACK。连接就正式建立。

3）IP 电子欺骗的防范

- 抛弃基于 IP 地址的信任策略。
- 进行包过滤。
- 使用加密方法。
- 使用随机的初始序列号。

10.3.3　VPN 技术

VPN 类似于点到点直接拨号连接或租用线路连接，尽管它是以交换和路由的方式工作。VPN 常用的连接方式有通过 Internet 实现远程访问、通过 Internet 实现网络互联和连接企业内部网络计算机等。VPN 允许远程通信方、销售人员或企业分支机构使用 Internet 等公用网络的路由基础设施以安全的方式与位于企业 LAN 端的企业服务器建立连接。通过 VPN，网络对每个使用者都是"专用"的。

1. 应用

（1）用于政府、企事业单位总部与分支机构内部联网（Intranet-VPN）。

（2）适用于商业合作伙伴之间的网络互联（Extranet-VPN）VPN 的功能。

2. 功能

（1）通过隧道（tunnel）或虚电路（virtual circuit）实现网络互联。

（2）支持用户安全管理。

（3）能够进行网络监控、故障诊断。

3. 特点

（1）建网快速、方便。用户只需将各网络节点采用专线方式本地接入公用网络，并对网络进行相关配置即可。

（2）降低建网投资。由于 VPN 是利用公用网络为基础而建立的虚拟专用网，因而可以避免建设传统专用网络所需的高额软硬件投资。

（3）节约使用成本。用户采用 VPN 组网，可以大大节约链路租用费及网络维护费用，从而减少企业的运营成本。

（4）网络安全可靠。主要采用国际标准的网络安全技术实现 VPN，通过在公用网络上建立逻辑隧道及网络层的加密，避免网络数据被修改和盗用，保证了用户数据的安全性及完整性。

（5）简化用户对网络的维护及管理工作。大量的网络管理及维护工作由公用网络服务提供商来完成。

4. 服务

（1）根据用户的需求提供 VPN 组网方案。

① 设备选型。一套完整的 VPN 产品一般包括 3 个部分：a. VPN 网关。用于实现 LAN 到 LAN。b. VPN 客户端。与 VPN 网关一起可实现客户到 LAN 的 VPN 方案。c. VPN 管理中心。对 VPN 网关和 VPN 客户端的安全策略进行配置和远程管理，需要针对不同的需求选择不同的 VPN 设备。

② 网络设计。根据用户需求设计不同的 VPN 组网方式以及不同的网络拓扑结构。

（2）专线接入 ChinaNet，为用户提供 VPN 公用网络基础。

① DDN（digital data network，数字数据网）：一般为分级网。根据网络的业务情况，DDN 可以设置二级干线网和本地网。

② Frame Relay（帧中继）：帧中继被设计为可以更有效地利用现有的物理资源。由于绝大多数的客户不可能完全利用数据服务，因此可以给电信营运商的客户提供超过供应的数据服务。

（3）安装调试，根据用户的具体需求，可以选择以下两种配置方案。

① 建立 IP Tunnel（逻辑隧道）方式：IP 隧道主要用于移动主机和 VPN。在其中隧道都是静态建立的，隧道一端有一个 IP 地址，另一端也有唯一的 IP 地址。

② IP Tunnel 与数据加密相结合方式：在 IP Tunnel 方式下再对数据进行加密，以达到更安全的传输。

5. 业务优势

VPN 不但是一种产品，更是一种服务。VPN 通过公众网络建立私有数据传输通道，将远程的分支办公室、商业伙伴、移动办公人员等连接起来。可减轻企业的远程访问费用负担，节省开支，并且可提供安全的端到端的数据通信方式。VPN 兼备了公众网和专用网的许多特点，将公众网可靠的性能、扩展性、丰富的功能与专用网的安全、灵活、高效结合在一起，可以为企业和服务提供商带来以下益处。

（1）显著降低了用户在网络设备的接入及线路的投资。

（2）采用远程访问的公司提前支付了购买和支持整个企业远程访问基础结构的全部费用。

（3）减小用户网络运维和人员管理的成本。

（4）网络使用简便，具有可管理性、可扩展性。

（5）公司能利用无处不在的 Internet，通过单一网络结构为分支机构提供无缝和安全的连接。

（6）能加强与用户、商业伙伴和供应商的联系；运营商、ISP 和企业用户都可从中获益。

6. VPN 安全技术

VPN 可以采用多种安全技术来保证安全。这些安全技术主要有半隧道技术、加密 / 解密（encryption & decryption）技术、密钥管理（key management）技术和身份认证（authentication）技术等，它们都由隧道协议支持。

1）隧道技术

隧道技术是 VPN 的基本技术，类似于点对点连接技术。它是在公司网络上建立一条数据通道（隧道），数据包通过这条隧道传输。使用隧道传递的数据可以是不同协议的数据帧或包。隧道协议将这些其他协议的数据帧或包重新封装在新的包头中，然后发送。新的包头提供了路由信息，从而使封装的负载数据能够通过互联网传递。被封装的数据包在隧道的两个端点之间通过公共网络进行路由。

2）加密 / 解密技术

加密 / 解密技术是在 VPN 应用中将认证信息、通信数据等由明文转换为密文和由密文变为明文的相关技术，其可靠性主要取决于加密 / 解密的算法及强度。

3）密钥管理技术

密钥管理技术的主要任务是在公用数据网上安全地传递密钥。现行密钥管理技术分为 SKIP 和 ISAKMP/OAKLEY 两种。SKIP 主要是利用 Diffie-Hellman 算法法则，在网络中传输密钥；在 Internet 安全连接和密钥管理协议（ISAKMP）中，双方都有两个密钥，分别用于公用和私用。

4）身份认证技术

在正式的隧道连接开始之前，VPN 要运用身份认证技术确认使用者和设备的身份，以便系统进一步实施资源访问控制或用户授权。

7. VPN 的安全性

- 密码与安全认证。
- 扩展安全策略。
- 日志记录。

10.4　项 目 实 施

任务 10-1　电子邮件安全应用实例

1. Web 邮箱安全应用实例

Web 邮箱有很多种，用户根据个人习惯选择合适的邮箱。下面以 163 邮箱为例，介绍 Web 邮箱的安全配置。

1）防密码嗅探

目前访问 163 网站均采用 SSL 加密技术，163 网站地址为 https://www.163.com，如图 10-1 所示，采用的是 HTTPS。163 邮箱在登录时同样采用了 SSL 加密技术，单击"登录"按钮后，会发现地址栏为 https://email.163.com/#from=ntes_product，仍然采用的是 HTTPS，邮箱登录界面和地址栏如图 10-2 所示。这就是 SSL 加密登录，它对用户提交的所有数据先进行加密，然后提交到网易邮箱，从而可以有效防止黑客盗取用户名、密码和邮件内容，保证了用户邮件的安全。

图 10-1　访问 163 网站

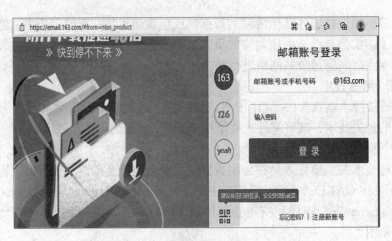

图 10-2　163 邮箱登录界面和地址栏

2）来信分类功能

邮箱的来信分类功能是根据用户设定的分类规则，将来信投入指定文件夹，或者拒收来信。这样，不仅能够防止垃圾邮件，还可以过滤掉一些带病毒的邮件，减少病毒感染的机会。

登录网易邮箱，选择"设置"→"常规设置"→"来信分类"→"新建来信分类"命令，设置分类规则，如图 10-3 所示。

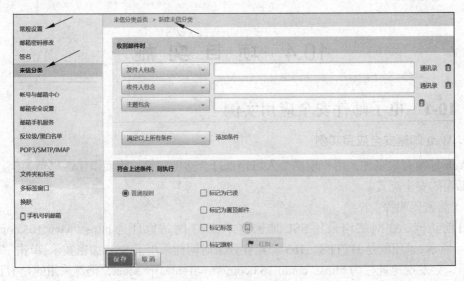

图 10-3　来信分类

3）反垃圾邮件处理

默认情况下，网易邮箱具有反垃圾邮件的功能，选择"设置"→"常规设置"→"反垃圾/黑白名单"命令，如图 10-4 所示。

4）黑名单和白名单

依次选择"设置"→"常规设置"→"反垃圾/黑白名单"命令，下拉右侧界面，出现"黑名单"和"白名单"界面，可以添加黑名单和添加白名单，如图 10-5 所示。

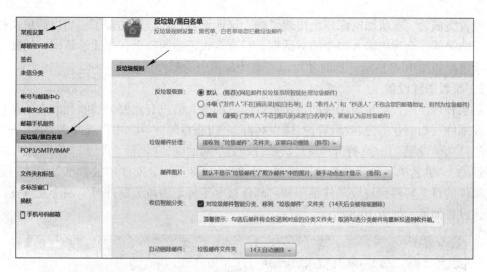

图 10-4 反垃圾邮件处理

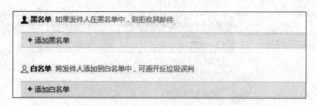

图 10-5 黑白名单设置

2. Foxmail 6.5 客户端软件的安全配置

1）给邮箱账户设置访问口令

由于邮件客户端软件在计算机上实时登录多个电子邮件账户，因此为了防止当用户离开自己计算机时被别人非法查阅邮件信息，最好为邮箱设置账户访问口令。右击要添加密码的账户，并在弹出的快捷菜单中选择"设置账户访问口令"命令，在弹出的对话框中设置密码，如图 10-6 所示。

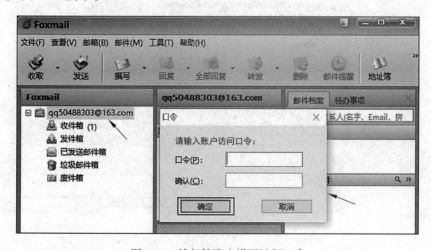

图 10-6 给邮箱账户设置访问口令

设置完成后，在所加密账户上出现了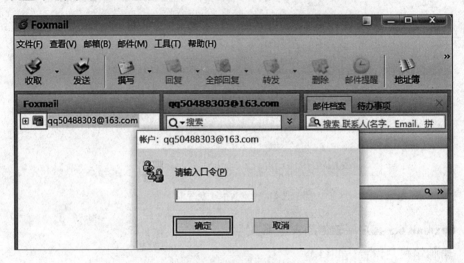，证明该账户已经被加密了。当以后单击打开该账户的时候，会弹出输入口令的对话框，只有输入正确的口令，才能够解密。给邮箱账户解锁过程如图 10-7 所示，这时才可以查看此邮箱中的邮件信息。

2）垃圾邮件设置

在某种程度上，对垃圾邮件的定义可以是"那些人们没有意愿去接收到的电子邮件都是垃圾邮件"，如商业广告、政治言论、蠕虫病毒邮件、恶意邮件等。用户选择"工具"→"反垃圾邮件功能设置"命令，打开"反垃圾邮件设置"对话框，它包括"常规""规则过滤""贝叶斯过滤""黑名单"和"白名单"选项卡，如图 10-8 所示。对于"接收邮件中被判定为垃圾邮件的自动转移到垃圾邮件箱"和"邮件被手工标记为垃圾邮件时"两个复选框，采用默认设置即可，如图 10-8 所示。

图 10-7　给邮箱账户解锁

图 10-8　反垃圾选项卡

在邮件过滤中有两个选项卡，一个是"规则过滤"选项卡，是使用规则判定是否为垃圾邮件。使用规则库对邮件进行评估，如果邮件的特征符合规则就加分，当邮件的分数达到某一特定的阈值时，就判定为垃圾邮件。建议选中"使用规则判定接收到的邮件是否为垃圾邮件"，过滤强度根据自己需求进行设置，建议使用默认设置，如图10-9所示。

另一个是"贝叶斯过滤"选项卡，它是一种智能型的反垃圾邮件设计，它通过让Foxmail 6.5不断地对垃圾与非垃圾邮件进行分析、学习，来提高自身对垃圾邮件的识别准确率。建议使用默认设置，如图10-10所示。

在"黑名单"选项卡中，用户只需要单击"添加"按钮，将一些确认的垃圾邮件地址输入黑名单中，就可完成对该邮件地址发来的所有邮件的监控，也可以通过导入的方式添加黑名单，如图10-11所示。

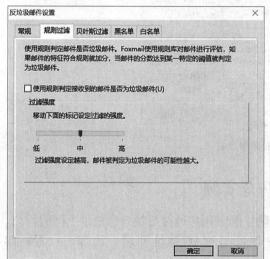

图10-9　规则过滤设置　　　　　图10-10　贝叶斯过滤设置

图10-11　黑名单设置

在"白名单"选项卡中，用户只需要单击"添加"按钮，将一些确认为不是垃圾邮件地址输入白名单中，就可完成对该邮件地址发来的所有邮件的监控。也可以通过导入 / 导出的方式添加白名单，还可以通过从地址簿导入和从邮箱导入的方式添加白名单，如图 10-12 所示。

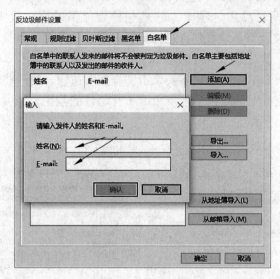

图 10-12　白名单设置

任务 10-2　Internet 上 ARP 欺骗防范实例

对合法用户进行 IP+MAC+ 端口绑定，可防止恶意用户通过更换自己地址上网的行为。

现以锐捷 S2126G 交换机为例，介绍 IP 地址与 MAC 地址和端口的绑定设置，如图 10-13 所示。

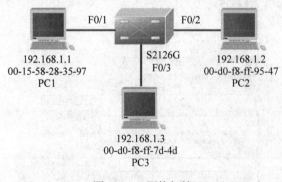

图 10-13　网络拓扑

1. 工作原理

交换机检查接收的 IP 包，不符合绑定的被交换机丢弃。

2. 配置命令

任务描述：在端口 F0/1 上绑定"IP 为 192.168.1.1，MAC 为 00-15-58-28-35-97 的主机"。根据上面的网络拓扑，进行 PC 的 IP 地址和交换机的配置，PC 的 IP 地址很简单，这里就不赘述了，主要介绍交换机的配置命令。

```
// 进入全局配置模式
Switch#configure terminal
// 进入端口 1 配置模式
Switch（config）#interface fastethernet 0/1
// 把端口模式改为 access
Switch（config-if）#switchport mode access
// 启用端口安全
Switch（config-if）#switchport port-security
// 设置最多允许的 MAC 地址数
Switch（config-if）#switchport port-security maximum 1
// 端口 +MAC 地址 +IP 地址绑定
Switch（config-if）#switchport port-security mac-address 0015.5828.3597 ip-address 192.168.1.1
Switch（config-if）#end
// 将配置保存写入交换机中
Switch#wr
```

3. 测试方法

在 S2126G 上启用端口安全，绑定端口与 IP 和 MAC，PC1 可以 ping 通 PC2。

期望目标：修改 PC1 的端口、IP、MAC，PC1 不能 ping 通 PC2。

4. 测试结果

经过上面的配置之后，PC1 开始 ping PC2，是可以 ping 通的，如图 10-14 所示。

```
C:\Documents and Settings\CZ>ping 192.168.1.2

Pinging 192.168.1.2 with 32 bytes of data:

Reply from 192.168.1.2: bytes=32 time=1ms TTL=64
Reply from 192.168.1.2: bytes=32 time<1ms TTL=64
Reply from 192.168.1.2: bytes=32 time<1ms TTL=64
Reply from 192.168.1.2: bytes=32 time<1ms TTL=64

Ping statistics for 192.168.1.2:
    Packets: Sent = 4, Received = 4, Lost = 0 (0% loss),
Approximate round trip times in milli-seconds:
    Minimum = 0ms, Maximum = 1ms, Average = 0ms
```

图 10-14　PC1 没改 MAC 之前 ping 的状态

修改 PC1 的端口、IP、MAC 之后，PC1 就不能 ping 通 PC2 了，如图 10-15 所示。

```
C:\Documents and Settings\CZ>ping 192.168.1.2

Pinging 192.168.1.2 with 32 bytes of data:

Request timed out.
Request timed out.
Request timed out.
Request timed out.

Ping statistics for 192.168.1.2:
    Packets: Sent = 4, Received = 0, Lost = 4 (100% loss),
```

图 10-15　PC1 改变之后 ping 状态

任务 10-3　Windows Server 2016 VPN 的配置与应用实例

1. Windows Server 2016 VPN 服务器的安装

（1）选择"开始"→"服务器管理器"命令，显示如图 10-16 所示"服务器管理器"界面。

图 10-16　"服务器管理器"界面

（2）单击"添加角色和功能"选项，连续 3 次单击"下一步"按钮，当左侧为"服务器角色"选项时，在右侧选中"远程访问"复选框，如图 10-17 所示。

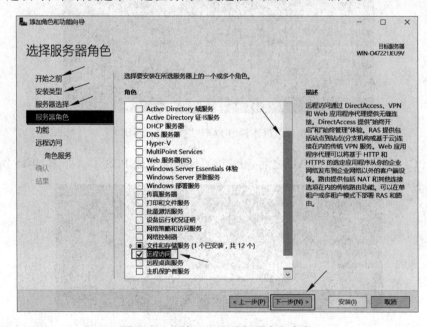

图 10-17　添加"远程访问服务"角色

（3）连续3次单击"下一步"按钮。选中DirectAccess和VPN（RAS）复选框及单击"添加功能"按钮，如图10-18所示。

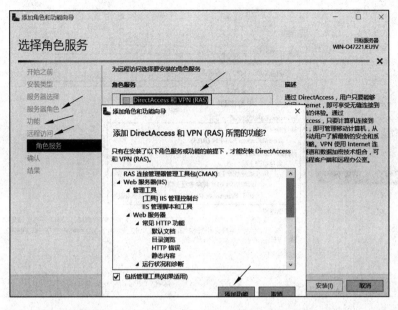

图10-18　添加DirectAccess和VPN（RAS）相关组件

（4）连续4次单击"下一步"按钮，确认一下所选择的组件是否正确，确认后单击"安装"按钮，如图10-19所示。

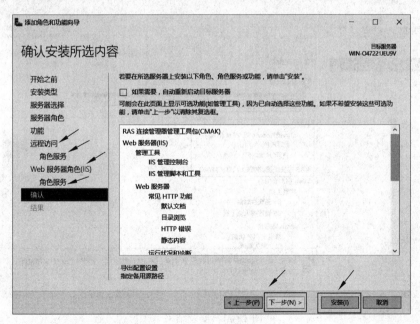

图10-19　确认安装选择

（5）现在可以开始安装路由和远程访问服务了，如图10-20所示。

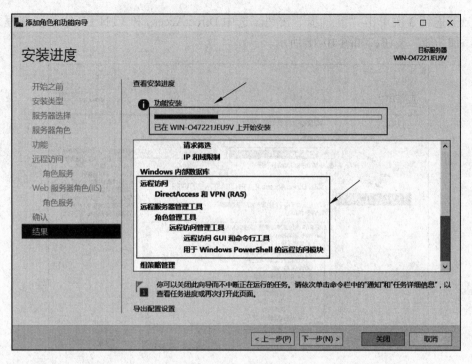

图 10-20　安装进度

（6）现在可以看到已经将这个服务安装好了，如图 10-21 所示。

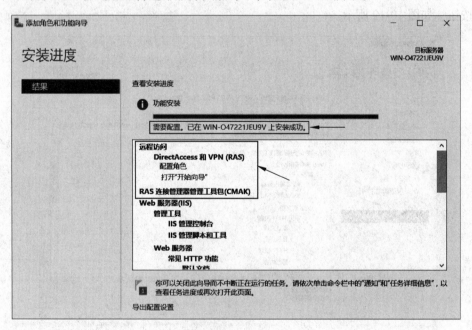

图 10-21　安装结果

（7）在"服务器管理器"窗口中选择"工具"→"路由和远程访问"命令，如图 10-22 所示。显示"路由和远程访问"窗口，如图 10-23 所示。

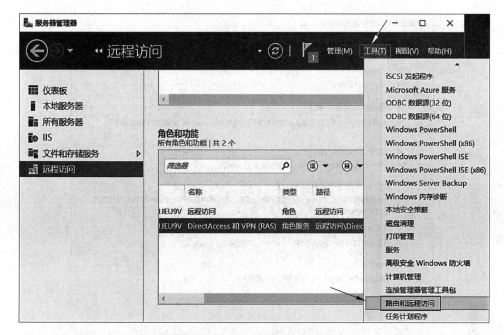

图 10-22　选择"路由和远程访问"命令

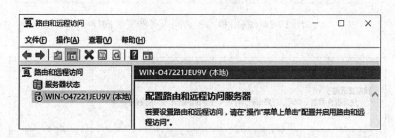

图 10-23　"路由和远程访问"界面

（8）右击图 10-23 所示"WIN-O47221JEU9V（本地）"，并在弹出的快捷菜单中选择"配置并启用路由和远程访问"命令以打开向导窗口。如果服务器有两张网卡，选中"远程访问（拨号或 VPN）"单选按钮；如果只有一张网卡，则选中"自定义配置"单选按钮。此台计算机只有一张网卡，故选中"自定义配置"单选按钮，单击"下一步"按钮，如图 10-24 所示。

（9）选中"VPN 访问"和 NAT 复选框，然后单击"下一步"按钮，如图 10-25 所示。

（10）单击"完成"按钮，出现如图 10-26 所示内容，提示启动服务，单击"启动服务"按钮后，VPN 服务器至此安装完毕。

2. VPN 服务器的配置

（1）配置 VPN 的 IP 地址分配方式：在"路由和远程访问"窗口右击"WIN-O47221 JEU9V（本地）"并在弹出的快捷菜单中选择"属性"命令，转到 IPv4 选项卡，如图 10-27 所示。

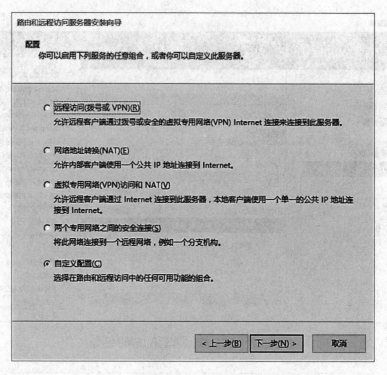

图 10-24　路由和远程访问服务器安装向导

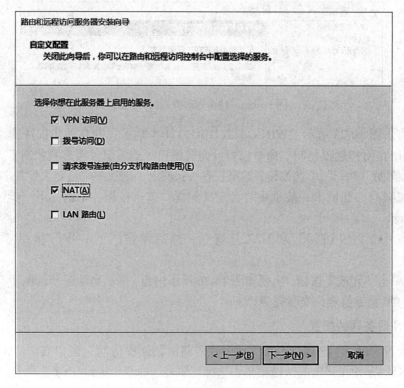

图 10-25　自定义配置

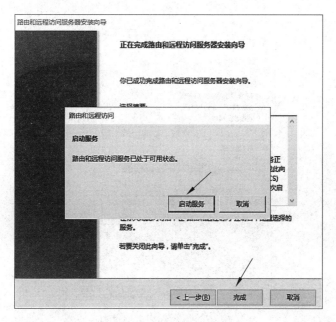

图 10-26 完成后启动服务

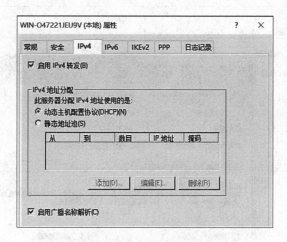

图 10-27 IPv4 选项卡

（2）这里可以选择 DHCP 或静态地址池。DHCP 需要有 DHCP 服务器，因为涉及 DHCP 服务器的配置等。这里只需简单设置，选择静态地址池，添加一个地址段，如图 10-28 所示。

（3）这里选用的是 192.168.1.200~192.168.1.249 共 50 个地址，这时候主机一定是 192.168.1.200，就是地址池的第一个地址。于是 RRAS（路由和远程访问服务器）的配置已经完成了，我们可以转到 NPS（网络策略服务器）了。

（4）在"服务器管理器"窗口中依次选择"工具"→"网络策略服务器"命令，打开"网络策略服务器"窗口，在"标准配置"下拉菜单中选中"用于拨号或 VPN 连接的 RADIUS 服务器"选项，打开配置向导，如图 10-29 所示。

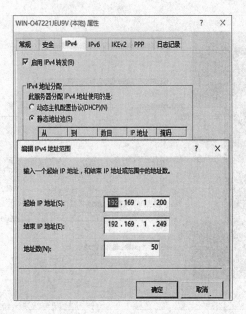

图 10-28　添加静态地址池

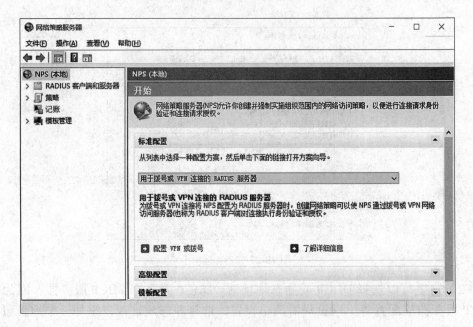

图 10-29　"网络策略服务器"窗口

（5）在图 10-29 中，单击"配置 VPN 或拨号"选项，出现"选择拨号或虚拟专用网络连接类型"对话框，如图 10-30 所示。

（6）选中"虚拟专用网络（VPN）连接"单选按钮，然后单击"下一步"按钮。

（7）添加一个 RADIUS 客户端，输入一个友好名称，地址就选本地 IP，然后生成一个共享机密，当然手动输入也可以，这不是密码，如图 10-31 所示。

（8）单击"下一步"按钮，出现"配置身份验证方法"对话框，选择默认值就可以，如图 10-32 所示。

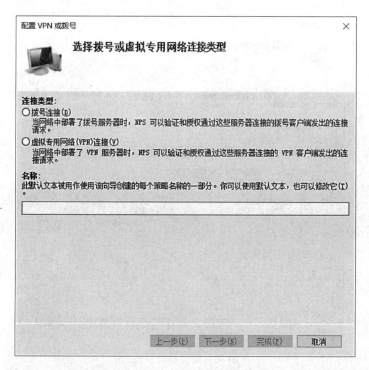

图 10-30　选择网络连接类型

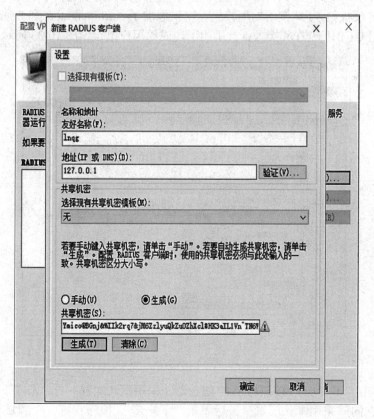

图 10-31　添加 RADIUS 客户端

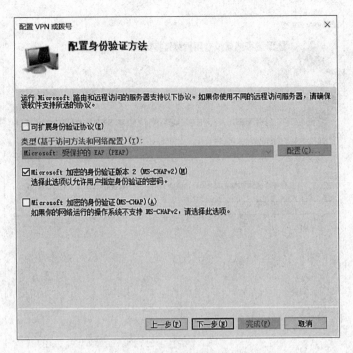

图 10-32　配置身份验证方法

（9）单击"下一步"按钮，出现"选择组"对话框，因为这里选择了 MS-CHAPV2 认证，那么需要指定授权给 VPN 拨入的用户组。这里添加了 Administrators 和 Users 组。最好是新建一个新组专门用于 VPN 接入，这里用了现成的用户组，如图 10-33 所示。

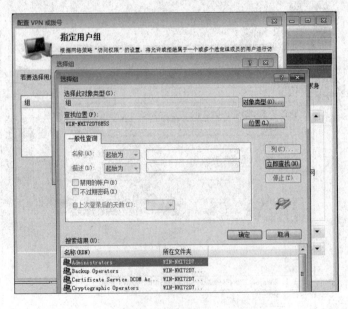

图 10-33　指定用户组

（10）单击"下一步"按钮指定 IP 筛选器，采用默认配置。再单击"下一步"按钮指定加密配置，同样采用默认配置。最后单击"下一步"按钮指定一个领域名称，还是采用默认配置。

（11）最后单击“完成”按钮，完成配置，如图 10-34 所示。

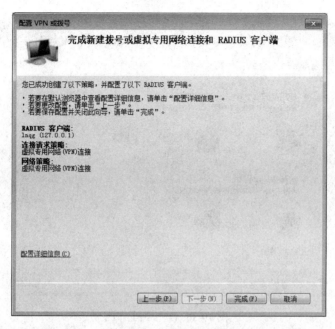

图 10-34　完成 NPS 配置

（12）给 VPN 连接建立账户。依次选择“开始”→“计算机管理”→“本地用户和组”→“用户”命令，右击右边窗口并在弹出的快捷菜单中选择“新用户”命令，在“新用户”对话框中新建用户名为 vpn 及密码为 123456 的新用户，新用户默认隶属于 Users 组，已经具备 VPN 拨入权限，如图 10-35 所示。

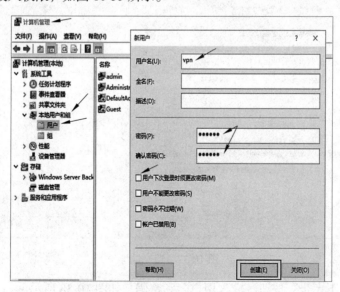

图 10-35　建立新用户 vpn

3. 测试 VPN 连接

（1）在“网络与共享中心”里单击“设置新的连接或网络”以打开向导，选择连接到工作区，如图 10-36 所示。

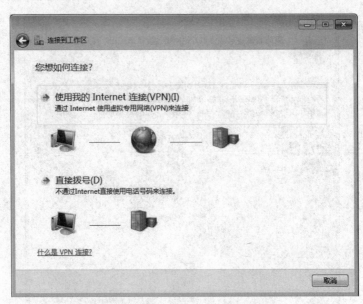

图 10-36　连接到工作区

（2）单击第一项"使用我的 Internet 连接（VPN）"选项，因是测试，地址就选择本地地址，如图 10-37 所示。

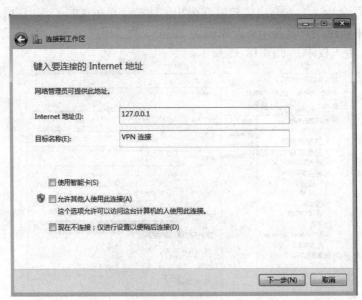

图 10-37　选择地址

（3）单击"下一步"按钮，输入用户名和密码，如图 10-38 所示。

（4）单击"连接"按钮，开始尝试连接，并验证用户名和密码，成功后提示你已经连接，至此拨入成功。从信息可以看到已经取得之前分配的 192.168.1.201 这个 IP 地址，如图 10-39 所示。

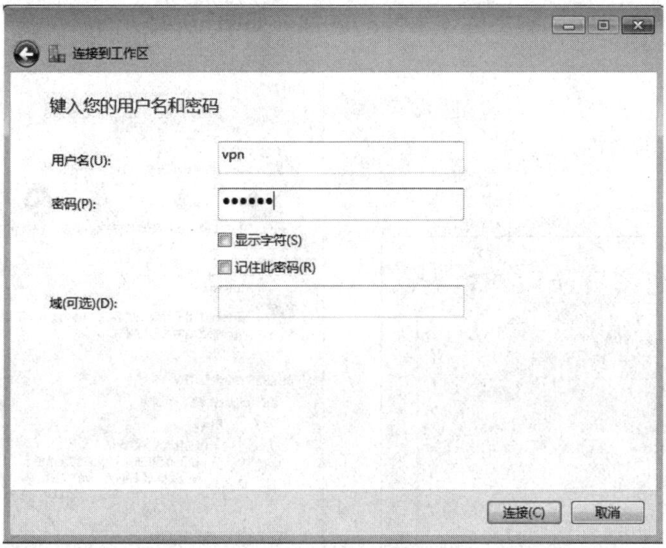

图 10-38　输入用户名、密码

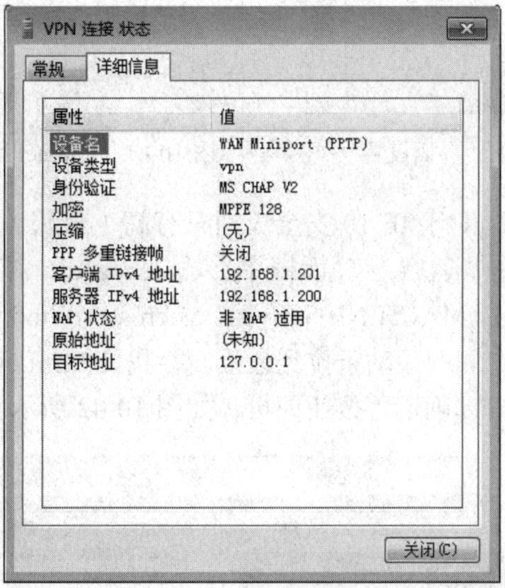

图 10-39　VPN 连接状态

至此，大功告成。这只是在 Windows Server 2016 环境下架设一个 VPN 服务器的简单案例。要实现 VPN 功能并投入实际使用，还有许多细节需要继续完善。

任务 10-4　Internet Explorer 安全应用实例

1. Internet 安全设置

这里以 Windows 10 安装的 Internet Explorer 10 为例，打开 Internet Explorer 10，单击右侧的小齿轮按钮，选择"Internet 选项"命令，如图 10-40 所示。单击选中"安全"选项卡。在"安全"选项卡中选择 Internet，就可以针对 Internet 区域的一些安全选项进行设置。虽然有不同级别的默认设置，但最好是根据自己的实际情况亲自调整一下。单击下方的"自定义级别"按钮，这里就显示出具体组件的设置，如图 10-41 所示。

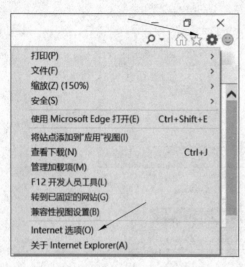

图 10-40 "Internet 选项"界面设置

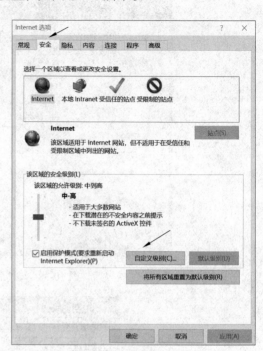

图 10-41 Internet 区域自定义安全级别设置

在这里需要说明一点，对于 IE 10 安全级别只有高（默认）且无法更改的解决办法：直接按 Win+R 组合键，在"运行"对话框中，输入 regedit，打开"注册表编辑器"窗口，找到 HKEY_LOCAL_MACHINE\Software\Microsoft\Windows\CurrentVersion\Internet Settings\Zones\3 分支，将右侧的滚动条拉到最下面，找到 MinLevel，将"数值数据"修改为 10000（十六进制），单击"确定"按钮即可，如图 10-42 所示。

图 10-42 注册表修改 IE 10 默认级别

2. 可信站点的安全设置

在"Internet 选项"对话框的"安全"选项卡下，单击"受信任的站点"，然后单击"站点"按钮，如图 10-43 所示。在"将该网站添加到区域"文本框中输入希望添加的网络地址（如 http://www.zjdfc.com/），然后单击"添加"按钮即可，如图 10-44 所示。

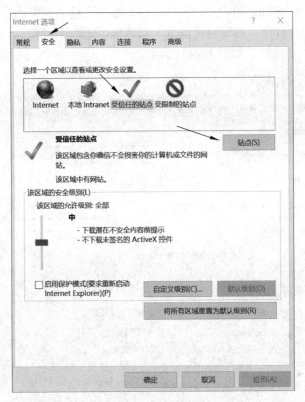

图 10-43　可信任站点设置 1

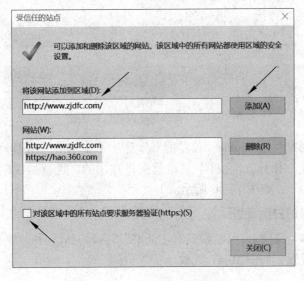

图 10-44　可信任站点设置 2

3. 隐私安全设置

大部分用户基本不会设置隐私方面的内容，这样就容易通过 cookie 泄露个人信息。关于 cookie 的作用，可以用天使与魔鬼来形容，它在让互联网服务供应商更贴心地为你服务的同时，也让你泄露更多的个人信息，而且被别有用心的黑客们所利用。

（1）减少第三方 cookie。单击选中"Internet 选项"对话框中的"隐私"选项卡，然后单击"高级"按钮，打开"高级隐私设置"对话框，设置阻止第三方 cookie，并选中"总是允许会话 cookie"复选框，如图 10-45 所示。

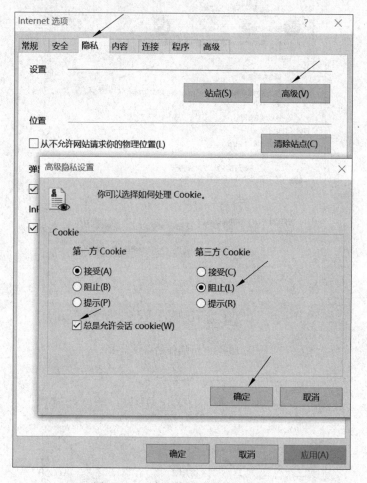

图 10-45 "高级隐私设置"对话框

（2）阻止危险网站利用 cookie。在"隐私"选项卡中单击"站点"按钮，输入需要的网址后，单击"阻止"按钮，"允许"是给反向设置用的，也就是说禁用 cookie，只允许列表中站点使用 cookie，如图 10-46 所示。

4. Internet 内容的安全设置

单击选中"内容"选项卡，可以看到有"证书""自动完成"和"源和网页快讯"三栏，可以根据需要进行设置，如图 10-47 所示。

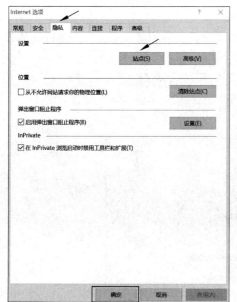

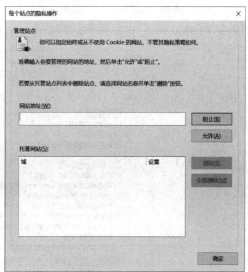

图 10-46　"站点"设置

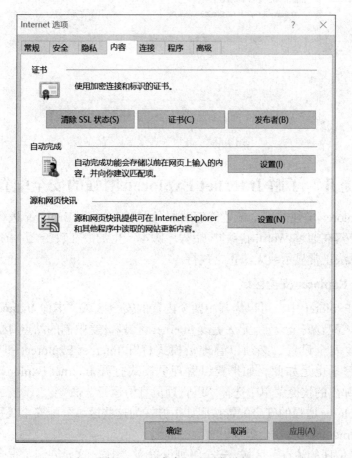

图 10-47　"内容"选项卡设置

5. Internet 的高级安全设置

单击选中"高级"选项卡，可根据实际情况对"设置"中的各"安全"项进行具体设置，如图 10-48 所示。

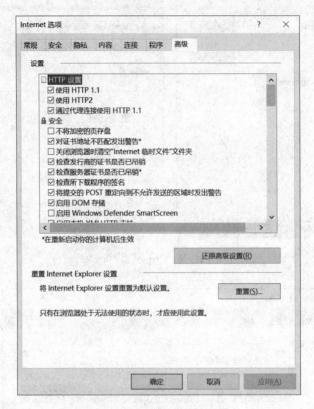

图 10-48 "高级"选项卡设置

10.5 拓展提升 了解 Internet Explorer 增强的安全配置

Internet Explorer 增强的安全配置能够对服务器和 Internet Explorer 进行配置，该配置可降低服务器暴露在通过 Web 内容和应用程序脚本产生的潜在攻击之下的可能性。因此，一些网站可能无法正常显示或无法正常执行。

1. Internet Explorer 安全区域

在 Internet Explorer 中，可以为其中两个内置的安全区域"本地 Intranet"区域和"受信任的站点"区域配置安全设置。无法更改 Internet 区域和"受限制的站点"区域的安全设置。

如果要更改安全设置，必须以管理员模式打开 Internet Explorer，即使已经以本地管理员的身份登录也是如此。如果要以管理员模式打开 Internet Explorer，右击 Internet Explorer，并在弹出的快捷菜单中选择"以管理员身份运行"命令。

Internet Explorer 增强的安全配置按照如下方式为这些区域分配安全级别。

- 对于 Internet 区域，安全级别设置为"高"。
- 对于"受信任的站点"区域，安全级别设置为"中"，这允许浏览很多 Internet 站点。
- 对于"本地 Intranet"区域，安全级别设置为"中低"，这允许将你的用户凭据（用户名和密码）自动发送给需要它们的站点和应用程序。

- 对于"受限制的站点"区域，安全级别设置为"高"。
- 默认情况下，所有 Internet 和 Intranet 站点均分配到"Internet"区域。Intranet 站点不属于"本地 Intranet"区域，除非将它们明确添加到此区域中。

2. 启用 Internet Explorer 增强的安全配置时如何进行浏览

增强的安全配置提高了你服务器上的安全级别，但它也会以下列方式影响 Internet 浏览。

- 如果你尝试浏览使用脚本或 ActiveX 控件的 Internet 站点，则 Internet Explorer 将提示你考虑将该站点添加到"受信任的站点"区域。仅当你完全确认站点值得信任并且要添加的 URL 确实正确时，才能将该站点添加到"受信任的站点"区域。详细信息请参阅"将站点添加到受信任的站点区域"。
- 对 Intranet 站点的访问、在本地 Intranet 上运行的基于 Web 的应用程序以及网络共享上的其他文件都可能受限制。如果你信任某个 Intranet 站点或共享并且需要它正常工作，则可以将其添加到"本地 Intranet"区域。

3. Internet Explorer 增强的安全配置的影响

Internet Explorer 增强的安全配置调整现有安全区域的安全级别。表 10-1 介绍每个区域如何受到影响。

表 10-1 受影响区域

区 域	安全级别	结 果
Internet	高	该区域与"受限制的站点"区域的安全设置相同。由于脚本、ActiveX 控件和文件下载已被禁用，因此，网页可能无法在 Internet Explorer 中正常显示，而需要该浏览器的应用程序也可能无法正常工作。如果你信任某个 Internet 站点并且需要它正常工作，则可以将该站点添加到 Internet Explorer 的"受信任的站点"区域。详细信息请参阅"将站点添加到受信任的站点区域"。对通用命名约定（UNC）共享上的脚本、可执行文件以及其他文件的访问受限制，除非将该共享明确添加到"本地 Intranet"区域
本地 Intranet	中低	由于增强的安全配置，访问 Intranet 站点时，可能会重复提示你提供凭据（用户名和密码）。增强的安全配置禁止对 Intranet 站点的自动检测。如果你希望将凭据自动发送给某些 Intranet 站点，则将这些站点添加到"本地 Intranet"区域。详细信息请参阅"将站点添加到本地 Intranet 区域"。不要将 Internet 站点添加到"本地 Intranet"区域，因为这样会将你的凭据自动发送给请求的站点
受信任的站点	中	该区域用于你信任其内容的 Internet 站点。详细信息请参阅"将站点添加到受信任的站点区域"
受限制的站点	高	该区域包含你不信任的站点，如可能会损害你的计算机或数据的站点（如果尝试从这些站点中下载或运行文件）

增强的安全配置还调整 Internet Explorer 扩展性和安全设置，以便进一步降低暴露在未来可能的安全威胁之下的可能性。这些设置位于 Internet Explorer 中"Internet 选项"对

话框的"高级"选项卡上。表 10-2 描述了受影响的设置。

表 10-2　受影响的设置

名　　称	默认设置	描　　述
启用第三方浏览器扩展	禁用	禁用安装用来与 Internet Explorer 一起使用的功能，这些功能可能是由 Microsoft 以外的其他公司创建的
在网页中播放声音	禁用	禁用音乐和其他声音
在网页中播放动画	禁用	禁用动画
检查服务器证书是否被吊销	启用	自动检查网站的证书，以查看该证书是否已被吊销，如果有效，再接受该证书
不要将加密的页面保存到磁盘	启用	禁止将安全信息保存在"Internet 临时文件"文件夹中
关闭浏览器时，会清空"Internet 临时文件"文件夹	启用	关闭浏览器时，会自动清除"Internet 临时文件"文件夹
当在安全模式和非安全模式之间发生更改时发出警告	启用	将浏览器从安全的网站重定向到不安全的网站时会显示警告
启用内存保护以帮助减少联机攻击	禁用	启用数据执行保护（DEP）以帮助减少联机攻击。该选项仅适用于 Windows Server 2008

这些更改会减少网页、基于 Web 的应用程序、本地网络资源和使用浏览器显示帮助、支持及常规用户协助的应用程序中的功能。

Internet Explorer 增强的安全配置已启用时：

- 将 Microsoft Update 网站添加到"受信任的站点"区域。这允许你继续获得有关你操作系统的重要更新。
- 将 Windows 错误报告站点添加到"受信任的站点"区域。这允许你报告操作系统遇到的问题并搜索解决方案。
- 将多个本地计算机站点（如 http://localhost、https://localhost 和 hcp://system）添加到"本地 Intranet"区域。这允许应用程序和代码在本地工作，以便完成常用的管理任务。
- 对于"受信任的站点"区域，将隐私首选项平台（P3P）安全级别设置为"中"。如果你想更改除 Internet 区域之外的任何区域的 P3P 级别，请转到"Internet 选项"对话框的"隐私"选项卡，单击"导入"以应用自定义隐私策略。有关隐私策略的示例，请参阅"如何创建自定义隐私导入文件"。

4. Internet Explorer 增强的安全配置和终端服务

根据安装类型，将增强的安全配置应用于不同的用户账户。表 10-3 描述了影响用户的方式。

表 10-3　影响用户的方式

安装类型	增强的安全配置是否适用于管理员	增强的安全配置是否适用于超级用户	增强的安全配置是否适用于受限用户	增强的安全配置是否适用于受限制的用户
操作系统的升级	是	是	否	否
操作系统的无人参与安装	是	是	否	否

续表

安装类型	增强的安全配置是否适用于管理员	增强的安全配置是否适用于超级用户	增强的安全配置是否适用于受限用户	增强的安全配置是否适用于受限制的用户
终端服务的手动安装	是	是	是	是

为了在启用终端服务时获得更好的体验，应该从"用户"组的成员中删除"增强的安全配置"。这些用户对服务器的访问权限较少，因此受到攻击时他们的风险级别比较低。

5. Internet Explorer 增强的安全配置对 Internet Explorer 用户体验的影响

表 10-4 描述 Internet Explorer 增强的安全配置如何影响每个用户使用 Internet Explorer 的体验。

表 10-4　安全配置影响用户体验

任　　务	是否可以由管理员完成	是否可以由超级用户完成	是否可以由受限用户完成
启用或禁用 Internet Explorer 增强的安全配置	是	否	否
调整 Internet Explorer 中特殊区域的安全级别	是（只能更改"本地 Intranet"区域和"受信任的站点"区域的安全设置）	在运行 Windows Server2003 的计算机上否，在运行 Windows Server 2008 的计算机上是	否
将站点添加到"受信任的站点"区域	是	是	是
将站点添加到"本地 Intranet"区域	是	是	是

所有其他 Internet Explorer 任务都可以由所有用户组完成，除非你选择进一步限制用户访问权限。

6. 管理 Internet Explorer 增强的安全配置

Internet Explorer 增强的安全配置设计用于减少服务器暴露在安全威胁之下的可能性。为了确保尽可能地获益于增强的安全配置，请考虑以下浏览器管理建议。

- 如果你想在 Internet 上运行基于浏览器的客户端应用程序，则应该将该应用程序所在的网页添加到"受信任的站点"区域。详细信息请参阅"将站点添加到受信任的站点区域"。
- 如果你想在受保护且安全的本地 Intranet 上运行基于浏览器的客户端应用程序，则应该将该应用程序所在的网页添加到"本地 Intranet"区域。
- 将内部站点和本地服务器添加到"本地 Intranet"区域可确保你可以访问、运行服务器中的应用程序。
- 作为安装过程的一部分，使用 unattend.txt 将 Intranet 站点和 UNC 服务器添加到"本地 Intranet"区域包含列表。

- 使用客户端计算机下载驱动程序、Service Pack 以及其他更新。避免从服务器进行任何浏览。
- 如果使用磁盘映像在服务器上安装操作系统，请在基本映像上将信任的 Intranet 站点和 UNC 服务器添加到"本地 Intranet"区域，将信任的 Internet 站点添加到"受信任的站点"区域。然后可以根据不同的服务器类型和需求更改映像上的列表。

7. 将站点添加到受信任的站点区域

在服务器上启用 Internet Explorer 增强的安全配置时，所有 Internet 站点的安全级别都设置为"高"。如果你信任某个网页并且需要它正常工作，则可以将该网页添加到 Internet Explorer 的"受信任的站点"区域。

（1）导航到要添加的站点。

（2）在状态栏上，双击安全区域名称（如 Internet）以打开"Internet 选项"对话框。

（3）单击选中"安全"选项卡，单击"受信任的站点"选项，然后单击"站点"按钮。

（4）在"受信任的站点"对话框中，单击"添加"按钮以将站点添加到列表中，然后单击"关闭"按钮。

（5）刷新页面以从其新区域查看该站点。

（6）检查浏览器的状态栏，以确认该站点位于"受信任的站点"区域。

8. 将 Internet Explorer 增强的安全配置应用到特定用户

使用 Internet Explorer 增强的安全配置，可以控制允许对服务器上某些用户组进行 Internet Explorer 访问的级别。

运行 Windows Server 2008 的计算机将增强的安全配置应用到特定用户的步骤如下。

（1）使用本地 Administrators 组成员的账户登录计算机。

（2）选择"开始"→"管理工具"→"服务器管理器"命令。

（3）如果出现"用户账户控制"对话框，请确认所显示的是你要执行的操作，然后单击"继续"按钮。

（4）在"安全信息"下，单击"配置 IE ESC"。

（5）在 Administrators 下，根据所需的配置单击选中"启用（推荐）"或"禁用"单选按钮。

（6）在"用户"下，根据所需的配置单击选中"启用（推荐）"或"禁用"单选按钮。

（7）单击"确定"按钮。

（8）重新启动 Internet Explorer 以应用增强的安全配置。

10.6　习　题

一、填空题

1. 常用的电子邮件协议有_____和_____。

2. 目前，成熟的端到端安全电子邮件标准有_____和_____。

3. Internet 电子欺骗主要有_____、_____、_____。

4. ARP 是负责将_____转化成对应的_____的协议。

5. VPN 常用的连接方式有_____、_____。

二、选择题

1. Internet Explorer 浏览器本质上是一个（　　）。

    A. 连入 Internet 的 TCP/IP 程序

    B. 连入 Internet 的 SNMP 程序

    C. 浏览 Internet 上 Web 页面的服务器程序

    D. 浏览 Internet 上 Web 页面的客户程序

2. 关于发送电子邮件，下列说法中正确的是（　　）。

    A. 你必须先接入 Internet，别人才可以给你发送电子邮件

    B. 你只有打开了自己的计算机，别人才可以给你发送电子邮件

    C. 只要你有 E-mail 地址，别人就可以给你发送电子邮件

    D. 没有 E-mail 地址，也可以收发送电子邮件

3. ARP 为地址解析协议。关于 ARP 的下列说法中，正确的是（　　）。

    A. ARP 的作用是将 IP 地址转换为物理地址

    B. ARP 的作用是将域名转换为 IP 地址

    C. ARP 的作用是将 IP 地址转换为域名

    D. ARP 的作用是将物理地址转换为 IP 地址

4. 在常用的网络安全策略中，最重要的是（　　）。

    A. 检测　　　　　　B. 防护　　　　　　C. 响应　　　　　　D. 恢复

5. 从攻击方式区分攻击类型，可分为被动攻击和主动攻击。被动攻击难以（　　），然而（　　）这些攻击是可行的；主动攻击难以（　　），然而（　　）这些攻击是可行的。

    A. 阻止，检测，阻止，检测　　　　　B. 检测，阻止，检测，阻止

    C. 检测，阻止，阻止，检测　　　　　D. 以上选项都不是

三、简答题

1. 电子邮件的安全漏洞都有哪些？

2. 电子邮件安全策略都有哪些？

3. IP 电子欺骗的防范都有哪些？

4. DNS 欺骗攻击原理是什么？

5. 什么是 VPN？

参 考 文 献

[1] 冼广淋，张琳霞. 网络安全与攻防技术实训教程 [M]. 2 版. 北京：电子工业出版社，2021.

[2] 网络安全技术联盟，魏红副. 黑客攻防与网络安全从新手到高手（实战篇）[M]. 北京：清华大学出版社，2019.

[3] 闵海钊，李合鹏，刘学伟. 网络安全攻防技术实战 [M]. 北京：电子工业出版社，2019.

[4] 廉龙颖，游海晖，武狄. 网络安全基础 [M]. 北京：清华大学出版社，2020.

[5] 彭光彬，张永志. 网络攻防技术实训教程 [M]. 北京：中国水利水电出版社，2020.